TEOLOGIA NATURAL:
CINCO VISÕES CRISTÃS

JAMES K. DEW JR.
RONNIE P. CAMPBELL JR.

COLEÇÃO FÉ, CIÊNCIA & CULTURA

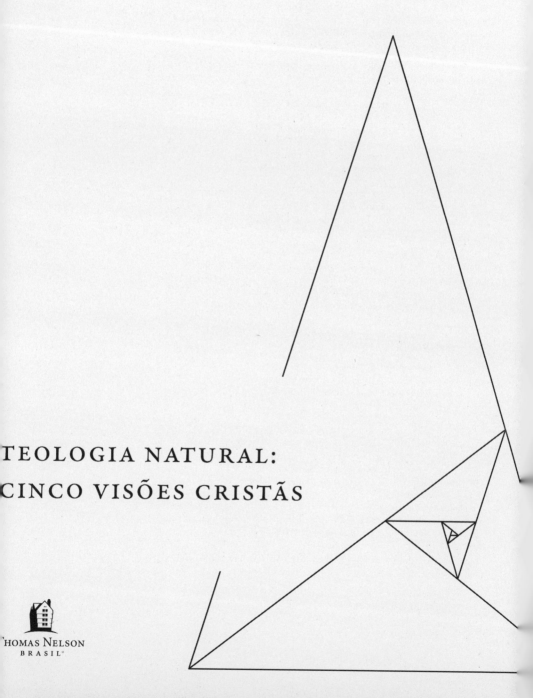

TEOLOGIA NATURAL:
CINCO VISÕES CRISTÃS

THOMAS NELSON
BRASIL

Copyright ©2024, de James K. Dew Jr. and Ronnie P. Campbell Jr.
Edição original de Baker Academic. Todos os direitos reservados.
Copyright da tradução ©2025, de Vida Melhor Editora LTDA.
Todos os direitos desta publicação são reservados.

Título original: *Natural theology: five views.*

Todos os direitos desta publicação são reservados à Vida Melhor Editora Ltda. Nenhuma parte desta obra pode ser apropriada e estocada em sistema de banco de dados ou processo similar, em qualquer forma ou meio, seja eletrônico, de fotocópia, gravação etc., sem a permissão dos detentores do copyright.

As citações bíblicas sem indicação da versão *in loco* foram extraídas da Nova Versão Internacional, da Bíblica, Inc.

Produção editorial	Marcelo Cabral
Tradução	Rodolfo Amorim
Preparação	Jonathan Silveira
Revisão	Gabriel Carvalho
Design de capa	Rafael Brum
Diagramação	Aldair Dutra de Assis

Dados Internacionais de Catalogação na Publicação (CIP)
(Câmara Brasileira do Livro, SP, Brasil)

D513t

1.ed. Dew Jr., James K.
  Teologia natural : cinco visões cristãs / James K. Dew Jr., Ronnie P. Campbell Jr.; tradução : Rodolfo Amorim. - 1. ed. - Rio de Janeiro, RJ : Thomas Nelson Brasil, 2025.
  304 p.; 15,5 x 23 cm. – (Coleção fé, ciência e cultura)

Título original: Natural theology: five views.
ISBN 978-65-52171-75-7

1. 1. Apologética. 2. Ciência e religião.
      3. Filoso.fia da religião. 4. Teologia natural.
   I. Campbell Junior, Ronie P. II. Título.
   III. Série

11-2024/37   CDD-210

Índice para catálogo sistemático:
1. Teologia natural: Cristianismo   210
Bibliotecária responsável: Aline Graziele Benitez - Bibliotecária - CRB-1/3129

Os pontos de vista desta obra são de responsabilidade de seus autores e colaboradores diretos, não refletindo necessariamente a posição da Thomas Nelson Brasil, da HarperCollins Christian Publishing ou de suas equipes editoriais.

Thomas Nelson Brasil é uma marca licenciada à Vida Melhor Editora LTDA.
Todos os direitos reservados à Vida Melhor Editora LTDA.

Rua da Quitanda, 86, sala 601A - Centro,
Rio de Janeiro/RJ - CEP 20091-005
Tel.: (21) 3175-1030
www.thomasnelson.com.br

De James K. Dew Jr.
Para James K. Dew Sr.
Uma constante fonte de força, encorajamento e amor.

De Ronnie P. Campbell Jr.
Para Abbey, Caedmon, Caleb e Zeke
Permaneçam firmes no Senhor.

SUMÁRIO

Coleção fé, ciência e cultura 9
Agradecimentos 11
Prefácio à edição brasileira 13

Introdução   *James K. Dew Jr. e Ronnie P. Campbell Jr.* 17

1. **Uma visão contemporânea**   *Charles Taliaferro* 29
   Resposta católica   *Padre Andrew Pinsent* 44
   Resposta clássica   *Alister E. McGrath* 47
   Resposta deflacionária   *Paul K. Moser* 51
   Resposta barthiana   *John C. McDowell* 57
   Uma tréplica contemporânea   *Charles Taliaferro* 65

2. **Uma visão católica**   *Padre Andrew Pinsent* 71
   Resposta contemporânea   *Charles Taliaferro* 90
   Resposta clássica   *Alister E. McGrath* 93
   Resposta deflacionária   *Paul K. Moser* 97
   Resposta barthiana   *John C. McDowell* 104
   Uma tréplica católica   *Padre Andrew Pinsent* 111

3. **Uma visão clássica**   *Alister E. McGrath* 115
   Resposta contemporânea   *Charles Taliaferro* 135
   Resposta católica   *Padre Andrew Pinsent* 137
   Resposta deflacionária   *Paul K. Moser* 140
   Resposta barthiana   *John C. McDowell* 148
   Uma tréplica clássica   *Alister E. McGrath* 157

4. **Uma visão deflacionária**   *Paul K. Moser* 161
   Resposta contemporânea   *Charles Taliaferro* 185
   Resposta católica   *Padre Andrew Pinsent* 189
   Resposta clássica   *Alister E. McGrath* 195
   Resposta barthiana   *John C. McDowell* 199
   Uma tréplica deflacionária   *Paul K. Moser* 208

5. **Uma visão barthiana**   *John C. McDowell* 215
   Resposta contemporânea   *Charles Taliaferro* 239
   Resposta católica   *Padre Andrew Pinsent* 242
   Resposta clássica   *Alister E. McGrath* 246
   Resposta deflacionária   *Paul K. Moser* 250
   Uma tréplica barthiana   *John McDowell* 258

Conclusão   *James K. Dew e Ronnie P. Campbell Jr.* 267

Bibliografia 273
Índice 295

COLEÇÃO FÉ, CIÊNCIA E CULTURA

Há pouco mais de sessenta anos, o cientista e romancista britânico C. P. Snow pronunciava na *Senate House*, em Cambridge, sua célebre conferência sobre "As Duas Culturas" — mais tarde publicada como "As Duas Culturas e a Revolução Científica" —, em que não só apresentava uma severa crítica ao sistema educacional britânico, mas ia muito além. Na sua visão, a vida intelectual de toda a sociedade ocidental estava dividida em *duas culturas*, a das ciências naturais e a das humanidades,[1] separadas por "um abismo de incompreensão mútua", para enorme prejuízo de toda a sociedade. Por um lado, os cientistas eram tidos como néscios no trato com a literatura e a cultura clássica, enquanto os literatos e humanistas — que furtivamente haviam passado a se autodenominar *intelectuais* — revelavam-se completos desconhecedores dos mais basilares princípios científicos. Esse conceito de *duas culturas* ganhou ampla notoriedade, tendo desencadeado intensa controvérsia nas décadas seguintes.

O próprio Snow retornou ao assunto alguns anos mais tarde, no opúsculo traduzido para o português como "As Duas Culturas e Uma Segunda Leitura", em que buscou responder às críticas e aos questionamentos dirigidos à obra original. Nesta segunda abordagem, Snow amplia o escopo de sua análise ao reconhecer a emergência de uma *terceira cultura*, a qual envolveu um apanhado de disciplinas — história social, sociologia, demografia, ciência política, economia, governança, psicologia, medicina e arquitetura —, que, à exceção de uma ou outra, incluiríamos hoje nas chamadas ciências humanas.

O debate quanto ao distanciamento entre essas diferentes culturas e formas de saber é certamente relevante, mas nota-se nessa discussão a "presença de uma ausência". Em nenhum momento são mencionadas áreas como teologia ou ciências da religião. É bem verdade que a discussão passa ao largo desses assuntos, sobretudo por se dar em ambiente em que o conceito de laicidade é dado de partida. Por outro lado, se a ideia de fundo é diminuir distâncias entre diferentes formas de cultivar o saber e conhecer a realidade, faz sentido ignorar algo tão presente na história da humanidade — por arraigado no coração humano — quanto a busca por Deus e pelo transcendente?

---

[1] Aqui, deve-se entender o termo "humanidades" como o campo dos estudos clássicos, literários e filosóficos.

Ao longo da história, testemunhamos a existência quase inacreditável de polímatas, pessoas com capacidade de dominar em profundidade várias ciências e saberes. Leonardo da Vinci talvez tenha sido o mais célebre dentre elas. Como essa não é a norma entre nós, a especialização do conhecimento tornou-se uma estratégia indispensável para o seu avanço. Se, por um lado, isso é positivo do ponto de vista da eficácia na busca por conhecimento novo, é também algo que destoa profundamente da unicidade da realidade em que existimos.

Disciplinas, áreas de conhecimento e as *culturas* aqui referidas são es- pecializações necessárias em uma era em que já não é mais possível — nem necessário — deter um repertório enciclopédico de todo o saber. Mas, como a realidade não é formada de compartimentos estanques, precisamos de autores com capacidade de traduzir e sintetizar diferentes áreas de conhecimento especializado, sobretudo nas regiões de interface em que essas se sobrepõem. Um exemplo disso é o que têm feito respeitados historiadores da ciência ao resgatar a influência da teologia cristã da criação no surgimento da ciência moderna. Há muitos outros.

Assim, é com grande satisfação que apresentamos a coleção *Fé, Ciência e Cultura*, através da qual a editora Thomas Nelson Brasil disponibilizará ao público leitor brasileiro um rico acervo de obras que cruzam os abismos entre as diferentes culturas e modos de saber e que certamente permitirá um debate informado sobre grandes temas da atualidade, examinados a partir da perspectiva cristã.

Marcelo Cabral e Roberto Covolan
Editores

AGRADECIMENTOS

Assim como para boa parte de nossos colegas, a teologia natural tem sido de grande interesse para nós dois ao longo de nossas carreiras. As questões que alimentam o diálogo são complexas, desafiadoras e importantes, e a forma pela qual respondemos a essas questões têm amplas implicações para nossa teologia e trabalho apologético. A oportunidade de trabalhar neste volume é, em muitos aspectos, única. Com isso em mente, gostaríamos de agradecer a diversas pessoas.

Em primeiro lugar, a Dave Nelson (agora diretor da Baylor Academic) por seu interesse no projeto e por nos permitir essa oportunidade. Gostaríamos também de agradecer à nossa editora de aquisições, Brandy Scritchfield, que assumiu na metade do projeto, por seu gentil apoio e incentivo ao longo do caminho. Como sempre, foi fantástico trabalhar com a equipe da Baker Academic e somos gratos por eles.

Também queremos agradecer a cada um de nossos colaboradores — Charles Taliaferro, Andrew Pinsent, Alister McGrath, Paul Moser e John McDowell — por se juntarem ao projeto. Antes de começarmos a trabalhar neste volume, sabíamos que apresentar esses pensadores num debate sobre teologia natural seria ao mesmo tempo estimulante e significativo, e eles não decepcionaram! Na verdade, o trabalho deles superou nossas expectativas e estamos entusiasmados com o resultado.

Fomos auxiliados ao longo do caminho por nossas equipes administrativas da Liberty University e do New Orleans Baptist Theological Seminary. Agradecimentos especiais a Chris Shaffer e Jordan Faison por seu trabalho em algumas revisões e tarefas administrativas. E agradecimentos especiais a Collyn Dixon, um jovem filósofo brilhante que assumiu um fardo mais pesado nessas questões. Não conseguiríamos ter reunido tudo isso sem cada um de vocês!

Por fim, gostaríamos de agradecer às nossas famílias pelo constante apoio e incentivo. Ronnie gostaria de agradecer a seus ex-professores e mentores Gary Habermas, John Morrison, Dave Baggett e Ed Martin, que não apenas o apresentaram ao tema, mas também desempenharam um papel vital em sua compreensão da teologia natural. Ele também gostaria de agradecer à sua esposa, Debbie, que continua sendo uma fonte imutável de força, incentivo e amizade. Jamie gostaria de agradecer a seus curadores e à administração do New Orleans Baptist Theological Seminary pelo constante apoio e incentivo, e especialmente ao DewKrewe (Tara, Natalie, Nathan, Samantha e Samuel). Todos vocês me dão uma alegria profunda e eu amo vocês!

PREFÁCIO À EDIÇÃO BRASILEIRA

De meus anos iniciais de formação teológica, anos atrás, não consigo me lembrar de nenhuma discussão significativa sobre o tema da teologia natural, exceto quanto à sua alegada superação pela teologia moderna ou sua inviabilidade confessional. Eu já era professor de teologia quando o assunto finalmente se acendeu, faiscante e incontornável. E descobri que, na verdade, ele nunca envelhecera; seu esquecimento temporário foi menos um problema de mérito e mais de entorpecimento cultural.

Mas agora, de certo modo despertos do sono da epistemologia moderna, teólogos de muitas tradições cristãs tem dado seu melhor para retomar aquela conversa extraordinária que o apóstolo Paulo inaugurou no areópago de Atenas, sobre a relação entre a proclamação do Cristo ressurreto e a experiência humana da racionalidade e da bondade divinas na criação. Uma das expressões mais interessantes desse movimento teve seu epicentro no Reino Unido, a partir dos esforços de Thomas Torrance, tradutor das obras de Karl Barth e influência decisiva no pensamento de Alister McGrath. Essa corrente teve influência decisiva sobre a ABC2, mas as contribuições relevantes vieram de muitos lugares, e o debate prossegue animadamente.

O que o leitor tem em mãos é uma excelente introdução ao tema, contornando discussões históricas e focalizando aos problemas e possibilidades da teologia natural. O livro apresenta as visões "contemporânea", "católica", "clássica", "deflacionária" e "barthiana" sobre a teologia natural — cinco no total. Vamos discutir brevemente cada uma delas, à guisa de introdução.

O filósofo Charles Taliaferro, defende o que chama de "visão contemporânea" da teologia natural. Em suas palavras, "a reflexão filosófica sobre Deus baseada em raciocínio que não depende da revelação". O filósofo vê os teólogos naturais atuando como embaixadores da fé cristã diante de seus críticos, e convidando os descrentes a considerar o poder explanatório do cristianismo em comparação com outras cosmovisões.

Para estruturar sua linha de argumentação, o Dr. Taliaferro adota explicitamente uma abordagem epistemológica *abdutiva*. Distinguindo-se da dedução e da indução, a abordagem abdutiva esclarece a natureza holística de nossa experiência cognitiva normal, envolvendo a percepção de formas e totalidades integradas, muitas vezes em antecipação à justificação rigorosa. Por essa via Taliaferro sustenta que, considerada globalmente, a cosmovisão Cristã apresenta mais plausibilidade e verossimilhança do que seu principal concorrente atual, o naturalismo metafísico.

Embora atraente, não é uma posição invulnerável a críticas. Chama a minha atenção, como teólogo, a objeção de Alister McGrath, que pergunta se o objetivo declarado de Taliaferro de defender a fé cristã não vai contra seu compromisso de não depender da revelação. Oculta-se, aí, o potencial de construir uma versão minimalista da crença em Deus, capaz de existir, então, independente da religião revelada.

E o risco é de certo modo confirmado na própria obra, em uma menção curiosa e aparentemente gratuita do Dr. Taliaferro à possibilidade de rejeitarmos o ensino bíblico sobre a prática homossexual com base em uma visão filosófica elevada sobre Deus, segundo a qual um Deus maximamente excelente e bom não teria inspirado tais preceitos. Ou seja: constrói-se uma concepção de Deus independentemente de sua revelação, visando construir uma base comum, mas o resultado é uma descida à mente secular, que acaba excluindo inadvertidamente a autoridade da revelação especial. Não dizia Francis Schaeffer, que "deixada autônoma, a natureza devora a graça"?

Passando à visão católica, temos o Padre Andrew Pinsent, profundamente devedor de Tomás de Aquino e do teólogo e cardeal Irlandês John Henry Newman. Nessa visão a teologia natural seria uma reflexão sobre Deus independente de "fontes especiais" como as Escrituras e a tradição da igreja e, portanto, diferente da teologia revelada. A teologia natural envolveria a "razão não auxiliada" ao invés da "razão iluminada pela fé", e colocaria todo o seu foco na criação e em seu Criador, ignorando a obra salvadora de Deus, a revelação trinitária e os temas que exigem revelação especial. Em resumo, seria um estudo sobre *o natural ao invés do sobrenatural*.

Segundo Pinsent, o *sobrenatural* é uma forma de vida que objetivamente compartilha da natureza divina através de um trabalho especial de Deus e, subjetivamente, encontra suas raízes no Amor divino. O *natural*, por outro lado, carece tanto dos aspectos objetivos quanto subjetivos desse trabalho especial. No entanto, os sujeitos naturais não podem deixar de declarar a glória do Deus que os criou, e os objetos naturais proclamam igualmente sua obra. A teologia natural, portanto, poderia ser dividida em três categorias: uma compreensão natural subjetiva de coisas objetivamente naturais, uma compreensão natural subjetiva de coisas objetivamente sobrenaturais, e uma compreensão sobrenatural subjetiva de coisas objetivamente naturais.

Aqui a crítica protestante verá uma incômoda proximidade entre as visões "contemporânea" e "católica", no risco de deixar a natureza e a razão operando autônomas. Que compreensão do natural e do sobrenatural pode ser alcançada pela mente natural, tendo em mente os efeitos cognitivos do pecado? Será mesmo que a graça é essencial apenas para a compreensão de coisas sobrenaturais?

O questionamento, articulado mais claramente por McGrath e Paul K. Moser, diz respeito à implausibilidade de um "estado de pura natureza", de alguma forma aninhado "entre pecado e graça". Será que o esquema católico funciona?

O cientista e teólogo anglicano Alister McGrath se encarregou da "visão clássica" sobre a teologia natural. Essa abordagem tanto nega a viabilidade de uma teologia natural autônoma em relação à revelação, quanto afirma a possibilidade de uma teologia natural orientada pela revelação. Na sua visão a teologia natural, adequadamente compreendida e praticada, não emergirá de premissas neutras, mas sim de uma base teológica informada pela fé cristã; ela começará na fé, ao invés de fora dela. Mas nos impediria de incorporar, a partir dessa base, as melhores contribuições da visão "contemporânea" e da visão "católica".

Tal abordagem clássica seria *bidirecional*, envolvendo dois movimentos: por um lado, uma exposição racional da teologia, em pleno diálogo com a ciência e, por outro, "uma reimaginação teológica da natureza". Deveríamos, antes de tudo, pensar teologicamente sobre a natureza como *criação*, a partir de Cristo e da revelação especial. Mas com isso, poderíamos nos engajar sem relutância em discussões contemporâneas sobre ciência e religião, honrando a necessidade de evidência probatória ao falar sobre a realidade e afirmando a legitimidade da ciência e de suas contribuições para a própria discussão teológica.

E nosso teólogo vai além: para ele, a teologia natural é um empreendimento que combina tanto o racional quanto o imaginativo. Ele sugere que a teologia natural deve ser vista como um *complemento à ciência*, abordando "metaquestões" que vão além do que normalmente se considera teologia natural. Ela não seria útil apenas para a igreja, portanto, tendo uma contribuição mais ampla para o campo acadêmico. Finalmente, McGrath observa que a teologia natural pode evocar o sobrenatural de forma concreta, através de elementos como música e arquitetura inspiradoras. Essa abordagem ampliaria a compreensão do campo da teologia natural, com potencial extraordinário.

Em contraste com as abordagens mais positivas da teologia natural, o respeitado filósofo Paul Moser busca "desinflar as pretensões" da disciplina, especialmente quando ela pretende alcançar o Deus do cristianismo. Moser examina de modo impiedoso diversos argumentos para a existência de Deus, incluindo os argumentos ontológico, teleológico e cosmológico, expondo cada falha que pôde encontrar. Mas seu objetivo final vai além disso, para uma questão central: "Qual deus está em jogo quando se oferece um argumento de teologia natural?"

A questão, para Paulo Moser, é que o Deus bíblico é muito diferente do deus da teologia natural. Os argumentos teístas oferecem um conhecimento de "saber-que" sobre a "realidade de Deus", em vez do "saber-quem" de "Deus como um agente pessoal de contato direto". Em contraste, Moser argumenta que uma discussão

Bíblica sobre a realidade de Deus deveria se concentrar na relação Eu-Tu entre a humanidade e Deus, e nas evidências do divino na experiência interpessoal.

Ou seja: além de um problema de *competência*, Moser enxerga um problema de *relevância* na teologia natural. O que é relevante é um conhecimento relacional e existencial de Deus, ao invés de um conhecimento meramente intelectual ou racional. Moser critica a teologia natural por não conseguir apontar para o verdadeiro Deus do cristianismo, que é um Deus bom e digno de adoração. Para ele a ênfase deveria estar na transformação da relação com Deus, que vai além do mero assentimento intelectual à sua existência. Para ele esse tipo de abordagem seria muito mais eficiente na comunicação com um mundo descrente.

Como se vê nas respostas, no entanto, uma coisa é levantar objeções contra os argumentos teístas clássicos (nada de novo aqui); outra coisa é provar em definitivo que eles não funcionam. E quanto à oposição entre argumentos teístas e argumentos relacionais e existenciais, é preciso observar que eles são perfeitamente complementares. Parece-me haver mais lógica nas críticas de Paul Moser aos argumentos teístas do que no contraste que ele procura traçar.

A quinta perspectiva sobre a teologia natural é apresentada por John McDowell, baseada na visão de Karl Barth, para muitos, o maior teólogo protestante do século vinte. Para Barth, a teologia natural não é má teologia; na verdade, ela nem mesmo é teologia. Uma teologia digna do nome precisa se fundamentar na autorrevelação de Deus em Cristo, que é seu compromisso de "ser Deus para a criatura". A visão barthiana da teologia natural rejeita qualquer tentativa de raciocinar sobre Deus *a partir da ordem natural*. Essa abordagem nada mais seria que uma tentativa pecaminosa de afirmar autonomia e independência em relação a Deus. Trata-se, claro, de uma linha de crítica fundamentalmente teológica e moral, que pode ser abstraída da questão mais filosófica da eficiência dos argumentos teístas. O problema não é se funcionam ou não, mas se tem direito de existência.

O livro apresenta uma visão ampla e um debate animado, desafiador e de alta qualidade intelectual. Sua publicação é a ocasião adequada para um convite ousado: é chegado o tempo de abrir as tendas da teologia brasileira e dar à teologia natural a dedicação que ela merece.

Guilherme de Carvalho

INTRODUÇÃO

James K. Dew Jr. e Ronnie P. Campbell Jr.

Praticamente todos os tópicos da teologia são repletos de debate, mas isso é especialmente verdadeiro quando se trata da teologia natural. Desde a Patrística até os dias atuais, os cristãos discordaram (e ainda discordam) sobre o que ela é e qual o seu lugar em nosso trabalho teológico e apologético mais amplo. Para alguns, a teologia natural é um empreendimento que fornece recursos apologéticos maravilhosos para aqueles que defendem a fé. Mas, para outros, é um experimento fracassado que está repleto de concessões teológicas, argumentos filosóficos fracos e dados científicos deficientes. Basta dizer que qualquer pessoa procurando um debate teológico, filosófico e científico robusto encontrará tudo isso no tema da teologia natural. Um pequeno exemplo disso é encontrado nos ensaios e respostas presentes nesta obra.

Vários fatores tornam os debates em torno da teologia natural tão ricos e importantes. Ao longo de sua história, a teologia natural deu origem a algumas das discussões e desenvolvimentos mais significativos na ciência, teologia e filosofia. Cientificamente falando, as percepções do mundo natural têm sido uma das principais fontes para os debates na teologia natural – por exemplo, ela parece um tanto inevitável à luz das implicações metafísicas das descobertas científicas do século passado. Desde os achados cosmológicos sobre o início do universo até as complexidades envolvidas nas estruturas atômicas, descobertas recentes forneceram novas razões para pensar que a causação divina está em jogo nas origens do universo físico. Por outro lado, boa parte dos cientistas permanecem agnósticos em relação a Deus, ou até mesmo ateus, sugerindo que a ciência elimina a necessidade de Deus ou simplesmente não apoia conclusões teístas.

As mesmas complexidades também são encontradas na filosofia. A existência de Deus (assim como a natureza divina) é de grande importância, e os filósofos ao longo do tempo têm dado grande atenção à questão. Para alguns, Deus é a causa primeira necessária de tudo o que existe e sua existência pode ser demonstrada de inúmeras maneiras racionais ou evidenciais. A história da filosofia ocidental é rica em argumentos cosmológicos, teleológicos, morais, ontológicos, entre muitos outros. Mas, é claro, nem todos os filósofos estão convencidos de que esses argumentos tenham algum valor. Por causa disso, os debates em filosofia acrescentam uma rica camada de reflexão às explorações da teologia natural. Teologicamente falando, os debates também são de vital importância. Para alguns, a teologia natural é um recurso valioso para demonstrar as reivindicações de verdade do cristianismo, enquanto outros, como Karl Barth, rejeitam enfaticamente a teologia natural como uma concessão que conduz inevitavelmente à destruição teológica.

Alguns desses debates serão desenvolvidos nesta obra. Mas, antes de chegarmos a eles, um rápido panorama histórico será útil para prepararmos o terreno aos diálogos que se seguem.

QUADRO HISTÓRICO

As discussões e considerações teológicas que surgem de nossas reflexões sobre a ordem natural são tão antigas quanto a própria filosofia. A teologia natural é anterior à própria tradição cristã. Platão e Aristóteles, por exemplo, deram atenção significativa à questão acerca de Deus, desenvolvendo vários argumentos a favor de um ser divino, que podem ser categorizados como argumentos cosmológicos ou morais.[1] No entanto, a maior parte da história da teologia natural está localizada na era cristã, e recebeu as contribuições mais significativas de teólogos e filósofos cristãos dedicados ao trabalho da apologética.

Incontáveis exemplos poderiam ser oferecidos para mostrar como os cristãos desenvolveram e implantaram a teologia natural nas eras Patrística e Medieval, mas alguns cristãos são particularmente dignos de nota. Santo Agostinho, por exemplo, é muitas vezes conhecido pela forma que utilizou a filosofia natural como meio de confirmar a visão cristã de mundo. Assim como outros ao longo da história, ele ofereceu várias provas e argumentos a favor da existência de Deus.[2] Mas o que é particularmente interessante são suas reflexões sobre a natureza da criação e o que essas reflexões nos permitem dizer sobre Deus.

É importante ressaltar que, com base nos *insights* do Novo Testamento, foi Agostinho quem articulou e defendeu a ideia de *creatio ex nihilo*,[3] que veio a se tornar a visão padrão da Criação na teologia cristã. Nesta visão, a Criação é ontologicamente dependente do Criador e, ainda assim, diferente do Criador. Por ter sido criada por um ser divino que é racional, a criação carrega uma racionalidade e uma ordem que refletem a própria racionalidade divina. Consequentemente, a visão

---

[1] Esclarecendo, nem Platão nem Aristóteles defendem o Deus teísta do cristianismo. No caso de Platão, ele defende uma alma que é anterior e causa de todas as outras coisas. No entanto, a compreensão de ambos sobre uma causa primeira de todas as coisas e os argumentos que utilizam para defender seu ponto de vista são indicações de filósofos pré-cristãos que apresentavam argumentos de teologia natural. Veja Platão, *Timeu* 25-35b; As *Leis* 10.896-910d. Veja o tratamento dado por Aristóteles à física em Aristóteles, *Física*, livros 1–4; bem como *Metafísica* 2.994a.

[2] Veja, por exemplo, Agostinho, *Confissões* 1.1.1; 7.10.15–16; Agostinho, *Lectures or Tractates on the Gospel according to St. John* (in *Augustine: Homilies on the Gospel of John*, p. 400); Agostinho, *Santo Agostinho: comentários a São João I, evangelho, homilias* (São Paulo: Paulus, 2022) 12.41–42.

[3] Veja Agostinho, *Confissões* 11.5.7.

particular do cristianismo sobre a criação torna a investigação e a pesquisa científica possíveis e sugere algo sobre a divindade que a trouxe à existência. As implicações disso para a teologia natural são enormes. Como observa Alister McGrath, foi a visão de Agostinho que:

> lançou as bases para a afirmação de que tudo o que fosse bom, verdadeiro ou belo poderia ser usado a serviço do evangelho. Foi essa abordagem que se revelaria dominante na igreja ocidental, fornecendo uma base teológica para a apropriação crítica, por parte dos escritores cristãos, de ideias filosóficas e gêneros literários cujas origens se encontravam fora da igreja.[4]

Para Agostinho, porém, os cristãos não eram os únicos que podiam ver as implicações divinas do domínio natural. Numa reflexão sobre as obras de Platão, o teólogo elogia a capacidade de Platão de enxergar as implicações teológicas de nosso mundo, observando que "nenhum dos outros filósofos chegou tão próximo de nós como os platônicos".[5] Na verdade, Agostinho está tão intrigado com a proximidade das inferências teológicas de Platão com a teologia cristã que se pergunta abertamente se Platão teve algum acesso ao profeta Jeremias enquanto viajava pelo Egito. Percebendo, porém, que isso era impossível, conclui que Platão conseguiu colher seus *insights* teológicos da própria natureza. Ele diz:

> Platão tirou suas ideias das obras de escritores anteriores ou, como parece mais provável, da maneira descrita nas palavras do apóstolo: "Porque os atributos invisíveis de Deus, assim seu eterno poder, bem como sua divindade, claramente se reconhecem, desde o princípio do mundo, sendo percebidos por meio das coisas que foram criadas".[6]

Na era medieval, o uso da teologia natural por Santo Anselmo e Tomás de Aquino é significativo. No caso de Anselmo, ele oferece uma abordagem aos argumentos divinos que parte da fé e utiliza os argumentos como formas de demonstrar a verdade do teísmo. Seus argumentos são tanto para o cristão que busca confirmação como para o descrente que não está convencido. Mais conhecido pelo seu argumento ontológico apresentado no *Proslógio*, Anselmo argumenta que a existência de Deus pode ser provada a partir do próprio conceito de Deus. Mas o que muitas vezes é esquecido é que ele também apresenta uma variedade de outros argumentos a favor de Deus no *Monológio*, como os argumentos a favor de Deus com base na bondade, na existência e na dignidade, defendendo que cada um deles deve

---

[4] McGrath, *Scientific Theology* [Uma teologia científica], 1:15.
[5] Agostinho, *Cidade de Deus*, 2.8.5. (São Paulo: Paulus, 2023).
[6] Agostinho, *Cidade de Deus*, 2.8.12. A referência de Agostinho ao apóstolo Paulo é em Romanos 1:19,20.

surgir de um ser supremo que é a causa primeira de tudo o que existe. Anselmo conclui esses argumentos dizendo: "Logo, há certa natureza, substância ou essência que por si mesmo é grande e boa e, por si mesmo, é o que é; por meio da qual existe tudo o que é verdadeiramente bom, grande ou qualquer outra coisa; e que é o bem supremo, a coisa excelente suprema, o ser supremo ou subsistente, isto é, supremo entre todas as coisas existentes."[7]

Há, no entanto, uma observação importante a se fazer acerca de Anselmo. Embora algumas versões da teologia natural se comprometam a partir de premissas que são "neutras", ou que ainda não pressupõem a fé cristã, Anselmo decididamente não está fazendo isso. Em vez disso, partindo da crença em Deus já estabelecida, ele simplesmente usa os argumentos que apresenta como uma tentativa de melhor compreender Deus. Ele diz: "Não tento, Ó Senhor, penetrar a tua altura, pois de forma alguma equiparo minha inteligência a ela, mas desejo de alguma forma compreender a Tua verdade, aquela que meu coração acredita e ama. Pois não busco compreender para crer; mas creio para poder compreender. Pois também creio nisto: se não crer, não poderia compreender."[8] Para Anselmo, o trabalho da teologia natural é um exercício de "fé em busca de compreensão".

Assim como Agostinho antes dele, Tomás de Aquino acreditava que a natureza, criada pelo Deus do cristianismo, apresentava marcas e características particulares que nos permitem utilizá-la como forma de apoiar nossas crenças teológicas. Ele diz: "Todo efeito representa em algum grau sua causa, mas de maneira diversa. Pois alguns efeitos representam apenas a causalidade da causa, mas não sua forma; como a fumaça representa o fogo... Outros efeitos representam a causa no que diz respeito à semelhança de sua forma, assim como o fogo gerado representa o fogo gerador... Assim, nas criaturas racionais, possuidoras de atividade intelectual e vontade, encontra-se a representação da trindade por meio da imagem, à medida que existe neles a palavra concebida e o amor procedente."[9] A partir disso, Tomás defende a existência de Deus de cinco maneiras distintas: (1) o argumento do movimento, (2) o argumento da causação, (3) o argumento da possibilidade e necessidade, (4) o argumento da gradação e (5) o argumento do propósito.[10]

Por causa disso, argumenta-se muitas vezes que Tomás de Aquino coloca a razão acima da revelação ou torna a teologia dependente da filosofia e da ciência. Mas isso é provavelmente um mal-entendido de sua visão. Assim como Anselmo, Tomás sustenta que a criação nos aponta para o Criador sem nenhuma implicação

---

[7] Anselmo, *Monologion* 4, in *Anselm of Canterbury*, p. 15–16.
[8] Anselmo, *Proslogion* 1, in *Anselm of Canterbury*, p. 87 [edição em português: *Proslógio* (Campinas: Concreta, 2016)].
[9] Tomás de Aquino, *Summa Theologiae* I.45.7 [edição em português: *Suma teológica* (São Paulo: Loyola, 2001)].
[10] Aquino, *Summa Theologiae* I.2.3.

de que a teologia necessite da ciência e da filosofia para sustentar nossa doutrina. Ele diz:

> [A teologia] pode, em certo sentido, depender das ciências filosóficas, não como se precisasse delas, mas apenas para tornar seu ensino mais claro... Assim, ela não depende de outras ciências como se estas fossem superiores, mas faz uso delas como se fossem inferiores e servas. O fato de usá-las não se deve a um defeito ou insuficiência própria, mas à deficiência de nossa inteligência, mais facilmente guiada pelo que é conhecido pela razão natural.[11]

Existem muitos outros pensadores e desenvolvimentos da era medieval que merecem nossa consideração, mas o espaço não nos permitirá abordá-los. Antes de prosseguirmos, devemos dizer algumas rápidas palavras sobre como a teologia natural se alterou, evoluiu e eventualmente entrou em declínio na modernidade e no Iluminismo.

No início do século 17, René Descartes iniciou uma grande mudança na filosofia ocidental com sua busca por estabelecer novos fundamentos epistêmicos para nosso conhecimento. No processo de seu trabalho, contudo, ele também apresenta um argumento a favor da existência de Deus, muitas vezes considerado um argumento ontológico, mas que também pode ser descrito como um argumento da perfeição.[12] Robert Boyle, filósofo e cientista do final do século 17, também fez uso considerável da teologia natural. Acreditando que o trabalho da ciência era um ato religioso, sugeriu que a ordem natural oferecia oportunidades para obter *insights* e compreensão acerca do Criador.[13] No século seguinte, Joseph Butler usou as características morais de nosso mundo para argumentar a favor do teísmo cristão. Em sua obra *Analogia da Religião*, ele oferece uma versão inicial do argumento do relojoeiro que mais tarde seria popularizado por Voltaire e William Paley, e defende verdades divinas que surgem tanto da revelação natural como da revelação especial. Existem muitos outros exemplos de teologia natural durante este período, mas nenhum mais importante do que Paley e sua obra de 1802, *Teologia Natural*.

Como outros antes dele, Paley procura defender a existência de Deus a partir da evidência do *design*, ou projeto, na natureza. Ao considerar cuidadosamente a função de dezenas de objetos na natureza, ele conclui que a natureza apresenta numerosos casos de *design* e engenhosidade. Sendo esse o caso, ele argumenta, por analogia, que estes exemplos de engenhosidade requerem um *designer*, um projetista. O argumento de Paley acerca do *design* na natureza é considerado uma

---

[11] Aquino, *Summa Theologiae* I.1.5.
[12] Descartes, *Discurso do método e ensaios*, parte 4 (São Paulo: Unesp, 2018).
[13] Boyle, "Of the Study of the Book of Nature."

expressão clássica do argumento teleológico. No capítulo inicial de *Teologia Natural*, Paley apresenta seu argumento com uma analogia:

> Ao cruzar um deserto, suponha que eu batesse o pé contra uma pedra, e fosse perguntado como a pedra veio a estar ali. Eu poderia possivelmente responder que, pelo que sei, ela sempre repousou ali; e seria, talvez, muito fácil mostrar a plausibilidade dessa resposta. Mas suponha que eu tivesse encontrado um relógio sobre o chão, e devesse ser questionado como aconteceu de o relógio estar naquele lugar. Eu dificilmente pensaria na resposta que dera antes, de que, pelo que sei, o relógio poderia sempre ter estado lá. Mas, por que essa resposta não deveria servir para o relógio tão bem como para a pedra; por que ela não é tão admissível no segundo caso como no primeiro? Por esta razão, e por nenhuma outra, a saber, de que quando viemos a inspecionar o relógio, percebemos — o que não poderíamos descobrir na pedra — que suas várias partes estão arranjadas e colocadas juntas para um propósito, por exemplo, que elas estão assim formadas e ajustadas a fim de produzir movimento, e que esse movimento está regulado para apontar a hora do dia; que, se as diferentes partes tivessem sido moldadas diferentemente do que são, ou colocadas de qualquer outra maneira ou em muitas outras formas além daquela nas quais estão colocadas, absolutamente nenhum movimento teria sido produzido na máquina, ou nenhum que tivesse respondido ao uso que agora é servido por ele.[14]

Para Paley, este enquadramento, ajuste, regulação e moldagem das partes só poderia ser tomado como prova de que o relógio descoberto era um produto de *design*. Ele diz: "A inferência, pensamos, é inevitável; de que o relógio deve ter tido um fabricante; que deve ter existido, em algum momento e num lugar ou outro, um artífice ou artífices que o formaram com o propósito que achamos que ele realmente atende; que compreendia sua construção e projetou seu uso."[15]

Como se pode ver, a teologia natural tem uma história longa e rica na tradição cristã. Foi adotada e desenvolvida por uma ampla variedade de filósofos e teólogos. Mas, como mostrará a próxima seção, também recebeu grandes críticas e foi largamente rejeitada e abandonada por longos períodos.

O ABANDONO (E O RENASCIMENTO) DA TEOLOGIA NATURAL

Além do interesse renovado na teologia natural e do seu desenvolvimento, o Iluminismo também trouxe críticas significativas a ela. Em um ataque multifacetado,

---

[14] Paley, *Natural Theology*, p. 7.
[15] Paley, *Natural Theology*, p. 8.

as críticas advindas da filosofia, da ciência e da teologia por fim convergiram para tornar a teologia natural obsoleta e pouco atraente no pensamento ocidental. Na verdade, uma vez que essas críticas lhe foram dirigidas, a teologia natural foi largamente rejeitada pelos filósofos e teólogos cristãos durante os séculos seguintes. Um exemplo clássico das críticas filosóficas à teologia natural vem dos *Diálogos Sobre a Religião Natural*, de David Hume. Situado como um diálogo entre três amigos chamados Cleantes, Dêmeas e Filão sobre a existência de Deus e nossa capacidade de provar sua existência a partir de características de *design* no mundo físico, Hume oferece várias objeções ao argumento do *design*: (1) a objeção acerca de quem projetou Deus, (2) a objeção do universo coerente, (3) a objeção da evidência insuficiente, (4) a objeção do problema do mal e (5) a objeção da analogia fraca.[16] Houve muitos outros críticos filosóficos durante esse período, mas as objeções de Hume tiveram certamente o maior e mais duradouro impacto.

Cientificamente, *A origem das espécies*, de Charles Darwin, alterou de maneira significativa a percepção da teologia natural no pensamento ocidental. De 1802, quando Paley escreveu *Teologia Natural*, até 1859, quando Darwin publicou *A origem das espécies*, a obra de Paley foi lida e altamente estimada por teólogos, cientistas e filósofos. No entanto, com o trabalho de Darwin, o argumento do *design* de Paley foi rejeitado, e a plausibilidade então percebida de todos esses argumentos foi diminuída de maneira relevante. Especificamente, a teoria da seleção natural de Darwin forneceu aos cientistas uma explicação plausível acerca de como a ampla diversidade poderia ter surgido sem nenhuma necessidade de causação divina. Isso deu àqueles que já estavam inclinados ao ceticismo teológico um mecanismo explicativo que não tinham à disposição até a obra de Darwin. Neal Gillespie observa que:

> tem-se em geral concordado (na época e posteriormente) que a doutrina da seleção natural de Darwin demoliu efetivamente o argumento clássico do *design* como demonstração da existência de Deus, proposto por William Paley. Ao mostrar como a adaptação cega e gradual poderia simular o *design* aparentemente proposital... Darwin despojou o argumento de Paley da inferência analógica, de que o propósito evidente a ser visto nas engenhosidades pelas quais os meios e os fins estavam relacionados na natureza era necessariamente uma função de uma mente.[17]

Teologicamente, nenhuma crítica foi tão importante como as oferecidas por Karl Barth, que sugeriu que esses argumentos a favor de Deus "obviamente não

---

[16] Hume, *Dialogues Concerning Natural Religion*, p. 53 [edição em português: *Diálogos sobre a religião natural* (Bahia: Edufba, 2016)]. Para o resumo das críticas de Hume, estamos em dívida com as categorizações de Stephen T. Davis. Veja S. Davis, *God, Reason and Theistic Proofs*, p. 101-6.
[17] Gillespie, *Charles Darwin and the Problem of Creation*, p. 83,84.

têm valor".[18] Em seus debates escritos com Emil Brunner (que ofereceu uma defesa e uma visão para a teologia natural) a respeito da plausibilidade de uma teologia natural, Barth responde em seu ensaio com um título alemão de apenas uma palavra: *Nein*![19] Alister McGrath oferece uma sinopse útil das críticas principais de Barth:

> A hostilidade de Barth em relação à teologia natural repousa, portanto, em sua crença fundamental de que ela mina a necessidade e a singularidade da autorrevelação de Deus. Se o conhecimento divino pode ser alcançado independentemente da autorrevelação de Deus em Cristo, então segue-se que a humanidade pode ditar o lugar, o tempo e os meios de seu conhecimento de Deus. A teologia natural, para Barth, representa uma tentativa por parte da humanidade de compreender a si mesma à parte e isolada da revelação, representando uma recusa deliberada em aceitar a necessidade e as consequências da revelação.[20]

Com poderosas críticas filosóficas e científicas já em vigor, as contundentes críticas teológicas de Barth à teologia natural tiveram um enorme impacto na teologia cristã. Refletindo sobre quão devastadoras essas críticas foram para a teologia natural, McGrath diz: "Se minhas conversas pessoais com teólogos, filósofos e cientistas naturais ao longo da última década forem de alguma forma representativas, a teologia natural é em geral vista como sendo comparada a uma baleia morta, deixada para trás encalhada numa praia por uma maré baixa, apodrecendo miseravelmente sob o calor de um sol filosófico e científico."[21]

A teologia natural esteve praticamente adormecida desde meados do século 19 até o final do século 20. Durante este tempo, o desdém pela teologia natural era tão universal que a maioria nunca teria esperado o vibrante renascimento que temos visto nas últimas décadas. Para a surpresa de boa parte das pessoas, a teologia natural está de volta, mais robusta do que nunca, reacendendo debates e diálogos antigos. James Sennett e Douglas Groothuis sugerem que isso ocorre porque os proponentes da teologia natural estão "usando muitos novos desenvolvimentos na ciência, na teologia e na filosofia para apresentar argumentos novos e intrigantes para a justificação de conceitos e crenças teístas e cristãs."[22]

Na verdade, as descobertas na física, na química, na biologia e na cosmologia ao longo das últimas décadas — com grandes revisões das versões dos argumentos

---

[18] Barth, *Church Dogmatics* II/1, p. 76.
[19] Veja Baillie, *Natural Theology*.
[20] McGrath, *Scientific Theology*, 1:269.
[21] McGrath, *Fine-Tuned Universe*, p. 5 [edição em português: *O ajuste fino do universo: em busca de Deus na ciência e na teologia* (Viçosa: Ultimato, 2017)].
[22] Sennett e Groothuis, "Introduction," p. 11.

dos filósofos — deram nova vida ao que antes era considerado um empreendimento morto. Em suma, as implicações metafísicas e teológicas de muitas descobertas científicas recentes são claras e, para boa parte deles, esmagadoras. Como disse o falecido Fred Hoyle: "Uma interpretação sensata dos fatos sugere que um superintelecto se envolveu com a física, bem como com a química e a biologia, e que não existem forças cegas sobre as quais vale a pena falar na natureza. Os números que se calculam a partir dos fatos parecem-me tão esmagadores que colocam esta conclusão quase fora de questão."[23] E com o renascimento da teologia natural, os debates ocupam mais uma vez um lugar significativo em nosso trabalho em teologia e apologética. Como nossa obra mostrará, alguns a adotarão, enquanto outros protestarão contra ela.

AS QUESTÕES DESTA OBRA

Questão um: o que é teologia natural? Essa pode parecer uma pergunta ridícula. Mas, como veremos, os estudiosos estão divididos acerca de como deveríamos pensar sobre a teologia natural. Por exemplo, Ronald Nash diz: "A teologia natural é uma tentativa de descobrir argumentos que provarão ou de algum modo fornecerão aval para a crença em Deus sem apelar para uma revelação especial, por exemplo, a Bíblia."[24] Da mesma forma, William Alston a define como "o empreendimento de oferecer suporte às crenças religiosas partindo de premissas que não são e nem pressupõem quaisquer crenças religiosas."[25]

No entanto, essa compreensão da teologia natural está em desacordo com a prática real de alguns filósofos cristãos históricos como Agostinho, Anselmo e Tomás de Aquino. Tendo em vista que esses filósofos e teólogos, e muitos outros, rejeitam a noção de que a teologia natural comece a partir de premissas neutras, mas argumentam que ela começa mais apropriadamente a partir da própria fé, estudiosos como McGrath definem a teologia natural como "o empreendimento de ver a natureza como criação, que tanto pressupõe como reforça afirmações teológicas cristãs fundamentais."[26] Assim, precisamos, em primeiro lugar, questionar o que é a teologia natural. Essa será uma das principais questões que nossos colaboradores abordarão neste volume.

Questão dois: devemos fazer teologia natural? Uma segunda questão importante é se a teologia natural deveria ou não ser feita. Como veremos, alguns intelectuais

---

[23] Hoyle, "The Universe," p. 16.
[24] Nash, *Faith and Reason*, p. 93.
[25] Alston, *Perceiving God*, p. 289 [edição em português: *Percebendo Deus: a experiência religiosa justificada* (Natal: Carisma, 2020)].
[26] McGrath, *Science of God*, p. 113 [edição em português: *A ciência de Deus: uma introdução à teologia científica* (Viçosa: Ultimato, 2016)].

cristãos estão amplamente convencidos do lugar e do valor dessa disciplina em nosso trabalho teológico, enquanto outros são muito mais pessimistas. Talvez haja um valor apologético neste tipo de trabalho; talvez ele crie mais problemas do que tenha méritos, ou até mesmo esteja equivocado desde o início. Nossos colaboradores chegam a conclusões muito diferentes sobre esse assunto. Esta obra foi planejada para ajudar você a enxergar os méritos e os problemas potenciais e então decidir por si mesmo. Em todo caso, explorar esse debate com nossos colaboradores será de muita utilidade.

Questão três: como devemos fazer teologia natural? E, por fim, se a teologia natural deve ser feita, como devemos fazê-la? Deveríamos, como alguns sugerem, partir de premissas puramente objetivas que são aceitas por todos? Ou, como sugere McGrath, deveríamos começar a partir de nossa fé? Deveria nossa teologia natural, pressupondo que deva ser feita, assumir a forma de argumentos? Ou deveria ser mais uma lente por meio da qual olhamos para a criação? Mais uma vez, nossos colaboradores têm opiniões diferentes e seus diálogos serão instrutivos para qualquer pessoa que trabalhe com estas grandes questões.

O QUE ESTÁ POR VIR

Considerando o rico pano de fundo da teologia natural, temos o prazer de apresentar os colaboradores deste volume que representam os debates contemporâneos sobre o assunto. Cada colaborador é um defensor ou crítico atencioso da teologia natural que interage com as principais questões mencionadas acima. (O que é teologia natural? Deveríamos fazer teologia natural? Se sim, como fazê-la?). Representando perspectivas com profundas raízes históricas e opiniões apaixonadas, cada colaborador oferece um ensaio defendendo sua visão sobre a teologia natural, seguido, então, pelas respostas de cada um de seus colegas colaboradores. Depois disso, cada autor apresenta uma resposta final às críticas à sua visão. No capítulo 1, exploramos a visão contemporânea de Charles Taliaferro. Dr. Taliaferro é professor emérito de filosofia e Distinto Professor Emérito da cátedra Oscar e Gertrude Boe Overby no St. Olaf College. Como veremos, Taliaferro entende a teologia natural como "reflexão filosófica sobre Deus baseada no raciocínio que não se fundamenta na revelação (ou na teologia revelada)". Como defensor da teologia natural, Taliaferro sugere ser melhor abordar a teologia natural de forma abdutiva, usando-a para demonstrar que o teísmo cristão tem maior poder explicativo do que outras cosmovisões. Para defender essa tese, Taliaferro oferece um argumento cosmológico, um argumento teleológico e um argumento da consciência.

O capítulo 2 oferece um diálogo em torno da visão católica do Padre Andrew Pinsent. Dr. Pinsent é diretor de pesquisa do Ian Ramsey Centre for Science and

Religion do Harris Manchester College, da Universidade de Oxford. Baseando-se nos *insights* teológicos de Tomás de Aquino, Pinsent ilustra as ricas perspectivas católicas sobre a teologia natural (conhecida pela natureza e pela razão) e sobrenatural (conhecida por meio da revelação especial de Deus). Ele oferece uma gama de possibilidades relacionadas à teologia natural, incluindo (a) uma compreensão natural das questões naturais; (b) uma compreensão natural das questões sobrenaturais; (c) uma compreensão sobrenatural das questões naturais; e (d) uma compreensão sobrenatural das questões sobrenaturais.

No capítulo 3, Alister McGrath defende o que ele entende ser uma visão clássica da teologia natural. Dr. McGrath atua na Universidade de Oxford, onde ocupou a cátedra Andreas Idreos em Ciência e Religião na Faculdade de Teologia e Religião, é membro do Harris Manchester College e professor de teologia no Gresham College. Situado em algum lugar entre as perspectivas dos outros colaboradores, McGrath defende a teologia natural ao mesmo tempo que leva a sério as principais críticas de Barth e de muitos outros. Ele mostra que, adequadamente compreendida e praticada, a teologia natural sempre assume uma teologia particular da natureza e da humanidade, de modo que ela nunca pode surgir a partir de premissas ou perspectivas "neutras" sobre a natureza. Em sua opinião — uma abordagem que ele entende estar de acordo com a maneira como a teologia natural era de fato praticada antes do Iluminismo — a teologia cristã fornece uma base para a teologia natural, permitindo-lhe começar na fé, e não fora dela. Embora McGrath defenda a importância da teologia natural, sua abordagem tem diferenças consideráveis com a abordagem contemporânea de Taliaferro.

No capítulo 4, apresentamos a visão deflacionária de Paul Moser, que procura "esvaziar as pretensões da teologia natural". Dr. Moser é professor de filosofia na Universidade Loyola em Chicago e tem escrito extensivamente sobre suas preocupações com a teologia natural. Como um dos críticos contemporâneos mais vocais e ponderados da teologia natural, Moser levanta preocupações substanciais acerca do renascimento da teologia natural. Especificamente, como veremos, ele afirma que os argumentos da teologia natural — tanto do passado quanto do presente — não conseguem apontar-nos para o verdadeiro Deus do cristianismo, um Deus bom e digno de adoração. Em razão disso, a teologia natural não produz nada "conclusivo ou mesmo confirmatório" sobre o Deus de Abraão, Isaque, Jacó e Jesus Cristo.

Por fim, no capítulo 5, temos a visão barthiana de John McDowell sobre a teologia natural. Dr. McDowell é professor de teologia, filosofia e teologia moral e, atualmente, reitor associado do Yarra Theological College, na University of Divinity, na Austrália. Como observado acima, as críticas de Barth à teologia natural têm sido algumas das críticas mais importantes ao empreendimento apologético.

Especificamente, Barth rejeitou a tentativa de raciocinar acerca de Deus a partir da ordem natural, vendo-a como uma tentativa de ser autônomo e independente de Deus. McDowell desvenda as nuances teológicas da perspectiva de Barth e as preocupações com a teologia natural que a acompanham. O debate é um elemento necessário e importante do discurso teológico, e as contribuições para este volume de Taliaferro, Pinsent, McGrath, Moser e McDowell são um presente para todos os interessados neste importante assunto. Confiamos que esta será uma jornada útil pelas questões importantes para todos os envolvidos com o tema.

CAPÍTULO 1

Uma visão contemporânea

Charles Taliaferro

De início, é importante deixar claro o que é a teologia natural e como ela pode ser feita. Pelo que entendo, é a reflexão filosófica sobre Deus baseada no raciocínio que não se fundamenta na revelação (ou na teologia revelada). Ao contrário desta, que pode pressupor a verdade ou confiabilidade da Bíblia cristã, a teologia natural desenvolve uma filosofia de Deus baseada em observações sobre o cosmo, explorando questões sobre a natureza deste, sua origem e sua permanência. A teologia natural foi objeto de uma intensa atividade na filosofia da Europa medieval tardia e moderna por filósofos judeus e cristãos, assim como no Oriente Próximo e Médio por filósofos islâmicos. Boa parte dos grandes pensadores modernos — Descartes, Leibniz, Cudworth, More, Clarke, Locke e uma série de outros — desenvolveram provas para a existência de Deus em suas teologias naturais.

Nos livros convencionais de história da filosofia, afirma-se que a teologia natural foi arrasada por David Hume e Immanuel Kant, mas isso parece falso, não apenas por causa das falhas nas metodologias filosóficas humeanas e kantianas, mas pela engenhosidade e resiliência dos filósofos teístas. Hoje, existem abundantes antologias, compêndios e manuais que promovem a teologia natural. Duas coisas mudaram nessa teologia desde o século 18. Primeiro, os filósofos raramente apresentam o que relatam como uma prova ou refutação da existência de Deus; na verdade, hoje eles raramente usam o termo "prova" em qualquer domínio da filosofia fora da lógica formal. Em vez disso, castigados por séculos de crítica, os filósofos estão agora mais dispostos a referir-se a bons argumentos (ou cogentes, persuasivos, sólidos) ou a argumentos que são pobres ou fracos. Em segundo lugar, embora a teologia natural ainda hoje seja praticada sem depender da autoridade dos textos sagrados, boa parte de seus proponentes incluem um apelo ao papel evidencial da experiência religiosa.

Alguns críticos ao longo da história pensaram que simplesmente não deveríamos fazer teologia natural. Mas, de meu ponto de vista, certamente deveríamos. Como argumentou o maior colaborador contemporâneo à essa teologia, Richard

Swinburne, se for possível estabelecer filosoficamente o teísmo de maneira independente do apelo à Bíblia, teremos contribuído com razões para levar a Bíblia a sério como uma revelação divina. Sem teologia natural, a investigação sobre a credibilidade da Bíblia é dificultada. Essa teologia tem uma história longa e importante, que remonta provavelmente a Platão. Ela merece nossa atenção como um canal prospectivo para o encontro com Deus.

Mas, se fizermos teologia natural, como devemos realizá-la? Proponho que a melhor maneira de praticá-la é por meio do que é comumente chamado de "abdução". Deveríamos comparar as cosmovisões que acreditamos de forma fundamentada serem promissoras (teísmo, naturalismo, idealismo britânico etc.) e, em seguida, avaliar sua coerência interna e seu poder explicativo. Como veremos a seguir, acredito que as duas cosmovisões mais promissoras são o teísmo clássico (na tradição teológica do ser perfeito) e uma forma de naturalismo. O objetivo de minha abordagem é fornecer razões para pensar que o teísmo clássico é mais razoável do que o naturalismo porque detém maior poder explicativo.

Quando comecei a pensar na estruturação deste capítulo, estava em um avião. Uma criança atrás de mim repetia a pergunta "Por quê?" Eu não sabia ao certo no que a criança estava focada, nem consegui entender o que o adulto disse em resposta, mas isso forneceu o tom para este capítulo. Proponho que não é apenas extraordinário que tenhamos viagens aéreas, mas que o fato de que nós e o cosmo existirmos e continuamos a existir ao longo do tempo é algo igualmente extraordinário. Embora alguns filósofos busquem descartar a questão acerca do *porquê* de nosso cosmo como um todo, assim como alguém pode tentar silenciar uma criança petulante, penso que a questão acerca da razão da existência do cosmo e do ser humano nos conduz a levantar outras grandes questões. E proponho que o teísmo fornece uma resposta bem-sucedida para elas.

Primeiro, vamos abordar o conceito de Deus na tradição teísta cristã e depois considerar o que sabemos sobre o cosmo e sobre nós mesmos. Argumento então que a existência de nosso cosmo e do ser humano (e de outros seres conscientes) é mais razoavelmente explicada pelo teísmo do que (o que acredito ser) sua concorrente mais próxima — alguma forma de naturalismo — a ser explicada a seguir.

O CONCEITO DE DEUS NO TEÍSMO CRISTÃO

A tradição cristã inclui mais de um conceito de Deus. No entanto, o que esboço aqui é amplamente aceito e não é de forma alguma um ponto de vista minoritário. Na filosofia cristã tradicional, acredita-se que Deus é insuperável em excelência. Na visão de Santo Anselmo (1033-1109), Deus é considerado um ser do qual nada maior pode ser concebido. Seria uma contradição de termos pensar que, embora

Deus seja bom, poderia haver uma realidade divina maior. Entende-se que a grandeza de Deus envolve os maiores atributos que um ser pode ter. Os atributos divinos incluem onisciência, onipotência, bondade essencial, existir necessariamente (e não de forma contingente) e ser eterno ou perpétuo. É em virtude desses atributos que os cristãos acreditam que Deus é proposital (intencional), onipresente (não há lugar no qual Deus não esteja), digno de obediência e adoração. É claro que os cristãos acreditam em muito mais coisas sobre Deus, como a Trindade, a Encarnação, a expiação, a vida após a morte e assim por diante. Além disso, os cristãos (especialmente os filósofos) têm diferido em suas análises destes atributos: alguns entendem o âmbito da onisciência como incluindo todos os acontecimentos futuros; outros afirmam que o fato de Deus ser onisciente significa que a qualquer momento Deus *sabe tudo o que é possível saber naquele momento* (nenhum ser pode ter mais conhecimento). Essa última posição é muitas vezes assumida por filósofos que afirmam que não é possível a qualquer ser saber com certeza acontecimentos futuros que envolvam liberdade. Outro ponto de embate é se Deus está no tempo ou fora do tempo, ainda que os filósofos cristãos concordem que nunca houve um tempo no qual Deus não existisse ou não existiria.

Neste capítulo, os atributos divinos que envolvem a existência necessária de Deus, sua bondade, seu poder e seu conhecimento são os mais importantes. A existência necessária de Deus (Deus não pode não existir) é por vezes colocada como a afirmação de que a própria natureza de Deus é a existência. Essa necessidade flui da grandeza máxima de Deus; um ser que tivesse todos os outros atributos divinos, mas não a necessidade de existir, não seria tão grande quanto um ser que tivesse os atributos divinos e também tivesse a existência necessária. Você e eu, o planeta, nosso sistema solar e os bilhões de galáxias em nosso universo não existem necessariamente. Podemos (e devemos) perguntar por que nosso cosmo existe em vez de um cosmo diferente, ou por que existe algum cosmo que perdura ao longo do tempo.

Agora, compararemos o poder explicativo do teísmo e do naturalismo no sentido amplo.

TRÊS ARGUMENTOS TEÍSTAS

Eu defendo aqui um argumento teísta que remonta a Anselmo e é chamado de *argumento ontológico*. Contudo, como esse argumento levaria muito tempo para ser defendido aqui, apresento, em vez disso, outros três: o primeiro é o da contingência (comumente chamado de *argumento cosmológico*), o segundo recorre à aparente natureza intencional do cosmo (ou o *argumento teleológico*), e o terceiro é *um argumento da consciência*. Antes de delinear esses argumentos, consideremos alguns dos dados nos quais eles se basearão: nossa compreensão da causação, da contingência e da necessidade, e a realidade evidente de nossa vida consciente, ciente de si e dotada de propósito.

No que diz respeito à *causação*, sabemos a partir de nossa experiência em primeira pessoa e de nossa observação do mundo que os acontecimentos têm causas, entendidas de maneira ampla incluindo razões e explicações. Normalmente, sabemos quando uma lesão física nos causa dor, mover os braços e o corpo, raciocinar (respondemos 2 quando nos perguntam qual é a soma de 1 + 1), que uma bola de beisebol pode quebrar uma janela de vidro, que o fogo causa fumaça e assim por diante. Os filósofos desenvolveram múltiplas teorias de causalidade, por vezes referindo-se às leis da natureza, aos poderes e suscetibilidades causais dos objetos, a associações psicológicas, e assim por diante. Mas seja qual for a abordagem adotada, parecemos ter uma consciência fundamental de quando nós mesmos provocamos os acontecimentos (tenho certeza de que estou digitando intencionalmente as teclas de meu computador), e ficaríamos perplexos com a afirmação de que algum acontecimento ou coisa não teve causa, razão ou explicação de qualquer tipo. Os filósofos às vezes formulam essa ideia em termos da máxima "Nada vem do nada". Ninguém realmente acredita que uma enorme baleia possa surgir do nada, simplesmente vindo à existência dentro de um ônibus, esmagando a nós e aos outros passageiros, sem nenhuma causa ou razão.

No que concerne à *contingência e necessidade*, cada um de nós tem alguma compreensão a partir do senso comum acerca de diferentes modalidades (modos de ser), incluindo necessidade, contingência, possibilidade e impossibilidade. Algo (um acontecimento, proposição ou objeto) é necessário quando não pode deixar de ser o caso. Por exemplo, 1 + 1 é 2, e sua negação é necessariamente falsa ou impossível. (Sabemos que 1 + 1 = 2 porque é uma afirmação de identidade; 2 é simplesmente 1 + 1, de forma que a proposição é essencialmente que 1 + 1 é igual ou equivalente a 1 + 1.) Algo é contingente (como "o gato está no tapete") quando não é necessário e é possível tanto negar quanto afirmar tal coisa (é possível que o gato esteja no tapete e é possível que o gato não esteja no tapete). Essas categorias são relevantes no que se segue quando se afirma que o cosmo é contingente e que Deus (se há um Deus) existe necessariamente.

Em relação à *consciência*, proponho que a coisa mais certa que sabemos sobre a realidade (ou o cosmo) é que somos seres conscientes e pensantes que podem mover-se, agir, sentir, raciocinar, observar e perceber o mundo que nos rodeia. Esse conhecimento é virtualmente inabalável no sentido de que é fundante para qualquer uma de nossas outras alegações de conhecimento. Ele é muito mais certo do que o conhecimento que podemos obter por meio da ciência, já que a própria ciência não pode ocorrer sem que haja cientistas, e os cientistas são pessoas conscientes e pensantes que se movem, agem, sentem, raciocinam, observam e percebem o mundo em volta de nós. A ciência é (sugiro) inconcebível sem observação, razão e assim por diante. Na verdade, nossa compreensão dos métodos e conteúdos da ciência não pode ser mais clara do que nossa compreensão dos conceitos ou ideias relevantes envolvidos. Não se pode ter uma compreensão maior do que é o hélio sem ter um conceito confiável de hélio. Temos muito conhecimento por meio das ciências naturais, mas não teríamos ciência alguma sem uma consciência prévia ou confiante de que nós somos seres conscientes.

A certeza de nosso pensamento consciente e de nosso agir proposital pode ser fortalecida se considerarmos o absurdo de negar essas certezas. Considere as seguintes afirmações de Alex Rosenberg:

> Nossos pensamentos conscientes são indicadores muito grosseiros do que está acontecendo em nosso cérebro. Enganamos a nós mesmos quando tratamos esses marcadores conscientes como pensamentos sobre o que queremos e como alcançá-los, sobre planos e propósitos. Somos até levados a pensar que de alguma forma eles provocam comportamento. Estamos enganados sobre todas essas coisas.[1]

> Não podemos tratar as interpretações do comportamento no que se refere a propósitos e significado como transmitindo uma compreensão real.[2]

> Os atos individuais dos seres humanos não [são] guiados por um propósito.[3]

> O que os indivíduos fazem, sozinhos ou em conjunto, durante um momento, um mês ou uma vida inteira, é, na verdade, apenas o produto do processo de variação cega e de filtragem ambiental que opera nos circuitos neurais de suas cabeças.[4]

Sugiro que as afirmações de Rosenberg estão em conflito absurdo com o que todos sabem. Quando Rosenberg escreveu as afirmações acima, é absurdo afirmar que ele não teve a intenção consciente de fazê-lo. Ele tinha um plano ou propósito para afirmar que não existem coisas como agir (produzir acontecimentos) com base em planos e propósitos. Além disso, a menos que nós (seus leitores) e ele soubéssemos como raciocinar e tivéssemos entendimento acerca de argumentos e causação, não haveria possibilidade de raciocinarmos uns com os outros sobre qualquer coisa. Acabei de escrever intencionalmente esta frase sem sentido: *Thrustitus come nabos de trás para a frente enquanto marcha sobre uma nuvem*. Podemos conhecer,

---

[1] Rosenberg, *Atheist's Guide*, p. 210.
[2] Rosenberg, *Atheist's Guide*, p. 213.
[3] Rosenberg, *Atheist's Guide*, p. 244.
[4] Rosenberg, *Atheist's Guide*, p. 255.

elogiar ou culpar uns aos outros por escrevermos e falarmos bobagens apenas porque percebemos que estamos escrevendo ou falando coisas com plena consciência de nossa responsabilidade, e não sermos entidades passivas, enganadas e equivocadas, controladas pela "variação cega". A menção de Rosenberg ao tempo ("durante um momento ou...") traz à tona um contraponto importante: a menos que estivesse consciente de si mesmo como um sujeito consciente, existindo ao longo do tempo, que estivesse lendo este parágrafo e pudesse raciocinar, você não entenderia nada acerca das alegações de Rosenberg ou das minhas.

Considere qualquer caso de comunicação bem-sucedida entre duas pessoas. Imagine que eu o aviso sobre um trator limpa-neve que se aproxima perigosamente. Eu grito: "Cuidado com o trator!" e você dá um passo para o lado, evitando se machucar. Para interagirmos e provocarmos acontecimentos, devemos ser *sujeitos confiantes, conscientes, dotados de autopercepção, que atuem com propósito e estejam cientes de que assumimos a responsabilidade pelo que dizemos e fazemos*.[5]

Por que alguém seria levado a negar que provocamos acontecimentos propositalmente? Podemos raciocinar, pensar, conversar; podemos decidir fazer dieta; podemos fazer amor, pilotar aviões, escrever e ler capítulos de livros, *ad infinitum*. Sugiro que essa negação se deve a um compromisso com alguma forma de naturalismo. A forma mais extrema deste, às vezes chamada de *cientificismo* ou *naturalismo estrito*, nega que existam quaisquer coisas (em termos gerais) ou fatores causais que não seriam descritos e explicados pelas ciências físicas (física, química, biologia; poderíamos acrescentar que isso refere-se às ciências ideais ou completas, reconhecendo que, atualmente, as ciências físicas são bastante incompletas). Boa parte dos naturalistas estritos (como Rosenberg, Daniel Dennett, Paul e Patricia Churchland) estão na incômoda posição de negar a realidade da experiência ou consciência subjetiva consciente. Eles parecem compelidos a adotar essa posição extrema, uma vez que não têm explicação para o surgimento e a existência continuada da experiência subjetiva e consciente. A suposição de fundo é que o cosmo não tem qualquer estrutura intencional, que Deus não existe e que o cosmo é fundamentalmente movido por "variações cegas".

Para boa parte de nós, quer sejamos ateus, agnósticos ou teístas, o naturalismo estrito exige que paguemos um preço demasiadamente elevado. Consequentemente, no campo da filosofia surgiram formas mais abrangentes de naturalismo,

---

[5] Como estou afirmando que nos conhecemos como seres conscientes e dotados de autopercepção, estou comprometido em acreditar que Rosenberg está se enganando ou mentindo? Não. Acredito que qualquer ação madura, responsável e deliberada deve pressupor alguma consciência consciente [*conscious awareness*] do próprio pensamento e dos próprios motivos; mas, sugiro, as pessoas podem (ao mesmo tempo) ter uma crença filosófica honesta, mas equivocada, de que sua consciência de si mesmas e do mundo é ilusória (por exemplo, elas pensam que são cérebros em cubas). Em minha opinião, Rosenberg deve estar ciente de sua capacidade de provocar eventos intencionalmente, mesmo que ele pense que essa consciência não é autenticada por seus compromissos filosóficos.

às vezes chamadas de *naturalismo amplo* ou *liberal* [*broad or liberal naturalism*]. Essas formas mais liberais de naturalismo reconhecem a realidade da consciência, da razão, do pensamento, e assim por diante, enquanto ainda negam a realidade de Deus. Sugiro que o naturalismo liberal é muito mais razoável do que o naturalismo estrito.

Passemos agora a três argumentos em teologia natural.

Um argumento cosmológico

Você e eu, e o cosmo como um todo, parecem ser contingentes. Somos capazes de imaginar a não existência do cosmo ou a existência de um que seja diferente. Por que nosso cosmo existe?

Ao contrário de um filósofo como Espinosa, que sustentava que o cosmo e todos os acontecimentos nele contidos são necessários (e não poderiam ser de outra forma; na opinião dele, sua existência e ação agora não poderiam ter deixado de ocorrer), a maioria dos naturalistas (estrito ou amplo) aceita *esta* posição: *ele simplesmente é* (ou: ele simplesmente existe).[6] Eles consideram o cosmo um fato bruto e não explicável. Em contraste, o teísmo cristão tem uma explicação do cosmo: ele existe e é sustentado em sua existência pela boa e intencional criatividade de Deus, um ser necessariamente existente.

Notemos imediatamente que o argumento cosmológico (na maioria de suas versões) não fornece razões para acreditar que o ser necessariamente existente, responsável pela existência e continuação do cosmo, tenha todos os atributos divinos (este ser pode ou não ser onisciente). A maioria das formas de argumento cosmológico não compete com a ciência como explicação do cosmo. Isso se deve à escala e ao escopo do teísmo. Assim, este não é empregado aqui para explicar as propriedades da água, dos vulcões ou a razão de Júpiter ter quatro luas principais. Em vez disso, o teísmo é empregado para explicar por que existe um cosmo contingente e por que ele continua a existir. Em certo sentido, uma explicação teísta do cosmo pode ser vista como um complemento, e até mesmo um apoio, à prática da ciência. Nas ciências, procuramos explicações para o que ocorre no cosmo; se isso parece razoável, não seria também plausível questionarmos porque, afinal, existe um cosmo?

Consideremos o argumento cosmológico com mais detalhes à luz de quatro questões desafiadoras.

Primeiro desafio. O argumento baseia-se na tese de que o cosmo é contingente. Mas se sua existência for explicada pelo poder de um ser necessariamente existente, o cosmo não se tornaria necessário e, portanto, não contingente?

---

[6] Veja, por exemplo, Mackie, *Miracle of Theism*.

A maioria dos teístas cristãos afirma que Deus cria e sustenta o cosmo livremente; isto é, não era necessário que Deus o criasse. Contudo, tendo em vista que Deus existe necessariamente e é bom em essência, temos razões para pensar que a criação é um ato bom, adequado e natural. Portanto, de acordo com essa perspectiva, o cosmo permanece dependente.

Segundo desafio. Não é um pouco injusto afirmar que Deus existe necessariamente, enquanto se nega que o cosmo existe necessariamente? Se os teístas podem dizer: "Deus simplesmente existe", por que os naturalistas não podem dizer: "O cosmo simplesmente existe"?

Aqui faremos bem em lembrar que o argumento cosmológico (como habitualmente é desenvolvido) não oferece uma justificativa completa do teísmo cristão. Se for bem-sucedido, ele fornece alguma razão para acreditar que o cosmo tem uma causa que existe necessariamente. Um defensor do argumento pode desenvolvê-lo simplesmente dizendo que o cosmo tem uma causa necessariamente existente, ao mesmo tempo que admite (mesmo que apenas por uma questão de argumento) que poderia ser que Deus (se Deus existe) não existisse necessariamente. A defesa poderia assumir a postura de pedir-nos que adiássemos as afirmações sobre Deus em relação ao cosmo e nos concentrássemos em saber se é razoável acreditar que um cosmo contingente simplesmente existe sem alguma realidade transcendente, necessariamente existente. Após chegar à conclusão de que existe essa realidade que sustenta o cosmo, só então poderíamos levantar a questão de saber se essa realidade necessariamente existente poderia ser Deus.

Terceiro desafio. A próxima questão é importante: Será que o argumento cosmológico nos leva muito além daquilo que temos o direito de considerar? Na experiência cotidiana e nas ciências, apresentamos explicações sobre as razões pelas quais os acontecimentos ocorrem em nosso cosmo. Já o argumento cosmológico coloca-nos uma questão sobre o cosmo como um todo. Isso não conduz a um domínio muito além de nossos limites cognitivos?

Talvez sim, mas é possível prosseguir com a tese (citada anteriormente) de que se pudermos razoavelmente levantar questões sobre por que os eventos no cosmo fazem sentido, então não parece razoável negar que faz sentido perguntar por que o cosmo como um todo existe. Alguns têm alegado que o argumento cosmológico envolve uma falácia lógica. Por exemplo, assim como seria uma falácia argumentar que, uma vez que o nascimento de cada pessoa envolve uma mãe, essa é uma razão para acreditar que existe uma grande mãe responsável por todos nós, assim também é uma falácia argumentar que, uma vez que os eventos no cosmo têm causas, deve haver uma causa para o cosmo como um todo. Mas isso não parece certo. O argumento cosmológico recorre não a uma grande causa contingente que explique outras causas e coisas contingentes, mas a uma realidade necessária e não contingente. O "argumento da mãe" (por falta de um termo melhor) é uma falácia porque recorre falsamente a uma explicação de um conjunto de coisas simplesmente expandindo o conjunto, em vez de transcender o conjunto para explicar por que existem pessoas (e suas mães) para começo de conversa.

Quarto desafio. Por que falar apenas de um único ser necessariamente existente? Por que não dezenas? Um defensor do argumento não precisa discutir números. Ele pode usar o argumento para fornecer uma razão para pensar que existe pelo menos um ser necessariamente existente. Essa conclusão por si só, com a convicção de que o próprio cosmo é (como parece ser) contingente, produziria uma razão para pensar que o naturalismo (estrito ou amplo) é deficiente ou, comparativamente, não é tão robusto em sua explicação do cosmo.

Um argumento teleológico

Antes de nos voltarmos para um argumento teleológico, é importante reconhecer que, na filosofia, algumas posições são defendidas à luz não apenas de um argumento, mas de vários. Por exemplo, é possível defender alguma forma de liberalismo político com base no utilitarismo, na teoria do contrato, no direito natural, em uma teoria dos direitos humanos, em uma teoria do comando divino, na história, e assim por diante. No presente contexto, os três argumentos apresentados também podem ser mutuamente favoráveis ou cumulativos. Na base do argumento teleológico aqui apresentado está a tese de que o cosmo é, em geral, bom: leis estáveis da natureza permitiram que existissem galáxias, estrelas e planetas — incluindo o nosso, que tem sido o local para o surgimento da vida, incluindo também a vida consciente de pessoas autoconscientes, capazes de uma vida e prática moral. Assim como acontece com o argumento cosmológico anterior, a tese é que um cosmo bom como esse é mais bem explicado com base no teísmo do que com base no naturalismo (estrito ou amplo). Abaixo, defendo o argumento em resposta ao desafio apresentado por três questões ou objeções, mas note aqui como os argumentos cosmológicos e teleológicos podem reforçar-se mutuamente. Imagine que o argumento cosmológico lhe deu alguma razão para acreditar que existe um ser necessariamente existente, e que o argumento teleológico lhe deu alguma razão para acreditar que o próprio cosmo é causado e sustentado por uma realidade boa e intencional. Combinar essas duas linhas de raciocínio contaria como o fornecimento de duas razões para favorecer o teísmo em detrimento do naturalismo.

Primeiro desafio. O argumento teleológico baseia-se na afirmação de que o cosmo é, em geral, bom. Mas é mesmo? Tudo o que vive, morre. O sofrimento permeia nosso planeta. Talvez existam outros seres vivos e conscientes em outros planetas que sejam bons em geral, mas não sabemos disso. O que sabemos sobre nosso mundo é que ele está repleto de sofrimento e morte horríveis.

Abordarei brevemente o problema do mal para o teísmo mais adiante, mas, por ora, proponho um contra-argumento: apesar de todo o sofrimento, dor e morte evidentes, não é ainda (em geral) bom que o cosmo exista? Ou, colocando as coisas de forma um pouco diferente, não é melhor que o cosmo exista do que não exista? Não há como medir plausivelmente unidades de bondade e maldade para calcular matematicamente o bem em comparação com o mal em nosso cosmo. (Imagine tentar argumentar que nosso cosmo tem 75% de unidades de bondade contra 22% de maldade, e 3% de nenhum dos dois!)

Aqui estão quatro razões para pensar que a maioria considera o cosmo, em linhas gerais, bom (ou que é melhor que o cosmo exista do que não exista). Primeiro, a maioria das pessoas acredita que seria uma tragédia horrível se toda a vida na Terra fosse destruída (seja por causas humanas, como uma guerra nuclear, ou por causas naturais, como um meteoro gigante). Em segundo lugar, a maioria acredita que é bom ou melhor viver mais tempo (pressupondo-se que alguém seja minimamente saudável) e não morrer prematuramente. Terceiro, a maioria das pessoas acha que é bom reproduzir e criar filhos. Seria uma "virtude" duvidosa ter e criar filhos se pensássemos que estamos trazendo-os para um lugar que seria melhor para todos que deixasse de existir, em vez de continuar a existir. Quarto, a ideia (promovida por alguns darwinistas) de que a natureza é completamente cruel (de acordo com Tennyson, "vermelha nos dentes e nas garras") foi substituída por uma ecologia que vê a vida como mais integrada e mutuamente benéfica.[7] Sim, qualquer sistema ecológico substancial incluirá a morte biológica, bem como a vida, mas não é óbvio que a morte dos organismos seja sempre ruim.

Segundo desafio. O argumento teleológico supõe que uma explicação de nosso cosmo como dotado de propósito é melhor do que uma explicação naturalista, na qual o mundo natural não é intencional e movido por forças impessoais e inconscientes. Essa posição não é um pouco antropocêntrica (centrada no ser humano)? Nós, humanos, representamos uma fração muito pequena de todos os animais vivos. Na verdade, todos os vertebrados (incluindo todos os mamíferos, aves, peixes e répteis) constituem apenas 3% dos animais vivos. Por que pensar que a causa e o sustentador do cosmo seria como nós (intencional ou consciente) e não como alguns dos seres vivos não pensantes (como uma planta cósmica gigante)?

Em resposta, deve ser reconhecido que o conceito de um ser intencional e dotado de propósito não é estritamente humano. Na verdade, parece antropocêntrico pensar que apenas os humanos são ou podem ser pessoas. Talvez vários animais não humanos em nosso planeta sejam pessoas (grandes símios, golfinhos);

---

[7] Veja, por exemplo, Linzy, *Animal Theology*.

sugiro que não devemos excluir a possibilidade de haver um número indefinido de pessoas não humanas (ou agentes intencionais e com propósito) em outros planetas que sustentam a vida. O argumento teleológico não é motivado por privilegiar os seres humanos em si, mas baseia-se na comparação de dois tipos de explicação: explicações teleológicas (ou dotadas de propósito) e explicações não teleológicas. No primeiro caso, as explicações são formuladas a respeito de forças moldadas por conceitos de bondade (um agente faz X em virtude de julgar X um bem), nos quais um ser ou força intencional tem uma previsão do bem que está provocando. Em uma escala cósmica, o teísmo fornece uma explicação sobre por que existe um cosmo (em linhas gerais) bom, em vez de não existir. A bondade deste é uma das razões pelas quais ele existe em vez de não existir, porque é criado e sustentado por um Criador bondoso. O naturalismo (como vimos no argumento cosmológico) não oferece essa explicação.

Terceiro desafio. E se houver infinitos universos? Não seria inevitável que pelo menos um deles fosse bom e parecesse que foi trazido à existência e sustentado por um ser dotado de propósito, mesmo que esse ser não existisse?

Existem várias respostas a considerar. Poderíamos questionar a possibilidade de haver uma infinidade real de universos. Contudo, mesmo que isso seja considerado uma cosmologia possível, a própria existência da infinidade de universos pode demandar uma explicação. Por que eles existem em vez de não existirem? Sugiro que o teísmo teria aqui uma vantagem que o naturalismo não tem. Uma segunda resposta questionaria a motivação por trás da hipótese da infinidade de universos. Se a principal motivação é evitar o teísmo, então esse parece ser um preço bastante elevado a pagar, especialmente na ausência de provas empíricas de que existem infinitos universos. O teísmo pareceria uma explicação mais simples de nosso cosmo do que o naturalismo. Uma terceira resposta pode envolver a observação de como a hipótese da infinidade pode levar a alguns resultados muito contraintuitivos. Consideremos, por exemplo, os céticos radicais que supõem que não percebemos realmente o mundo como ele é, mas que estamos todos sujeitos à manipulação cruel de supercientistas. Se o conceito de realidade do cético for possível, quem poderá dizer que nosso mundo não é como aquele imaginado pelos céticos? Indiscutivelmente, temos boas razões para confiar na percepção que temos de nosso cosmo, mas a hipótese da infinidade pode minar essa confiança porque talvez, infelizmente, estejamos vivendo no mundo possível do cético.

Existem dezenas, senão centenas, de outras objeções que poderíamos considerar e o mesmo número de respostas. Considerarei este capítulo bem-sucedido se os leitores simplesmente concluírem "talvez sim..." em vez de estarem totalmente convencidos.

Um argumento da consciência

Abordo o argumento da consciência de maneira mais breve, pois a estratégia básica deste capítulo está provavelmente clara. A afirmação básica é a de que o teísmo está em melhor posição para explicar a consciência do que o naturalismo. A razão para isso é que o teísmo afirma que Deus é uma realidade consciente (uma mente divina, por assim dizer) e, portanto, explica a existência de seres contingentes, conscientes e mentais à luz de uma mente consciente maior. Observei anteriormente que alguns naturalistas (como Rosenberg) se desesperam ao ter que explicar seres conscientes e intencionais e, portanto, muitas vezes recorrem à negação da existência (e da eficácia causal) de agentes conscientes, capazes de intencionalidade e dotados de propósito. Acredito que essa é uma estratégia desesperada e irracional, pelas razões apresentadas anteriormente.

Existem muitos outros argumentos na teologia natural que poderiam ser considerados: o da moralidade objetiva, o epistêmico (no sentido de que o teísmo oferece uma explicação melhor de nosso raciocínio do que o naturalismo), ontológicos, o da experiência religiosa, e assim por diante.

CONCLUSÃO

Ao encerrar a defesa positiva deste capítulo a favor da teologia natural, permita-me responder a duas preocupações gerais, uma religiosa e outra secular, e, depois, abordar com mais detalhes o papel da teologia natural na abordagem das objeções ao teísmo, incluindo o problema do mal.

Uma objeção religiosa

Alguns filósofos cristãos, de Blaise Pascal e Søren Kierkegaard a Paul Moser, opõem-se à teologia natural alegando que, na melhor das hipóteses, ela pode tornar plausível o Deus dos filósofos, mas não o Deus da fé. Reconhecer o Deus dos filósofos pode ser uma questão puramente intelectual e até mesmo uma fonte de vaidade humana. É mais apropriado que Deus se manifeste a nós quando buscamos a Deus de forma apaixonada, talvez especialmente quando buscamos a Deus por meio de Jesus, conforme revelado nas Escrituras.

Em resposta, estou inclinado a pensar que quase *tudo* pode ser fonte de vaidade humana. Pascal e Kierkegaard poderiam ter (com base no egoísmo e no desejo de preeminência) alegado ter uma compreensão superior de Deus. Eu não acho que isso seja verdade! Estou apenas fazendo a modesta afirmação de que isso é possível. Mas afirmarei que, em minha opinião, se a teologia natural pode fornecer alguma razão para pensar que existe um Deus, isso forneceria uma razão importante para refletir sobre como esse Deus pode ser revelado na história humana. A teologia natural pode motivar as pessoas a buscar a teologia revelada.

Uma objeção secular

De um ponto de vista secular, a questão pode surgir: se os argumentos da contingência, da teleologia e da consciência (e os outros argumentos que compõem a longa tradição da teologia natural) são tão bons, por que não há mais filósofos teístas hoje?

Acredito que a resposta a isso é que a filosofia como disciplina é complexa. Ela contém múltiplas metodologias e tópicos (oficialmente) aceitáveis. Um filósofo profissional pode concentrar-se na filosofia sociopolítica e, na prática, nunca refletir no teísmo em qualquer forma. Tenho colegas que se apresentam como "ateus", mas em alguns casos penso que uma autodescrição mais precisa seria "não teístas", porque nunca se envolveram numa reflexão séria sobre o teísmo e suas alternativas. Por analogia, penso que alguém que nunca refletiu seriamente sobre ser um hegeliano seria mais bem descrito como um "não hegeliano" do que como um "anti-hegeliano" — este último seria alguém que ativa e intencionalmente considerou a obra de Hegel e procurou criticá-lo. Deve ser notado, da mesma forma, que na filosofia atual há muito pouco consenso sobre quase todos os tópicos. O fato de a maioria dos filósofos profissionais de hoje não ter refletido sobre o que há de melhor na teologia natural é (de meu ponto de vista) lamentável. As introduções padrão à filosofia muitas vezes não incluem versões contemporâneas e convincentes dos argumentos aqui desenvolvidos. É mais frequente vermos as cinco "provas" de Tomás de Aquino, sem nenhum comentário favorável, em vez de (por exemplo) versões plausíveis do argumento cosmológico desenvolvidas por Richard Taylor, William Lane Craig, Timothy O'Conner, Alexander Pruss ou Bruce Reichenbach.[8]

Reflexões sobre o papel da teologia natural

Tradicionalmente, a teologia natural desenvolvida pelos filósofos cristãos fornece uma defesa do teísmo que não se fundamenta na revelação. Cada vez mais, porém, a teologia natural tem recorrido à experiência religiosa. Essa expansão para incluir a experiência religiosa forneceu uma linha adicional de argumentação em favor do teísmo. Alguns filósofos cristãos, sobretudo Eleonore Stump e Marilyn Adams, recorreram à experiência da presença de Deus no meio do sofrimento ao abordar o problema do mal para o teísmo.[9]

---

[8] Reichenbach oferece uma excelente defesa do argumento cosmológico no verbete de mesmo título na *Stanford Encyclopedia of Philosophy*, gratuita e on-line; veja Reichenbach, "Cosmological Argument".
[9] Stump dedicou três volumes ao tema do mal e do sofrimento, culminando em *The Image of God: The Problem of Evil and the Problem of Mourning*, que apresenta um relato narrativo acerca de como Deus pode trazer cura transformadora, até mesmo glória, no rastro de um mal terrível. M. Adams desenvolve sua compreensão de

De minha perspectiva, penso que a melhor defesa do teísmo cristão precisa basear-se *tanto* na teologia natural *como* na teologia revelada, assim como precisa basear-se tanto na reflexão sobre a contingência como na experiência religiosa. Avaliar o caso a favor do ateísmo com base no problema do mal precisa, em última análise, levar em conta o que refletimos sobre o mundo natural, bem como considerar os possíveis recursos do teísmo no contexto da revelação (as possibilidades de uma vida após a morte, encarnação, expiação e redenção).

Apresentei uma defesa positiva para a teologia natural ao fornecer boas bases para o teísmo em comparação com seu rival mais próximo, o naturalismo. Acredito que isso deve ser suficiente para um único capítulo, mas reconheço prontamente que um projeto mais completo levaria em conta ainda outras alternativas.

---

como Deus pode tragar ou derrotar o mal em um livro clássico, *Horrendous Evils and the Goodness of God*. Para conferir minha abordagem ao problema do mal, veja Taliaferro, *Cascade Companion to Evil*.

Resposta católica

Padre Andrew Pinsent

Ao revisar boa parte dos argumentos desta obra, tive a oportunidade de observar que a teologia natural pode e provavelmente deve ser tratada em sentido amplo. Por esse motivo, ela abrange não apenas a existência de Deus e outras questões teológicas independentes da revelação, mas também os frutos naturais da revelação. Alister McGrath refere-se a esta última como a "teologia da natureza".

A abordagem de Charles Taliaferro, pelo contrário, adota uma visão ampla de um enquadramento mais restrito da teologia natural. Seu foco está na existência de Deus e, de modo específico, Deus na tradição teísta cristã. Sua abordagem a essa questão, no entanto, apresenta uma visão relativamente contemporânea ao considerar cosmovisões concorrentes, especificamente o poder explicativo do teísmo cristão em relação ao naturalismo. Por essa razão, é necessário preencher o princípio de Deus para além da mera existência, mas também preencher os princípios de qualquer cosmovisão alternativa. A partir da perspectiva séria da teoria dos jogos, essa mudança é boa por duas razões. Primeiro, ela aborda um desafio comum à teologia natural: de que quaisquer provas da existência de Deus não podem atingir uma compreensão específica de Deus, como a visão de Deus do teísmo cristão. Em segundo lugar, ela nivela o campo de jogo entre os defensores e os negadores de Deus, uma vez que os negadores não podem simplesmente recuar para a tarefa geralmente mais fácil de encontrar falhas nos argumentos dos outros.

No entanto, tenho algumas preocupações menores com a implementação da abordagem de Taliaferro, principalmente porque irritam minha natureza contestadora, e não porque impactam o cerne de seus argumentos. A primeira é sua oferta de um exemplo, de que 1 + 1 é igual a 2, o que, concordo, parece evidente, mas não é tão simples como pode parecer. Uma das razões é que os *Principia Mathematica* de Alfred North Whitehead e Bertrand Russell levaram notoriamente várias centenas de páginas para provar que 1 + 1 resulta em 2, com base numa lógica rigorosa, mas o *Principia* foi mais tarde considerado uma espécie de magnífico fracasso. Outra razão é que estamos surpreendentemente familiarizados com a matemática não padronizada. Um exemplo é o ato de fazer compras, uma experiência na qual é comum os varejistas oferecerem descontos na compra de múltiplas unidades de um produto.¹⁰ Nessas circunstâncias, ficamos totalmente confortáveis com 1 + 1 resultando menos que 2. A segunda é a afirmação de Taliaferro de que ninguém acredita que uma enorme baleia pode surgir em algum espaço habitado e nos esmagar. No mundo quântico, no entanto, eventos contraintuitivos acontecem, como partículas que aparecem do nada ou do outro lado de barreiras energéticas, que, de outra forma, seriam intransponíveis. É certo que o aparecimento de uma baleia inteira sem causa ou razão é astronomicamente menos provável do que uma partícula subatômica, mas isso não é totalmente excluído pela mecânica quântica.

Meu pedantismo nesses exemplos pode ser irritante, mas ilustra algo importante, a saber, que as pessoas podem estar preparadas para criticar as verdades mais evidentes, se não totalmente evidentes, como 1 + 1 resultando 2 e o aparecimento não espontâneo de baleias. Essas considerações deveriam ser a pena de morte de qualquer tentativa de provar a existência de Deus de forma rigorosa, se por "rigorosa" entendermos a incapacidade de contradição. Provas da existência de Deus que atendam a esse padrão são impossíveis, como acontece com quase qualquer argumento para qualquer coisa. Na verdade, como Taliaferro menciona na abertura do capítulo, os filósofos "raramente usam o termo 'prova' em qualquer domínio da filosofia fora da lógica formal". No entanto, podem ser oferecidos argumentos que são ou podem ser amplamente aceitáveis em bases mais heurísticas. Por isso, endosso a abordagem de Taliaferro para mostrar a aceitabilidade do teísmo cristão, comparando essa cosmovisão com outras, uma abordagem que se baseia em julgamentos razoáveis.

Gostaria, no entanto, de expandir um de seus comentários, uma vez que aborda outra forma de mostrar a plausibilidade da crença em Deus mediante a utilização de heurísticas. Acho que ele está completamente correto ao dizer que as crianças perguntam "por quê?", a tal ponto, eu acrescentaria, que elas podem quase enlouquecer seus pais ou cuidadores. Por volta dos dez anos de idade, quando estava no campo a caminho de um santuário católico na França, encontrei um jovem francês, também com cerca de dez anos, importunando a mãe com as palavras: "*Pourquoi, maman?*" Ao refletir sobre essa experiência em anos posteriores, percebi que as crianças também perguntam "por quê?" em outras línguas, um fato consistente com a afirmação de que os seres humanos têm um desejo universal de saber.¹¹ Em inglês, a primeira palavra tipicamente usada em resposta a uma pergunta "por quê?" [*why?*] — a palavra *because* — é uma palavra que lança mais luz sobre a natureza da pergunta. A palavra *because* tem duas partes: *be* (ser) e *cause* (causa).

---

¹⁰ Sou grato ao livro a seguir por destacar a questão da matemática não padronizada: P. Davis e Hersh, *Mathematical Experience*.
¹¹ Aristóteles, *Metafísica* 1.1.980a21 (São Paulo: Vozes, 2024).

Portanto, quando crianças ou filósofos genuínos indagam "por quê?", a pergunta que realmente está sendo feita é: "Qual é a causa ('cause') de algum ser ('be')?"

Essa questão leva a todos os tipos de outras questões, assim como sobre a variedade de causas distintas, as causas das causas e se a cadeia de causas termina numa causa primeira. Há, no entanto, uma característica das causas conhecidas que tende a atrair relativamente pouca atenção. À medida que se passa da consideração das causas para as causas das causas, e depois para as causas dessas últimas causas, seu número tende a diminuir. No que diz respeito à matéria, por exemplo, trinta milhões de compostos químicos são constituídos a partir de um número muito menor de elementos, dos quais noventa e quatro ocorrem naturalmente e outros vinte e quatro, ou talvez mais, artificialmente. Esses elementos, por sua vez, são constituídos a partir de um número muito menor de partículas elementares, das quais as mais básicas são quatro, além de mais oito com existências transitórias e alguns fragmentos peculiares. O padrão de causalidade é, portanto, o de um número cada vez menor de causas cada vez mais poderosas, e um padrão semelhante pode ser encontrado em muitos outros casos de causalidade, como as motivações para as ações humanas.[12] Em outras palavras, as causas agrupam-se em um funil e não em uma cadeia. A exploração das causas na extremidade estreita do funil é muitas vezes desafiadora, mas a heurística é suficientemente clara na ciência, na filosofia e na vida cotidiana. O funil se estreita, e esse estreitamento sugere, sem prová-lo formalmente, que ele está apontando para alguma causa última ou primeira, cuja característica definidora é causar todo o resto sem ser causada.

Obviamente, esse padrão de causalidade, mais semelhante a um funil do que a uma cadeia, não é uma regra ou a base de uma prova formal, mas pode ajudar a realçar a razão pela qual a crença numa causa primeira de algum tipo é tão difundida. O estreitamento do funil torna plausível a existência de uma causa primeira, sem revelar muito, em sentido positivo, sobre o que significa ser a causa primeira. Como observado em outras partes desta obra, essa consideração chama a atenção tanto para a força como para a fraqueza da teologia natural, conforme tradicionalmente concebida. Essa consideração também sublinha o valor da abordagem de Taliaferro à teologia natural, que procura avaliar a existência não apenas de Deus, mas também do Deus da teologia revelada.

---

[12] Aristóteles, *Metafísica* 1.1.982a23-30.

Resposta clássica
Alister E. McGrath

Gostei de ler o capítulo de Charles Taliaferro. Embora eu reconheça que sua compreensão específica (e restritiva) da teologia natural como uma "reflexão filosófica sobre Deus baseada no raciocínio que não se fundamenta na revelação" seja difundida na comunidade filosófica, é importante compreender que essa é apenas uma das compreensões possíveis, e que outras foram desenvolvidas e aplicadas na longa tradição de reflexão sobre as implicações transcendentes da ordem natural. Não tenho quaisquer problemas com entendimentos específicos da teologia natural, desde que não sejam propostos como normativos para outras disciplinas.

Meu interesse foi despertado pela declaração inicial de Taliaferro sobre como devemos proceder para fazer teologia natural: "Proponho que a melhor maneira de praticar a teologia natural é por meio do que é comumente chamado de 'abdução'". Teria sido interessante saber qual forma específica de inferência abdutiva Taliaferro favorece, a fim de que essa interessante discussão pudesse ser ampliada. Como é bem conhecido, Charles S. Peirce desenvolveu sua abordagem "abdutiva" particular, em parte graças a sua insatisfação com a descrição de Aristóteles acerca dos modos indutivos de pensamento (*epagōgē*) para dar sentido ao mundo natural.[13] Como ex-cientista natural, tenho há muito defendido a opinião de que a teologia natural funciona melhor quando utiliza formas abdutivas de argumento, à medida que uma explicação aristotélica da indução é inadequada como explicação para como partir de um conjunto de observações em direção a uma teoria generalizada. Tanto a noção de "consiliência" de William Whewell — tão significativamente deturpada no manifesto científico de Edward O. Wilson para a unificação do conhecimento de 1998 — como a ideia de "abdução" de Peirce contornam os problemas com Aristóteles neste ponto.[14]

A abdução, assim como Peirce desenvolve, pode ser vista como o "ato criativo de elaborar hipóteses explicativas".[15] Estando do outro lado de uma série de observações, geramos possíveis hipóteses explicativas como o primeiro passo para passar

---

[13] Anderson, "Evolution of Peirce's Concept of Abduction".
[14] Veja Flórez, "Peirce's Theory"; Wilson, *Consilience*; Niiniluoto, "Hintikka and Whewell on Aristotelian Induction".
[15] W. Davis, *Peirce's Epistemology*, p. 22.

de uma lógica de descoberta para uma de verificação. Após identificar uma teoria adequada — independentemente de ter sido elaborada de forma imaginativa ou indutiva — podemos testá-la, considerando sua capacidade de dar sentido ao que observamos. O próprio Taliaferro fornece alguns exemplos excelentes disso, como a sugestão inteiramente plausível de que a própria existência de nosso mundo requer uma estrutura explicativa. "Se pudermos razoavelmente levantar questões sobre por que os eventos no cosmo fazem sentido, então não parece razoável negar que faz sentido perguntar por que o cosmo como um todo existe."

Encontro uma abordagem semelhante nos escritos de John Polkinghorne, que defendeu um novo estilo de teologia natural que não se via em uma competição explicativa contra as ciências naturais, mas focando particularmente em questões significativas que as ciências naturais reconheciam e levantavam, embora fossem incapazes de responder usando seus próprios métodos. O argumento de Polkinghorne é que essas metaquestões são respondidas por uma estrutura teísta. Podem ser observados três exemplos dessas metaquestões, sendo cada um deles um reflexo da formação de Polkinghorne nas ciências naturais. Por que a ciência, em sua forma moderna e desenvolvida, é possível?[16] Por que o universo físico é tão racionalmente transparente para nós a ponto de podermos discernir seu padrão e estrutura, mesmo no mundo quântico, que tem pouca relação com nossa experiência cotidiana? Por que alguns dos mais belos padrões propostos pela matemática pura de fato são encontrados na estrutura do mundo físico? A teologia natural oferece um quadro explicativo que complementa — em vez de substituir — o das ciências naturais, permitindo uma compreensão mais completa e profunda de seu potencial e limites. A abordagem de Taliaferro e os exemplos perspicazes que ele oferece de aspectos do cosmo que são suscetíveis de explicação teísta apontam numa direção útil, comparável em alguns aspectos à abordagem traçada por Polkinghorne.

Taliaferro observa corretamente que uma teologia natural deve envolver aspectos de nosso mundo que, pelo menos à primeira vista, são problemáticos para o teísmo — como a existência do mal. "O que sabemos sobre nosso mundo é que ele está repleto de sofrimento e morte horríveis." Sua análise desse ponto é importante: ele indica os problemas na tentativa de quantificar a bondade de nosso cosmo. No entanto, o que considero especialmente interessante na abordagem de Taliaferro é que sua lógica é paralela à da "inferência para a melhor explicação", agora em geral considerada como a descrição filosófica dominante da explicação científica. Essa abordagem reconhece que as observações são suscetíveis de múltiplas

---

[16] Para essa abordagem, consulte Polkinghorne, "New Natural Theology". Para um bom estudo da abordagem de Polkinghorne, consulte Irlenborn, "Konsonanz von Theologie und Naturwissenschaft?".

explicações, exigindo-nos o desenvolvimento de critérios que nos permitam decidir qual dessas teorias explicativas pode ser a "melhor", sem nos obrigar a *provar* que ela está correta.

Taliaferro utiliza esta estratégia para determinar qual explicação concorrente — em seu caso, o teísmo ou o naturalismo — oferece a melhor explicação daquilo que experienciamos e observamos. "Um cosmo bom como esse é *mais bem* explicado com base no teísmo do que no naturalismo (estrito ou amplo)" (ênfase minha). Essa abordagem é produtiva e afasta-nos de alguns dos aspectos mais problemáticos das formas mais antigas de teologia natural, que se baseavam em critérios de demonstrabilidade que não podiam ser satisfeitos na prática. Como salienta Taliaferro, os filósofos hoje em dia "raramente usam o termo 'prova' em qualquer domínio da filosofia fora da lógica formal".

Também apreciei o reconhecimento de Taliaferro de que abordagens mais racionais à teologia natural precisam ser complementadas por um apelo à experiência religiosa. Ele observa corretamente as maneiras pelas quais Eleonore Stump e Marilyn McCord Adams recorreram à experiência da presença de Deus em meio ao sofrimento ao abordar o problema do mal para o teísmo. Esse ponto de receptividade é apresentado brevemente e precisa de ampliação. Por exemplo, podemos pensar no célebre — embora muitas vezes mal interpretado — "argumento do desejo" de C. S. Lewis, que começa com a experiência humana natural de ansiar por algo que parece ser inatingível e prossegue oferecendo três "explicações" dessa experiência. Com base em sua análise, Lewis conclui que a melhor dessas explicações é a estrutura teísta oferecida pelo cristianismo.[17]

Minha opinião é que essa abordagem é uma forma legítima de teologia natural e que tem um potencial apologético considerável. Ela certamente pode ser vista como localizada no amplo espectro de abordagens possíveis da teologia natural, à medida que representa uma reflexão humana natural sobre uma experiência natural, que aponta para — embora por si só não prove — que essa experiência se *origina de* e *conduz a* Deus. A abordagem é apologeticamente produtiva, à medida que envolve uma experiência humana comum e argumenta que ela é explicada por uma estrutura teológica cristã, cujos benefícios não se limitam ao tipo de explicações racionais desenvolvidas por William Paley no início do século 19, mas incluem uma transformação da experiência humana.

A frustração de Taliaferro decorrente dos limites que lhe são impostos pela extensão estipulada de seu artigo é clara e perfeitamente compreensível. No entanto, ele conseguiu esboçar alguns pontos promissores acerca de como sua

---

[17] Consulte Lewis, *Mere Christianity*, p. 135-37 [edição em português: *Cristianismo puro e simples* (Rio de Janeiro: Thomas Nelson Brasil, 2017)]. A estrutura teológica de Lewis inclui uma descrição teleológica da natureza humana. Veja também McGrath, "Arrows of Joy".

abordagem poderia ser ainda mais desenvolvida, os quais iluminam claramente o potencial de sua abordagem à teologia natural. Enxergar essa teologia apenas de maneira racional será um exercício imaginativamente árido, esteticamente estéril e experiencialmente deficiente. A abordagem que Taliaferro desenvolve tem um rico potencial. No entanto, concluo com uma pergunta: será que o projeto de teologia natural que ele propõe, conforme ele desenvolve nas fases posteriores do seu artigo, não subverte implicitamente sua declaração inicial de que a teologia natural é "reflexão filosófica sobre Deus baseada no raciocínio que não se fundamenta na revelação"? Isso, devo deixar claro, não seria um problema.

À medida que acompanhava com apreço a exposição de Taliaferro acerca da natureza e o âmbito da teologia natural, senti que ela nos conduzia a uma visão alargada desse empreendimento, com potencial para um maior desenvolvimento. O "raciocínio" em questão não exige operar nos limites de um racionalismo frio, mas pode envolver abordagens mais imaginativas e estéticas, capazes de conexão com os seres humanos em múltiplos níveis. A teologia natural pode ser racional; no entanto, também pode transcender os limites da razão, abrindo uma visão mais rica de nosso mundo, que desafia as distorções reducionistas do materialismo e cientificismo.

Resposta deflacionária

Paul K. Moser

Charles Taliaferro apresenta uma defesa da teologia natural a favor da existência de Deus com base na abdução, ou inferência à melhor explicação disponível. Sua argumentação é direta, mas sustento que ela não nos conduz a um Deus digno de adoração, do tipo encontrado no monoteísmo tradicional.

A TEOLOGIA NATURAL DE TALIAFERRO

Segundo Taliaferro, "a teologia natural é a reflexão filosófica sobre Deus baseada no raciocínio que não se fundamenta na revelação (ou na teologia revelada). Ao contrário da teologia revelada, que pode pressupor a verdade ou confiabilidade da Bíblia cristã, a teologia natural desenvolve uma filosofia de Deus baseada em observações sobre o cosmo, explorando questões sobre a natureza deste, sua origem e permanência". Deveríamos acrescentar que a teologia tipicamente natural prossegue afirmando que a defesa de Deus é *recomendada pela evidência natural e pela razão*. Essa última afirmação, no entanto, suscita considerável controvérsia sobre o que nossa evidência natural e razão realmente sustentam em relação a Deus. Afirmo que o alegado apoio da teologia natural é menos convincente do que afirmam boa parte de seus defensores.

Taliaferro encontra dois avanços na teologia natural desde o século 18:

> Primeiro, os filósofos raramente apresentam o que relatam como uma prova ou refutação da existência de Deus; na verdade, hoje eles raramente usam o termo "prova" em qualquer domínio da filosofia fora da lógica formal. Em vez disso, castigados por séculos de crítica, os filósofos estão agora mais dispostos a referir-se a bons argumentos (ou cogentes, persuasivos, sólidos) ou a argumentos que são pobres ou fracos. Em segundo lugar, embora a teologia natural ainda hoje seja praticada sem depender da autoridade dos textos sagrados, boa parte de seus proponentes incluem um apelo ao papel evidencial da experiência religiosa. [...] Sem teologia natural, a investigação sobre a credibilidade da Bíblia é dificultada.

Esses dois desenvolvimentos são importantes porque prometem acrescentar plausibilidade à teologia natural. Mesmo assim, é uma questão em aberto se eles são adequados para fazer com que essa teologia seja bem-sucedida em sua defesa de Deus. Veremos que o resultado em favor da teologia natural está longe de ser convincente.

Taliaferro recomenda que a teologia natural proceda com base em considerações explicativas. Ele afirma: "A melhor maneira de praticá-la é por meio do que é comumente chamado de 'abdução'. Deveríamos comparar as cosmovisões que acreditamos de forma fundamentada serem promissoras (teísmo, naturalismo, idealismo britânico etc.) e, em seguida, avaliar sua coerência interna e seu poder explicativo. ". Além disso, ele restringe o campo de concorrentes da seguinte forma: "acredito que as duas cosmovisões mais promissoras são o teísmo clássico (na tradição teológica do "ser perfeito") e uma forma de naturalismo. O objetivo de minha abordagem é fornecer razões para pensar que o teísmo clássico é mais razoável do que o naturalismo porque detém maior poder explicativo". Ele afirma que "o teísmo fornece uma resposta bem-sucedida" para as grandes questões acerca da origem do cosmo.

Taliaferro apresenta um argumento cosmológico e um teleológico para defender o teísmo. Ele começa com uma grande concessão sobre seu argumento cosmológico: "Notemos imediatamente que o argumento cosmológico (na maioria de suas versões) não fornece razões para acreditar que o ser necessariamente existente, responsável pela existência e continuação do cosmo, tenha todos os atributos divinos (esse ser pode ou não ser onisciente). [...] Em vez disso, o teísmo é empregado para explicar por que existe um cosmo contingente e por que ele continua a existir". Parece correto que um argumento cosmológico típico não implique onisciência em sua causa primeira. A onisciência na causa não é necessária para explicar os fenômenos empíricos do mundo natural que vivenciamos. Da mesma forma, a bondade moral perfeita na causa não é necessária. Veremos que esta última consideração levanta um problema sério para um argumento cosmológico.

Taliaferro sugere um recuo adicional em relação a um argumento cosmológico para o Deus do monoteísmo tradicional: "Um defensor do argumento pode desenvolvê-lo simplesmente dizendo que o cosmo tem uma causa necessariamente existente, ao mesmo tempo que admite (mesmo que apenas por uma questão de argumento) que poderia ser que Deus (se Deus existir) não existisse necessariamente. A defesa poderia assumir a postura de pedir-nos que adiássemos as afirmações sobre Deus em relação ao cosmo e nos concentrássemos em saber se é razoável acreditar que um cosmo contingente simplesmente existe sem alguma realidade transcendente, necessariamente existente". Essa é uma opção *logicamente* disponível, é claro, mas não está nítido por que ela emerge em uma abordagem sobre *teologia* natural. Se Deus for excluído da causa primeira, esta não produzirá uma teologia natural, mesmo que figure em uma metafísica ampla. A seguinte opção também fica aquém de uma teologia natural: "Após chegar à conclusão de que há uma realidade necessariamente existente que sustenta o cosmo, só então poderíamos levantar a questão de saber se essa realidade necessariamente existente poderia ser Deus". Nossa melhor resposta explicativa para esta última questão pode não depender de forma alguma de Deus; pelo menos, não temos atualmente motivos para supor o contrário.

Taliaferro recomenda que a teologia natural se concentre não apenas em uma causa primeira da natureza, mas também na evidência de um "cosmo bom". Ele comenta: "Na base do argumento teleológico aqui apresentado está a tese de que o cosmo é, em geral, bom: leis estáveis da natureza permitiram que existissem galáxias, estrelas e planetas — incluindo o nosso, que tem sido o local para o surgimento da vida, incluindo também a vida consciente de pessoas autoconscientes, capazes de vida e prática moral. Assim como acontece com o argumento cosmológico anterior, a tese é que um cosmo bom como esse é mais bem explicado com base no teísmo do que com base no naturalismo (estrito ou amplo)". Uma questão imediata diz respeito ao tipo de "bondade" que figura nessa afirmação sobre o poder explicativo do teísmo. A bondade vem em diferentes tipos, como bondade moral, prudencial e estética; os inquiridores precisarão saber quais tipos são relevantes para o alegado poder explicativo do teísmo. Caso contrário, não será claro sobre como, se é que o fará de algum modo, a alegada bondade do cosmo se ajusta à bondade de *Deus*. O argumento precisa preencher essa lacuna de uma forma convincente para que tenha sucesso.

Taliaferro pergunta: "Apesar de todo o sofrimento, dor e morte evidentes, não é ainda (em geral) bom que o cosmo exista? Ou, colocando as coisas de forma um pouco diferente, não é melhor que o cosmo exista do que não exista?" Essa é uma pergunta retórica, mas é muito rápida para adquirir força explicativa. Ela está relacionada com a "bondade" e "melhoria" moral ou, em vez disso, com algum outro tipo de bondade, como a bondade estética? Talvez uma mistura de tipos de bondade seja relevante. De qualquer maneira, não conseguimos realizar uma avaliação justa na ausência de clareza conceitual acerca do tipo de bondade relevante aqui.

Taliaferro afirma: "Em uma escala cósmica, o teísmo fornece uma explicação sobre por que existe um cosmo (em linhas gerais) bom, em vez de não existir. A bondade do cosmo é uma das razões pelas quais ele existe em vez de não existir, porque é criado e sustentado por um Criador bondoso. O naturalismo (como vimos no argumento cosmológico) não oferece essa explicação". A afirmação principal é que "a bondade do cosmo é uma das razões pelas quais ele existe em vez de não existir", e a evidência oferecida é a seguinte: "porque é criado e sustentado por um Criador bondoso". Não consigo perceber como se pode usar essa evidência em um argumento teleológico sem que se pressuponha a questão principal que está em jogo, qual seja, saber se o cosmo é "criado e sustentado por um Criador bondoso". Os inquiridores que se perguntam se o cosmo depende de um Criador bondoso não serão convencidos pela afirmação de que o cosmo "é criado e sustentado por um Criador bondoso". Se, no entanto, esta última afirmação agora não serve como suporte probatório, surge a questão acerca de qual afirmação *de fato* ampara adequadamente a afirmação de Taliaferro de que "a bondade do cosmo é uma das razões pelas quais ele existe em vez de não existir". A resposta não é nada clara e, portanto, não temos aqui um argumento teleológico convincente.

A questão principal agora não é se o cosmo é bom de maneiras variadas. Isso incluiria alguma bondade moral, prudencial e estética, entre outros tipos de bondade. Isso é algo que podemos assumir para fins de argumentação. A questão é se a bondade do cosmo de alguma forma *confirma a realidade de um Deus bom*, particularmente um digno de adoração e, portanto, perfeitamente bom. Claramente, o cosmo em geral não é perfeitamente bom, mesmo que seja bom em muitos aspectos. As características negativas dele deveriam ser óbvias para qualquer pessoa capaz que o observasse com cuidado. É difícil calcular, contudo, se o cosmo é, em geral, bom, e não conheço nenhuma forma de fornecer aqui um cálculo convincente.

Se as características observáveis reais do cosmo são nossa base para uma inferência explicativa acerca de uma fonte, deveríamos fazer com que nossa inferência acomodasse as características mistas observáveis, tanto boas quanto más. Ignorar qualquer um dos lados da questão implicaria em evitar questões importantes. Se procurarmos a fonte do bem observável e a atribuirmos à realidade de um Deus bom, teremos de considerar a possibilidade de atribuir a fonte do mal observável à realidade de um Deus mau — talvez um Deus que tenha características boas *e* más como fonte do cosmo. Pelo menos, precisaremos de uma boa razão para não inferir um Deus misto, refletido no bem e no mal presentes no cosmo. Mostramos uma parcialidade pouco convincente se favorecermos uma inferência que atenda apenas às boas características do cosmo. Essa parcialidade minará a força de uma inferência sobre um Deus bom, livre de características negativas. Os inquiridores podem corretamente exigir evidências que bloqueiem uma inferência análoga a um Deus que tem características ruins.[18]

---

[18] Uma linha de preocupação semelhante se impõe sobre a seguinte inferência de Taliaferro (acima) a partir da consciência: "A afirmação básica é a de que o teísmo está em melhor posição para explicar a consciência do que o naturalismo. A razão para isso é que o teísmo afirma que Deus é uma realidade consciente (uma mente divina, por assim dizer) e, portanto, explica a existência de seres contingentes, conscientes e mentais à luz de uma mente consciente maior".

Argumentos cosmológicos e teleológicos familiares não conseguem confirmar a realidade de um Deus digno de adoração e, portanto, perfeitamente bom em termos morais. Assim, eles falham em confirmar a realidade do Deus perfeitamente bom reconhecido por Jesus. Alguns filósofos podem não se preocupar com essa limitação, mas ela levanta uma questão para os defensores cristãos da teologia natural: como alguém pode razoavelmente passar da teologia natural, dadas as deficiências no que diz respeito à dignidade da adoração, para o Deus moralmente perfeito reconhecido por Jesus? É necessário algum tipo adicional de evidência, mas ela não virá da teologia natural disponível.

ALÉM DA TEOLOGIA NATURAL

Taliaferro busca uma combinação de fontes para reforçar sua defesa do teísmo cristão. Ele escreve: "De minha perspectiva, penso que a melhor defesa do teísmo cristão precisa basear-se *tanto* na teologia natural *como* na teologia revelada, assim como precisa basear-se tanto na reflexão sobre a contingência como na experiência religiosa". Observamos que os argumentos apresentados por Taliaferro não confirmam por si sós a realidade de um Deus digno de adoração. Portanto, poderíamos propor, assim como Taliaferro, que esses argumentos deveriam ser complementados pela "teologia revelada" e pela "experiência religiosa". A trama aqui se complica, entretanto, porque precisamos saber *qual* teologia revelada servirá *e* como, se for o caso, essa teologia pode ser sustentada a partir do ponto de vista evidencial. De alguma forma, a "experiência religiosa" pode ser considerada, mas *qual* experiência religiosa? *E* como, se for o caso, ela fornecerá a evidência necessária de um Deus digno de adoração? Faltam-nos respostas para essas questões prementes: na ausência de respostas, uma defesa do Deus cristão fracassará.

Sugeri, em meu próprio capítulo e em outras respostas deste livro, que o apóstolo Paulo reconhece o papel da experiência religiosa do amor divino e seu poder de condução na fundamentação da fé e da esperança em Deus e, assim, em salvá-los da "decepção" do pensamento ilusório (veja Romanos 5:5; 8:14). É duvidoso, contudo, que a posição de Paulo precise se basear em argumentos da teologia natural, sejam argumentos cosmológicos, teleológicos ou ontológicos. Não vejo razão para supor que sim. Além disso, não encontramos nenhuma evidência de que Paulo tenha utilizado esses argumentos.

Em vez de recorrer a argumentos filosóficos questionáveis, Paulo pergunta: "Ou será que você despreza as riquezas da sua bondade, tolerância e paciência, não reconhecendo que a bondade de Deus o leva ao arrependimento?" (Romanos 2:4). Ele não sugere qualquer necessidade de um argumento cosmológico, teleológico ou ontológico para apoiar seu endosso à bondade de Deus com base na experiência religiosa. Isso poupa-o de confiar num argumento questionável que desvia a atenção da importante experiência religiosa do caráter distintivo de Deus. A abdução pode ser usada para apoiar a afirmação de que essa experiência vem de Deus (em vez de, digamos, de si mesmo), mas isso não nos levaria de volta a um duvidoso argumento cosmológico, teleológico ou ontológico.

Meu capítulo neste livro critica a sugestão de que Paulo se baseia em um argumento de teologia natural no primeiro capítulo de sua carta aos Romanos. De acordo com suas observações em Romanos 1, *Deus* mostra de si a (algumas) pessoas, mesmo que às vezes utilizando-se da natureza como um meio. Ao contrário de alguns proponentes da teologia natural, Paulo não diz nem sugere que a natureza por si só, como um *fato puramente natural*, nos mostra Deus ou fundamenta um argumento a favor da existência de Deus. Seria enganoso, então, atribuir um argumento cosmológico ou teleológico a Paulo. Também seria enganoso sugerir que ele necessite se basear nesse argumento.

Paulo pensa em Deus como alguém que *se automanifesta* às pessoas, talvez na consciência, com a bondade divina do caráter moral distintivo de Deus (cf. Romanos 10:20 e Isaías 65:1). Nessa perspectiva, Deus *autoautentica* a realidade de si para humanos receptivos por causa da apresentação do bom caráter distintivo de Deus na experiência humana, incluindo a experiência moral da consciência. Assim, os argumentos controversos da teologia natural são considerados desnecessários, e isso é um benefício. Os humanos podem suprimir ou ignorar a presença divina em sua experiência moral porque Deus não funciona pela coerção divina das vontades humanas. Mesmo assim, a evidência da bondade divina pode estar *disponível* a pessoas adequadamente receptivas, para aqueles com "olhos..." que "veem" e "ouvidos..." que "ouvem" (Marcos 8:18, NVI). Essas pessoas estão dispostas a cooperar com a bondade divina de uma forma que permita que ela se concretize em sua vida, a fim de estender o reino de amor justo de Deus. Se resistirmos a essa cooperação, Deus pode ocultar-se adequadamente de nós até que estejamos prontos para tratar a evidência divina como Deus pretende que seja tratada.[19]

Concluindo, recomendo que evitemos o compromisso com os argumentos problemáticos, desnecessários e distrativos da teologia natural tradicional. Recomendo também que voltemos o foco à apreciação que o apóstolo Paulo fez da experiência religiosa e moral do caráter distintivo de perfeição e bondade de Deus. A filosofia e teologia serão beneficiadas como resultado disso.

---

[19] Para uma elaboração desta abordagem, veja Moser, *God Relationship*; Moser, *Understanding Religious Experience*.

Resposta barthiana

John C. McDowell

Alguns pensadores podem se perguntar se deixar o gênio sair da garrafa evidencialista racional não resultaria na falta de atividade de um "deus dos filósofos" ocioso (termo de Pascal) que não consegue alimentar os famintos, vestir os pobres ou ser digno de adoração. "Argumento", afirma Theodor Adorno, "é consistentemente burguês".[20] Mas essa pode ser uma resposta um tanto hipócrita. Considerar a natureza da existência de uma coisa e desenvolver argumentos publicamente passíveis de serem avaliados a respeito dela é filosoficamente importante. Por exemplo, um historiador investigar acerca da existência de Jesus não conduz diretamente a um Jesus digno de ser seguido pelos discípulos. Na verdade, certas formas de preocupação com a investigação racional, ou de apelar à basicalidade racional da crença em "Deus", podem parecer evasivas no sentido de levar a sério a integridade das afirmações de verdade relativas às próprias crenças e à confiabilidade daqueles que as fazem. Essas abordagens que reivindicam racionalidade teológica tornam possível a compreensão do sentido por trás do comentário de Norman Malcolm, embora ele estivesse falando especificamente daqueles que buscam legitimidade por trás dos argumentos para a existência de Deus: eles "criam as regras à medida que avançam, de acordo com suas inclinações. Como existem inclinações diferentes, não há acordo quanto ao que é certo ou errado nesse tipo de raciocínio".[21]

A referência às "inclinações" de um pensador aqui é significativa. Charles Taliaferro reconhece que "o debate acerca da coerência do teísmo parece-me ser profundamente influenciado pelas crenças de fundo de cada um".[22] Essa observação poderia permitir ao teísta reconhecer por que os argumentos teístas, na prática, tendem a ser pouco convincentes para aqueles que leem a "evidência" de forma diferente. O capítulo de Taliaferro, pelo menos, apresenta um sentido sensivelmente moderado do sucesso potencial de um argumento teísta explicativo: como consequência, ele evita falar de "provas" em favor de uma tática de melhor explicação. Mesmo assim, demonstra considerável confiança de que a defesa teísta ainda

---

[20] Adorno e Horkheimer, *Towards a New Manifesto*, p. 73.
[21] Malcolm, "Is It a Religious Belief That 'God Exists'?," p. 108.
[22] Taliaferro, "Possibility of God," p. 252.

oferece uma explicação melhor do que o naturalismo. Ele diz que é "uma resposta bem-sucedida" à questão acerca das origens do universo, da consciência e assim por diante.

Outros podem insistir na noção do sucesso da explicação aparentemente "mais razoável" que detém "maior poder explicativo". Taliaferro, Richard Swinburne e outros falaram do teísmo como a "explicação mais simples" e, consequentemente, a mais racionalmente convincente.[23] Em primeiro lugar, se é a explicação mais convincente, então seria necessário fornecer uma explicação honesta, para além da pressa da defesa apologética, sobre a razão pela qual mais do que um bom número de filósofos a consideram claramente pouco convincente. Taliaferro, no entanto, dispensa nomes como David Hume e Immanuel Kant com muita facilidade, com um rápido toque de teclado, embora os argumentos de suas obras reapareçam e sejam reexaminados por filósofos contemporâneos céticos quanto à solidez dos argumentos teístas. Eles são nitidamente descartados "por causa das falhas em... [suas] metodologias filosóficas": fim da história! No entanto, John Bishop, por exemplo, sustenta que, para boa parte dos filósofos, a "evidência" a favor do teísmo é simplesmente ambígua e inconclusiva: "Indiscutivelmente, toda a evidência admissível sob nossa mais ampla prática evidencial é igual e coerentemente interpretável tanto sob a suposição do teísmo como sob a suposição do naturalismo ateu."[24]

Em segundo lugar, a defesa de Taliaferro é colocada ao lado do que ele considera ser a falta de persuasão do "naturalismo". Várias questões merecem ser levantadas aqui. Por exemplo, há uma nítida falta de envolvimento textual ou de "atenção disciplinada" com aqueles que defendem a perspectiva concorrente. Consequentemente, a defesa apresentada assume uma espécie de "confie em mim acerca do naturalismo: ele falha em explicar as questões tão bem quanto o teísmo".[25] Além disso, o termo "naturalismo" é usado como um singular gramatical e, portanto, os diferentes tipos de naturalismo são agrupados em uma única instância. No início de seu capítulo, Taliaferro refere-se a considerar "o poder explicativo comparativo do teísmo e do naturalismo amplo"; no entanto, o exemplo que está associado ao teísmo como seu concorrente é bastante particular: "a forma mais extrema de naturalismo, às vezes chamada de *cientificismo* ou *naturalismo estrito*". A única outra menção ao naturalismo, composta por mais do que uma referência singular e desdenhosa de como é menos convincente do que o teísmo, vem com uma citação de um livro de filosofia pop de Alex Rosenberg, dificilmente o estudo mais rigoroso

---

[23] Veja Swinburne, *Existence of God*, p. 23-72 [edição em português: *A existência de Deus* (Brasília: Monergismo, 2019)].; Swinburne, "Philosophical Theism," p. 10.
[24] Bishop, "Evidence," p. 177.
[25] Citação de Lash, *Easter in Ordinary*, p. 13.

a ser abordado; ele também é descartado com o golpe retórico dos termos, considerando-o "em conflito absurdo com o que todos sabem". Presumivelmente, se Rosenberg não sabe "o que todos sabem", então o suposto bom senso pode ser menos razoável do que essa retórica supõe. No entanto, Evan Gales afirma: "Uma dificuldade inicial que qualquer abordagem acerca do naturalismo enfrenta é que há surpreendentemente pouco acordo sobre o que é o naturalismo. Muitas posições diferentes foram caracterizadas como naturalistas, e seria tendencioso conferir um estatuto especial a qualquer uma delas".[26] Talvez algumas semelhanças de família possam ser descritas, mas essa afirmação deveria, por sua vez, ser fruto de uma demonstração. A menos que a perspectiva de Taliaferro envolva uma descrição mais densa, um crítico antipático pode estar inclinado a sugerir que, afinal de contas, o caso comparativo não é digno de confiança sem que um trabalho mais substantivo seja realizado.

Terceiro, falar da "explicação mais simples" é bastante frágil em termos racionais. Afinal de contas, explicações mais complexas não são necessariamente irracionais e, eventualmente, a explicação mais simples é mais complexa do que parece. Um criacionista, com uma versão "brotando do nada" do surgimento inicial das criaturas, pode reivindicar oferecer a explicação mais simples, especialmente à luz das complicações explanatórias significativas de uma perspectiva evolutiva, agravadas pelas variações e divergências científicas entre biologias evolutivas. Galileu Galilei teve de contrariar uma explicação aparentemente mais simples acerca de como as coisas pareciam ser à vista imediata, e sua capacidade para isso dependia em grande parte de um equipamento especializado. "Deus" é uma explicação simples, afinal? É comumente objetado, argumenta Robin Collins, que "o teísmo explica o que é intrigante no mundo ao formular a hipótese de uma realidade ainda mais intrigante".[27] Dadas as complicações do uso excessivo de "Deus" como um item explicativo, por que os argumentos teístas estariam em melhor situação? Um trabalho intelectual considerável precisa ser feito para convencer os céticos de que o "Deus" que explica a existência não é um "deus das lacunas", um deus *ex machina* do crente que salva o dia quando a razão fica paralisada, um "substituto" vazio para uma explicação.[28]

Isso, contudo, não é o que os chamados barthianos considerariam mais intelectualmente interessante e mais contestável. Ao trabalhar com cuidado com a crítica de Barth à *theologia naturalis*, no contexto de sua teologia fica bastante claro que não é o *argumento* teológico que o incomoda. Afinal de contas, a enorme *Dogmática*

---

[26] Gales, "Naturalism and Physicalism," p. 121.
[27] R. Collins, "Naturalism," p. 194.
[28] Nagel, *Last Word*, p. 132-133. Nagel admite que o seu veredito pode dever-se à "minha compreensão inadequada dos conceitos religiosos" (p. 76).

Eclesiástica envolve-se em argumentos substantivos, mais evidentes nas seções ricamente detalhadas em letras pequenas. Da mesma forma, não é a racionalidade que o preocupa, como se a tarefa do teólogo fosse empregar competências que contornam a reflexão racional. Afirmar, por exemplo, que a teologia de Barth é homilética e não teo-*lógica* é exibir uma falha perturbadoramente irracional em prestar atenção à sua obra. Por exemplo, em *Dogmática Eclesiástica* I/1 ele explica detalhadamente a qualidade *wissenschaftliche* (científica) da teologia em resposta crítica à tendência entre aqueles, como Rudolf Bultmann, que reduzem suas reivindicações a articulações de "fé". Além disso, o que está em questão não é o fato de o teólogo poder envolver-se numa conversação pública, como se fosse impedido de falar positivamente sobre assuntos que não têm seu *Sitz im Leben* (contexto de vida) em sinais e símbolos eclesiásticos específicos (assim como o "mundo natural", artefatos culturais e assim por diante). A obra de Barth está repleta de exemplos de filósofos com quem ele aprendeu a esclarecer certas questões (por exemplo, a tradição idealista alemã sobre o mistério divino). Meu capítulo chama a atenção para o enquadramento teológico que Barth faz de todas as coisas em uma hermenêutica teo-*lógica*, referindo-se a elas como "parábolas" ou "pequenas luzes". A rejeição de Barth à teologia natural não é feita em nome da transcendência de Deus, se por isso for imaginada uma diferenciação da imanência divina que não é suficientemente ampla para falar de Deus como a base e a gramática de todas as coisas. Muita tinta continua a ser derramada sobre uma caricatura desleixada de Barth, e essas são agora de interesse apenas acadêmico entre aqueles que se preocupam com tais coisas o bastante para lidar com elas com alguma paciência.

As coisas tornam-se interessantes, em vez disso, quando a *substância* da preocupação de Barth é considerada. A rejeição da teologia natural foi feita com base em uma preocupação com um sentido bem ordenado do Deus imanente às criaturas eleitas de Deus. Essa questão pode ser abordada por meio de um contraste um tanto forçado feito por Nicholas Lash: "O clima da apologética é assertivo, e não interrogativo. O apologista pretende ensinar e não aprender, provar ou refutar e não indagar, dar e não receber. A teologia acadêmica, por outro lado, como eu a entendo, é — ou deveria ser — de caráter fundamentalmente interrogativo... as responsabilidades [do teólogo] são críticas, interpretativas ou clarificadoras, e não declaratórias".[29]

A implicação é que o apologista pode cometer erros teológicos sérios e substantivos na pressa sofística de defender um argumento retoricamente convincente. Entre esses erros, argumenta D. Z. Phillips, está o da teologia propriamente dita. Ele proclama que "as tendências dominantes no tema [da filosofia da religião] hoje

---

[29] Lash, *Matter of Hope*, p. 5.

distorcem e confundem a gramática de 'Deus'".[30] Essa crítica sugere que, embora os filósofos da religião em questão continuem a usar a linguagem de "Deus" e possam mesmo habitar contextos litúrgicos sobrepostos para sua prática, é crucial prestar atenção às diferenças na gramática teológica, à forma pela qual "Deus" funciona.[31]

Para Barth, e aqui sua leitura é problemática, Tomás de Aquino reduziu Deus ao "ser". Mesmo que capitalizássemos isto como "Ser", a questão permanece acerca do que ocorre à gramática teológica quando Deus e as criaturas são atraídos para um único plano ontológico. Embora Thomas F. Torrance casualmente indique que partilha a preocupação de Barth com uma interpretação de Tomás de Aquino pós--Caetano e pós-Suárez, ele vê a ameaça como algo que permeia as tendências dualistas dos gregos.[32] É isso que floresce no início da modernidade. A preocupação de Colin Gunton a esse respeito é predominante com Ockham e outros.[33] A questão é que por intermédio das divergências sobre quem pode ser responsável pelos reducionismos teológicos da modernidade, há uma preocupação partilhada especificando que o teísmo da filosofia moderna da religião habita exatamente esse quadro ontológico. A apreensão está longe da limitação aos chamados barthianos. O filósofo católico David Burrell, por exemplo, proclama: "Sem um meio filosófico claro de distinguir Deus do mundo, a tendência de todo discurso sobre a divindade é apresentar um Deus que é a 'maior coisa que existe'. Não se pode duvidar de que é esse o resultado de muito da atual filosofia da religião". Consequentemente, continua, "a atual onda de interesse pela filosofia da religião pode servir mal à religião".[34]

Entre as abordagens genealógicas nesse sentido, algumas mais sofisticadas intelectualmente que outras, vale a pena mencionar a tese de Amos Funkenstein: "A teologia medieval na maioria de suas formas" estava tão preocupada em proteger "Deus" de quaisquer vestígios de projeção da finitude que "não apenas predicados físicos, mas também os abstratos gerais, como bondade, verdade, poder e até mesmo existência, eram às vezes considerados uma forma ilícita de discurso enquanto predicados unívocos a respeito de Deus e de sua criação."[35] No início da modernidade, argumenta Funkenstein, a mudança para formas de predicação unívoca enraizaram-se na imaginação filosófica. "Não quero dizer necessariamente que os pensadores do século 17 sempre afirmaram saber mais sobre Deus do que os teólogos medievais. Para alguns deles, Deus permaneceu um *deus absconditus*

---

[30] Phillips, "God and Grammar," p. 1.
[31] "Não se pode garantir que se esteja a fazer teologia cristã", adverte Denys Turner, "só porque se citam as Escrituras e se usam muitos termos teológicos cristãos" (*Faith, Reason and the Existence of God*, p. 46). Afinal de contas, "há muitos idólatras cristãos".
[32] Veja Torrance, *Ground and Grammar of Theology*, p. 79.
[33] Veja Gunton, "The Trinity, Natural Theology, and a Theology of Nature," p. 96; *Promise of Trinitarian Theology*, p. 41.
[34] Burrell, *Faith and Freedom*, p. 4-5.
[35] Funkenstein, *Theology and the Scientific Imagination*, p. 25.

sobre o qual pouco se sabe. O que quero dizer é que as coisas que eles afirmavam saber sobre Deus, fosse muito ou pouco, eram ideias precisas, "claras e distintas".[36] Consequentemente, o que se entende por "Deus" começa a mudar em seu sentido e termos de referência. Por isso, Funkenstein lamenta: "Quão mais mortíferos para a teologia foram esses ajudantes do que seus inimigos!"[37] É precisamente esse tipo de crítica desenvolvida por Michael Buckley em sua genealogia do ateísmo moderno, e na afirmação de William Placher de que "alguns de nossos protestos atuais, ao que parece, não deveriam ser dirigidos contra a tradição cristã, mas contra o que a modernidade lhe fez."[38] A tradição dos primórdios da modernidade acaba por gerar as próprias negações. Lash resume o argumento de Buckley:

> Durante os séculos 17 e 18, a palavra "deus" passou a ser usada para nomear a explicação final do sistema do mundo. E quando, no devido tempo, se percebeu que o sistema do mundo não exigia qualquer princípio explicativo único, abrangente, independente, a palavra "deus" foi dispensada e o "ateísmo" moderno nasceu. Em poucas palavras, meu argumento será o de que os "deuses" que, antes da modernidade, eram entendidos como aquilo que as pessoas adoravam, tornaram-se, em vez disso, seres de um tipo particular — um tipo "divino", poderíamos dizer.[39]

De acordo com Phillips, "É óbvio, ou deveria ser, que, em qualquer contexto teísta, tudo depende do que se entende por 'Deus'".[40] Para responder a isso, é necessária uma hermenêutica sofisticada e atenta. Afinal de contas, Phillips pergunta retoricamente: "Como se pode distinguir entre diferenças religiosas ou teológicas genuínas, de um lado, e confusão, de outro, senão ao explorar as implicações de nossas palavras e seus contextos?"[41] É crucial que os discursos teológicos compreendam que tipo de afirmações estão fazendo e qual é o cenário ou jogo de linguagem relevante para que tomem a forma que têm.

Por "jogo de linguagem" entende-se aqui não diferentes performances linguísticas que estão hermeticamente fechadas umas contra as outras, mas os contextos e práticas linguísticas e interpretativas cuja sobreposição não pode ser assumida antes de atender às suas particularidades concretas, e com as quais um trabalho contextual rigoroso é necessário para determinar onde pode haver possibilidade de conversação crítica adequada. Isso implica que quando diferentes contextos linguísticos utilizam termos semelhantes, como "Deus", esses termos podem *não estar*

---

[36] Funkenstein, *Theology and the Scientific Imagination*, p. 25.
[37] Funkenstein, *Theology and the Scientific Imagination*, p. 8.
[38] Placher, *Domestication of Transcendence*, p. 2; cf. Buckley, *At the Origins of Modern Atheism*.
[39] Lash, *Holiness, Speech and Silence*, p. 9.
[40] Phillips, "God and Grammar," p. 1.
[41] Phillips, "God and Grammar," p. 7.

necessariamente performando o mesmo tipo de papel. No mínimo, aqui vale a pena perguntar — apesar dos pressupostos dos manuais de filosofia da religião — se Anselmo e Descartes, Tomás de Aquino e Swinburne, e assim por diante, estão envolvidos na mesma tarefa intelectual. Somente uma profunda atenção exegética e contextual a seus textos pode estabelecer e sustentar a pressuposição dos manuais de que, simplesmente porque usam termos semelhantes, estão empregando formas semelhantes de argumento. Se ele grasna como um pato, ginga como um pato, mas vive apenas em desertos e come areia, então é bem possível que não seja um pato. Os estudiosos da Idade Média certamente encorajam questionamentos sérios a respeito desse método preguiçoso dos manuais. É nessa hermenêutica crítica das afirmações teológicas, e apenas aqui, que o uso que Vladimir Lossky faz da retórica do "Deus dos filósofos" e do "Deus dos patriarcas hebreus" tem seu lugar.[42]

O contraste entre isso e os protocolos teo-gramaticais da tradição é gritante. No século 15, quando Nicolau de Cusa argumenta que Deus é "maximal", ele nega que com isso queira dizer que Deus é o máximo. Deus está além dessas categorias — além, na verdade, de toda e qualquer categoria.[43] No entanto, sob a ampla modificação teológica que começou a ocorrer no século 17, "Deus" torna-se, em vez disso, o *máximo* do ser: o ápice do ser na metafísica que funciona a partir de pressupostos ontológicos unívocos e que difere de tudo apenas "em grau, e não em espécie".[44] Quando expresso por meio de descrições adicionais dessa beneficência de "Deus", tal movimento estabelece os termos para o sentimento de bem-estar das criaturas racionais.

Mas essa afirmação poderia assumir o tipo de existência imponente que diminui as criaturas, assim como encontramos na análise crítica de Ludwig Feuerbach na qual as criaturas, poderíamos dizer, são minimizadas pelo máximo, o múltiplo pelo Uno. Consequentemente, Placher argumenta: "Em vez de explicar como todas as categorias se desintegram quando aplicadas a Deus, [alguns dos primeiros filósofos modernos]... prepararam o terreno para falar sobre a transcendência como uma das propriedades definíveis que Deus detém."[45] Assim, quando Taliaferro fala de sua "suposição de que Deus (*ex hypothesi*) é uma realidade ou sujeito substancial que (caso Deus exista) seria referido como uma das 'coisas' que existem", a pressão da abordagem genealógica está sobre a maneira como o *esse* de "Deus" está sendo caracterizado, e como tal coisa percebe a si mesma de alguma forma em continuidade com o pronunciado apofatismo das antigas tradições cristãs.[46]

---

[42] Lossky, *Orthodox Theology*, p. 17-27.
[43] Nicolau de Cusa, *On Learned Ignorance* [edição em português: *A douta ignorância* (Rio Grande do Sul: Edipucrs, 2002)].
[44] Placher, *Domestication of Transcendence*, p. 181.
[45] Placher, *Domestication of Transcendence*, p. 7.
[46] Taliaferro, "Project of Natural Theology," p. 11.

Uma pressão semelhante precisa ser exercida quando ele fala de "Deus" como "uma realidade não física", ou de Deus como algo pessoal, que requer "uma visão mais imanente de Deus", e assim por diante.[47] Aqui, Swinburne reconhece "a objeção barthiana de que o teísmo filosófico tem uma visão demasiadamente antropomórfica de Deus", mas perde completamente o argumento *ontológico* substantivo que está sendo apresentado quando afirma que "a visão cristã de Deus é, em aspectos cruciais, antropomórfica: ...Deus é como o homem porque o homem é como Deus".[48] A questão não é se a linguagem antropomórfica identifica "Deus" ou não, uma vez que *toda* a linguagem sobre Deus está sob apagamento. Nicolau de Cusa (conhecido familiarmente como Cusanus) ficaria igualmente perturbado com a aplicação não analógica dos conceitos teístas de onipotência, e assim por diante, a Deus, tanto quanto ficaria com a aplicação desses conceitos que apresentam Deus como um ser pessoal que se senta, anda, fala, observa, toca, sofre, se angustia, se irrita, responde, muda e ordena.

Lash explica: "Como cristãos, podemos dispensar o teísmo [...] Não estou sugerindo, contudo, que o teísmo deva ser refutado, mas, sim, que tentemos evitar cair na armadilha de aceitar alguns dos pressupostos sobre os quais ele é construído."[49] O objetivo de minha análise crítica não é isolar reivindicações teológicas da exposição a testes críticos apropriados e até mesmo à ridicularização intelectual, ou para subverter a necessidade da adequação à "ordem e clareza" racional na crença.[50] Não se trata de um exercício para impedir as reivindicações teológicas de responsabilização e à prestação racional de contas no âmbito público, ou de recusar-se a manter a questão da contingência aberta à investigação racional, permitindo que a razão "descanse em um ponto final de 'simples presença' [*simple thereness*]".[51] Em vez disso, é um esforço para abrir a "resposta bem-sucedida" de Taliaferro ao exame teológico e indicar por que Barth e muitos outros submeteriam suas suposições mais banalmente determinadas em relação a "Deus" e à afirmação "Deus existe" às mais exigentes interrogações *teológicas*. Afinal de contas, "parte da responsabilidade do teólogo é ajudar a disciplinar a propensão da imaginação piedosa a simplificar fatos, textos, exigências e requisitos que são resistentes a qualquer simplificação deste tipo."[52]

---

[47] Taliaferro, "Personal," p. 104.
[48] Swinburne, "Philosophical Theism," p. 12; cf. Swinburne, *Coherence of Theism*, p. 1.
[49] Lash, *Easter in Ordinary*, p. 103.
[50] MacIntyre, *Difficulties in Christian Belief*, p. 82.
[51] Turner, *Faith, Reason and the Existence of God*, p. 258.
[52] Lash, *Easter in Ordinary*, p. 290-91.

Uma tréplica contemporânea

Charles Taliaferro

Considerando autores provavelmente mais conhecidos pela maioria dos leitores deste livro, minha posição está alinhada com C. S. Lewis, que defendeu argumentos filosóficos a favor do teísmo (notoriamente um argumento da razão em *Milagres* e um argumento moral em *Cristianismo puro e simples*) que complementou seu apelo à experiência (especialmente nosso anseio por alegria e a experiência numinosa do divino, imaginativamente apresentada na experiência de Aslan em Nárnia).[53] A posição de Lewis tem raízes profundas. Há suporte bíblico para a teologia natural que ele praticou (Salmos 19:1-4; Atos 17:26,27; Romanos 1:19,20,32; 2:14,15); há uma forte defesa de sua teologia natural entre os primeiros teólogos filosóficos cristãos (Aristides, Justino Mártir, Tertuliano, Atanásio, Gregório de Nazianzo, Gregório de Nissa) e entre boa parte dos teólogos ortodoxos orientais primitivos e contemporâneos.[54] Argumentei em outro lugar que o legado anglicano de defender a teologia natural tem desempenhado um papel importante em ajudar as pessoas a apreciar a bondade da criação — com implicações importantes para a gestão ambiental e na promoção de uma relação colaborativa entre religião e ciência.[55] À luz deste último ponto, sugiro que a teologia natural tenha um papel importante, não apenas para a prática e história da filosofia ou para a apologética cristã, mas também em relação a como vivemos e abordamos o contexto.

RESPOSTA A ANDREW PINSENT

Além de seus muitos títulos acadêmicos, honras e publicações, Andrew Pinsent é um padre católico romano. Portanto, aqui pode ser um lugar apropriado para reforçar que devo minha visão positiva da teologia natural a um clérigo católico romano, qual seja: o grande filósofo do século 20, Frederick Copleston

---

[53] Veja MacSwain e Ward, *Cambridge Companion to C. S. Lewis*, especialmente a introdução e os capítulos 6-9.
[54] Veja Haines, *Natural Theology*; Bradshaw e Swinburne, *Natural Theology in the Eastern Orthodox Tradition*.
[55] Veja Taliaferro, "Three Elements of Creation Care."

(1907-1994). Em minha opinião, o apelo magistral de Copleston à teologia natural nos debates (especialmente com Bertrand Russell) e seu trabalho magistral sobre a história da filosofia permanecem filosoficamente insuperáveis.

Aprendi muito com o trabalho de Pinsent. Nesse contexto, sua observação sobre como algumas explicações podem assumir a forma de um funil é esclarecedora. Adoro seu apreço pela curiosidade das crianças (perguntando *Pourquoi*?). Talvez ele esteja certo sobre os acontecimentos quânticos parecerem não ter uma causa, mas ainda não encontrei uma razão convincente para negar a adequação da frase *ex nihilo nihil fit* (nada vem do nada), ou que os acontecimentos ocorrem em nosso cosmo sem nenhuma causa ou explicação.[56] Talvez eu esteja equivocado em insistir que a existência e a duração de nosso cosmo contingente exigem uma explicação que envolva um ser necessariamente existente e causalmente eficaz (mais sobre o argumento cosmológico abaixo).

Quanto ao que é autoevidente, penso que $1 + 1 = 2$ é autoevidente, visto ser um exemplo da lei da identidade: 2 é simplesmente $1 + 1$, portanto a proposição em questão ($1 + 1 = 2$) é que $1 + 1$ é igual a $1 + 1$. Sugiro que as leis lógicas da identidade (A é A) e da não contradição (A não é não-A) são indispensáveis para o pensamento e a linguagem, e eu chegaria a ponto de afirmar que elas não podem ser compreendidas sem que se acredite nelas. A razão pela qual é tão horrível no romance *1984* de George Orwell que o personagem Winston esteja sujeito a forças empenhadas em fazê-lo concordar com $2 + 2 = 5$ é que se ele aceitar um absurdo tão evidente (pois não há mundo possível no qual $2 + 2 = 5$), ele está totalmente arruinado, tornando-se um zumbi cognitivo. Ao contrário do que afirma Pinsent, os comércios que oferecem algo a mais depois que se compra um item adicional não é um contraexemplo para a proposição matemática $1 + 1 = 2$. Uma maçã e uma maçã são duas maçãs, quer eu ganhe ou não uma laranja após comprá-las.[57] Mas a filosofia da matemática e a questão sobre o que é autoevidente não são cruciais para o tópico deste livro, ou pelo menos não são cruciais entre Pinsent e eu, uma vez que não estou afirmando que a existência de Deus seja autoevidente, ou que possa ser provado ou conhecido por nós com certeza infalível e incorrigível nesta vida. Vamos verificar isso mais tarde, na próxima vida. (Para esclarecer, eu realmente acredito na sobrevivência individual à morte e, portanto, não estou sendo sarcástico.)

---

[56] John Cottingham observa: "A teoria quântica, apesar de todo o seu impressionante sucesso, não prejudica nem remotamente a máxima lógica inabalável '*ex nihilo nihil fit*'" ("Transcending Science", p. 26-27).

[57] Os exemplos de verdades necessárias evidentes e impossibilidades fora das proposições matemáticas são ilimitados: se existe uma bola vermelha, existe uma bola; se existe um pato, é falso que não exista um pato etc. Para uma abordagem mais aprofundada, consulte Hospers, *Introduction to Philosophical Analysis*.

RESPOSTA A ALISTER MCGRATH

Li a maioria dos trabalhos publicados de McGrath com grande proveito. Em minha opinião, ele é um dos melhores filósofos cristãos da atualidade ao abordar a relação entre religião e ciência. Sua contribuição para a presente obra é notável, e seus comentários sobre minha (comparativamente) nada elegante contribuição são caridosos.

Ser convidado a escrever mais sobre abdução e diversos temas é quase irresistível. Resistirei, no entanto, em delinear aqui meu próximo projeto, que tratará disso, exceto para observar que considero que grande parte da filosofia envolve experiência estética. Isso é algo que exploro em dois livros, em coautoria com Jil Evans, um pintor americano.[58] O que continuarei a desenvolver será, sem dúvida, aprimorado com a leitura do trabalho passado e (espero) futuro de McGrath. Recomendo que, após terminar este livro, os leitores mergulhem profundamente na obra deste brilhante teólogo filosófico.

RESPOSTA A PAUL MOSER

Há muito o que admirar no trabalho de Paul Moser sobre a crença cristã em diversas publicações; aprendi muito com o trabalho dele. Ainda assim, diferimos, não por sermos teístas cristãos, mas pela credibilidade filosófica da teologia natural.

Deixe-me primeiro oferecer uma nota pessoal. Em uma conferência recente, perguntaram-me se as experiências individuais podem moldar a filosofia da religião de alguém. Talvez experiências diferentes estejam subjacentes à nossa divergência.[59] Não contesto a leitura e a defesa de Moser de uma perspectiva paulina do conhecimento de Deus e da salvação, mas meu próprio caminho para o cristianismo foi menos parecido com a perspectiva de Moser sobre a rota paulina, e mais parecido com algo na linha de C. S. Lewis — uma mistura de teologia natural e teologia revelada — e uma espécie de experiência numinosa de Cristo conforme revelada na literatura joanina, nos ritos sacramentais (oração, meditação, a Eucaristia) e no testemunho (e testemunhas) dos cristãos sobre o amor de Deus. Mais uma vez, não contesto a legitimidade da descrição de Moser de fazer uma submissão cognitiva ao Deus digno de adoração e, em um segundo momento, encontrar provas da realidade deste Deus na vida centrada no ágape que alguém leva. Talvez boa parte dos leitores cristãos deste livro tenham tido experiências como Moser, mas talvez alguns sejam mais parecidos com Lewis, que primeiro se convenceu da

---

[58] Taliaferro e Evans, *The Image in Mind: Theism, Naturalism, and the Imagination* and *Is God Invisible? An Essay on Aesthetics and Religion*.
[59] Falo sobre minha chegada à fé cristã em Taliaferro, *Love, Love, Love, and Other Essays*.

verdade do teísmo e só então ficou impressionado com as afirmações cristãs sobre a encarnação.

Acerca dos argumentos filosóficos, quando apresento uma defesa global do teísmo cristão, reúno os argumentos ontológicos, cosmológicos e teleológicos (tendo em conta o ajuste fino e a emergência da consciência) e um argumento teísta da experiência religiosa. Como exemplo, veja minha obra *Dialogues about God* [Diálogos sobre Deus]. Apresentar uma defesa geral do teísmo cristão exige tempo e coordenação. Assim, a maioria das versões do argumento cosmológico que defendi não pretende estabelecer todos (ou mesmo a maioria) dos atributos divinos. O argumento cosmológico pode fazer algum trabalho positivo, mas são necessários outros argumentos (ou razões).[60]

Quanto a especificar a bondade de Deus, estou na tradição platônica cristã que concebe Deus como o bem maior, abrangendo o moral e o estético. Deus é a fonte maravilhosa, abundante e indestrutível da criação, e somos chamados a viver em relação com essa realidade esmagadoramente sagrada, digna de adoração no contexto de uma vida permanente, interminável e transformadora.[61]

Uma pequena nota sobre filosofia e apologética que pode (ou não) ser pertinente. Moser recomenda evitar a teologia natural e focar em sua visão paulina de Deus. Mesmo que a apologética cristã seja mais bem servida por esse movimento, o domínio da reflexão filosófica sobre Deus e o mundo sem depender das Escrituras continua a ser (em minha opinião) um empreendimento duradouro, empolgante e chamativo.

RESPOSTA A JOHN MCDOWELL

Aprecio o apelo apaixonado de John McDowell por mais trabalho — ou, em suas palavras, "interrogações" — em relação a termos religiosos e posições filosóficas. Escrevi vários livros sobre esses assuntos: linguagem religiosa, teísmo, realismo, ateísmo, naturalismo, Hume e Kant.[62] Aqueles que buscam atenção crítica diferenciada e respostas às observações/pedidos de McDowell para trabalhos futuros podem encontrar facilmente os livros e artigos de qualquer autor pelo mecanismo de pesquisa padrão. Ao longo dos últimos quinze anos, tenho estado especialmente interessado em expor os paralelos interessantes entre a defesa da supremacia branca por Hume e Kant e sua rejeição crítica dos milagres e da religião revelada.

---

[60] Para um livro excelente, lançado há pouco tempo, veja Loke, *Teleological and Kalam Cosmological Arguments*.
[61] Veja Taliaferro, *The Golden Cord*.
[62] Consulte Taliaferro, *Consciousness and the Mind of God* e *The Golden Cord*, com *Contemporary Philosophical Theology*, do qual sou coautor com Chad Meister.

Afasto-me totalmente de McDowell quando se trata de avaliar o trabalho de D. Z. Phillips e Nicholas Lash. Acho que o tipo de cristianismo que eles aceitam é pós-cristão. Talvez boa parte dos leitores adotem sua forma ateísta de cristianismo (ou poderia ser chamada de cristianismo não teísta ou pós-teísta), mas presumirei que essa é uma posição minoritária. Desafiei criticamente o trabalho de Phillips em vários lugares.[63] E presumo, também, que se a teologia natural defendida por mim e por McGrath, a filosofia paulina da religião de Moser ou a compreensão do teísmo de Pinsent têm credibilidade, temos motivos para rejeitar o ateísmo de Phillips e Lash.

Como esses últimos comentários podem deixar claro, os riscos são elevados quando se trata de como os cristãos hoje abordam a teologia natural e suas alternativas.

---

[63] Veja, por exemplo, Taliaferro, "Burning Down the House."

Capítulo 2

Uma visão católica

Padre Andrew Pinsent

Desde a era patrística, a fé católica tem reconhecido dois tipos de teologia, hoje chamadas "natural" e "sobrenatural", correspondendo aos diversos mundos do discurso sobre Deus, fora e dentro do que é específico da revelação cristã. A Igreja Católica também defende formalmente o ensinamento de que o único e verdadeiro Deus, Criador e Senhor, pode ser conhecido com certeza pelas coisas que foram feitas, pela luz natural da razão humana. Baseando-me em São Tomás de Aquino, contudo, defendo que a distinção mais profunda entre teologia natural e sobrenatural se dá no que se refere ao entendimento subjetivo, especialmente aquele associado ao dom do Espírito Santo na vida da graça. O progresso na teologia natural hoje precisará concentrar-se nesse tópico de difícil entendimento, reconhecendo ao mesmo tempo que a teologia natural por si só nunca poderá preencher a lacuna entre Deus e nós mesmos.

O ENIGMA DA TEOLOGIA NATURAL

Considere a seguinte passagem: "Se, então, Deus sempre se encontra naquele bom estado no qual às vezes estamos, isso nos compele ao maravilhamento; e se ele se encontra em um [estado] melhor, isso nos compele a ainda mais maravilhamento. E Deus está em um estado melhor. E a vida também pertence a Deus; pois a realidade [*actuality*] do pensamento é vida, e Deus é essa realidade [*actuality*]; e a realidade [*actuality*] essencial de Deus é a vida, muito boa e eterna. Dizemos, portanto, que Deus é um ser vivo, eterno, muito bom, de modo que a vida e a duração contínua e eterna pertencem a Deus; pois isso é Deus".[1] Seja o que for que se possa dizer, esse texto, de uma tradução de uma das obras mais famosas de Aristóteles, é um discurso fundamentado que pretende levar a algumas conclusões sobre Deus

---

[1] Aristóteles, *Metafísica* 12.7.1072b25–30 (São Paulo: Vozes, 2024).

que podem ser expressas em proposições, por exemplo, que Deus é vivo, eterno e muito bom.

A existência desses argumentos nas obras de Aristóteles, Platão, Cícero e muitos outros do mundo greco-romano pré-cristão mostra que a teologia não trata exclusivamente da revelação especial, muito menos da revelação especial associada à história judaico-cristã. Na verdade, como observa Cícero:

> Essa nossa crença [nos deuses] não se baseia em nenhuma prescrição, costume ou lei, mas permanece como a convicção forte e unânime de todo o mundo. Devemos, portanto, chegar à conclusão de que os deuses devem existir porque temos uma consciência implantada, ou melhor, uma consciência inata deles. Agora, quando todas as pessoas concordam naturalmente sobre alguma coisa, essa crença deve ser verdadeira; portanto, devemos reconhecer que os deuses existem. Uma vez que isso é acordado por praticamente todos — não apenas pelos filósofos, mas também pelos iletrados — reconhecemos ainda que temos o que chamei anteriormente de "antecipação" ou noção prévia dos deuses.[2]

O surpreendente nessa passagem é a afirmação de que mesmo os iletrados, bem como os filósofos, têm alguma noção dos deuses, o que implica que o reconhecimento dos deuses é como uma lei da natureza. Recentemente, Justin Barrett argumentou que estudos com crianças sugerem que os seres humanos têm um forte potencial, muito facilmente catalisado, para acreditar em Deus, por vezes ao lado de uma série de "deuses" menores.[3]

Considerando essas referências generalizadas à divindade, por vezes combinadas com reflexão filosófica, ficou claro, bastante cedo na história do cristianismo, que existem pelo menos dois mundos diferentes de discurso teológico: por um lado, há raciocínio sobre a revelação especial associada a Cristo, à Escritura e à tradição; por outro lado, há raciocínios, como nos textos acima, que não se baseiam em fontes especiais.

Essa distinção foi reforçada por séculos de experiência, interagindo com uma vasta gama de culturas não cristãs, desde abordagens filosóficas sobre Deus no antigo mundo greco-romano até o trabalho contemporâneo com tribos que têm tradições religiosas pertinentes, mesmo que não tenham uma linguagem escrita. Como um exemplo contemporâneo, mais conhecido nas últimas décadas, o povo Turkana do noroeste do Quênia acredita na realidade de um ser supremo chamado Akuj, o único que criou o mundo e está no controle das bênçãos da vida.

---

[2] Cicero, *The Nature of the Gods* 1.44.
[3] J. Barrett, *Born Believers*.

Akuj cria apenas o que é bom, embora permita alguns males.[4] Neste e em outros casos, o monoteísmo existe com uma gama complexa de outras crenças religiosas; no entanto, os filósofos e missionários católicos muitas vezes encontraram muitos pontos de consonância para trabalhar, filtrando e adaptando elementos das crenças tradicionais, ao mesmo tempo que introduziam a revelação especificamente cristã.

Tomás de Aquino expõe esses mundos de discurso distintos, mas interrelacionados, da seguinte forma:

> Ora, naquelas coisas que sustentamos sobre Deus há verdade de duas maneiras. Pois certas coisas que são verdadeiras sobre Deus ultrapassam totalmente a capacidade da razão humana, por exemplo, que Deus é três e um; enquanto há certas coisas que até a razão natural pode alcançar, por exemplo, que Deus é, que Deus é um, e outras como essas, que até mesmo os filósofos provaram demonstrativamente de Deus, sendo guiados pela luz da razão natural.[5]

Em outras palavras, Tomás de Aquino sustenta que algumas verdades teológicas, incluindo a existência e a unicidade de Deus, podem ser conhecidas por meio da razão natural por si só, mas a verdade da existência da trindade e, por implicação, muitos outros ensinamentos da revelação, superam a capacidade da razão desassistida.

Após Tomás, essas duas formas de raciocínio teológico passaram gradualmente a ser descritas, respectivamente, como *teologia natural* e o que é diversamente chamado de *teologia*, sem qualificação, ou de *teologia revelada* ou *teologia sobrenatural*. Na década de 1950, um dos manuais neoescolásticos mais influentes introduziu a teologia sob as espécies de *natural* e *sobrenatural*, observando que elas diferem (1) em seus princípios de cognição: razão desassistida em contraste com razão iluminada pela fé; (2) em seus meios de cognição: o estudo das coisas criadas em contraste com a revelação divina; e (3) em seus objetos formais: Deus como Criador e Senhor em contraste com Deus sendo uno e trino.[6]

A distinção dos objetos formais parece ser a mais fácil de compreender e utilizar como um padrão objetivo de demarcação da teologia natural diante da teologia sobrenatural. Embora existam diferenças de opinião quanto ao escopo potencial e real desses objetos formais, o Magistério Católico definiu uma base mínima. Um dos cânones do Concílio Vaticano I de 1870 afirma: "Se alguém tiver dito que o

---

[4] Tive o privilégio de ter longas conversas com um padre, Anthony Barrett, que passou vários anos vivendo entre o povo Turkana. Ele escreveu um dos primeiros dicionários de seu idioma e um relato de sua religião tradicional. Consulte A. Barrett, *Sacrifice and Prophecy in Turkana Cosmology* e *Turkana-English Dictionary*.
[5] Tomás Aquino, *Summa contra Gentiles* 1.3 [edição em português: *Suma contra os gentios* (São Paulo: Loyola, 2015)].
[6] Ott, *Fundamentals of Catholic Dogma*, p. 1.

único Deus verdadeiro, nosso Criador e nosso Senhor, não pode ser conhecido com certeza pelas coisas que foram feitas, pela luz natural da razão, seja anátema (DZ 1806, cf. 1785)".[7] Em outras palavras, de acordo com esse cânon, alguém se coloca fora da fé católica se negar ser possível saber apenas pela razão natural que existe um único Deus verdadeiro. Essa definição não faz nenhum julgamento sobre quaisquer provas específicas da existência de Deus, ou se existem essas provas adequadas. Mas o cânon define que a existência de Deus pode ser conhecida com certeza, a partir das coisas criadas, pela luz da razão natural, colocando a existência de Deus firmemente na teologia natural. Além disso, por "Deus" entende-se aqui "nosso Criador e nosso Senhor", implicando algumas obrigações naturais potencialmente cognoscíveis para com Deus, assim como adoração e obediência, mesmo para além do âmbito da revelação específica.

Por outro lado, como observado anteriormente na referência de Tomás de Aquino à Trindade, muitos ensinamentos da fé estão além do âmbito da razão natural, sendo diretamente o resultado da revelação divina ou de um longo debate sobre o conteúdo da revelação, culminando às vezes em definições magisteriais formais. Para mencionar alguns dos muitos exemplos, a definição formal do cânon das Escrituras, dos artigos do credo e do sistema sacramental se enquadram no escopo da revelação sobrenatural, embora existam alguns pontos nessa lista que também são acessíveis à razão natural desassistida, assim como os artigos no credo sobre a existência de Deus e a crucificação de Jesus sob Pôncio Pilatos.

Uma lista completa de ensinamentos formais sobrenaturais que se desenvolveram a partir da revelação é extremamente complexa e ainda está se ampliando, graças ao desdobramento contínuo das implicações da revelação e à interação da revelação com uma diversidade de interações culturais e circunstâncias contingentes. Como um dos exemplos mais sublimes, a crença na Assunção da Bem-Aventurada Virgem Maria de corpo e alma ao céu tem sido amplamente crida desde os tempos patrísticos, e há muito faz parte da vida devocional e da cultura da cristandade;[8] em 1950, a crença na Assunção foi formalmente declarada como parte oficial do conteúdo da fé católica.[9] Como um dos exemplos mais bizarros, em resposta a uma situação pastoral na Noruega, a Igreja Católica em 1241 declarou formalmente que não era permitido batizar bebês em cerveja.[10]

Deixando de lado as questões de bebês e cerveja, mesmo algumas das crenças mais diretamente sobrenaturais podem, no entanto, apresentar alguns desafios

---

[7] Denzinger, *Sources of Catholic Dogma*. O "DZ" refere-se ao número de Denzinger, que ainda hoje é amplamente utilizado como forma de classificar as declarações dogmáticas.
[8] Martinho Lutero pregou sobre a Assunção em 15 de agosto de 1522, tomando essa crença como certa, aparentemente, pelo menos nessa ocasião. Veja O'Meara, *Mary in Protestant and Catholic Theology*, p. 118-119.
[9] Pope Pius XII, "Apostolic Constitution." Cf. *DZ* 2331-33 (Denzinger, *Sources of Catholic Dogma*, p. 647-48).
[10] *DZ* 447 (Denzinger, *Sources of Catholic Dogma*, p. 178).

epistemológicos à distinção entre natural e sobrenatural. Consideremos, por exemplo, o ensinamento cristão central de que Jesus é o Filho de Deus, implicando também a crença na encarnação e em pelo menos duas pessoas da Trindade. O anjo Gabriel (Lucas 1:35), Santa Marta (João 11:27) e o apóstolo Pedro (Mateus 16:16) referem-se a Jesus como o "Filho de Deus", e Jesus afirma o título quando questionado pelo sumo sacerdote em seu julgamento (Marcos 14:62). No caso da declaração de Pedro: "Tu és o Cristo, o Filho do Deus vivo" (Mateus 16:16), Jesus responde: "Isto não lhe foi revelado por carne ou sangue, mas por meu Pai que está nos céus" (Mateus 16:17).[11] Em outras palavras, Jesus confirma que Pedro recebeu uma revelação divina além das capacidades naturais da carne e do sangue e, portanto, da razão humana, colocando essa revelação firmemente no escopo da teologia sobrenatural.

A crença de que Jesus é o Filho de Deus é um dos principais ensinamentos católicos, defendido no Credo Niceno-Constantinopolitano pelo termo *homoousious* (consubstancial) para mostrar a relação do Pai e do Filho, com várias outras declarações que são um vestígio da longa luta contra o arianismo no século 4. Parece não haver dúvida de que esse ensino está dentro, e somente na teologia sobrenatural. Mas considere a seguinte passagem do Evangelho de Mateus: "Quando ele chegou ao outro lado, à região dos gadarenos, foram ao seu encontro dois endemoninhados, que vinham dos sepulcros. Eles eram tão violentos que ninguém podia passar por aquele caminho. Então eles gritaram: 'Que queres conosco, Filho de Deus? Vieste aqui para nos atormentar antes do devido tempo?'" (Mateus 8:28-29). Segundo esse texto, os endemoninhados, pessoas humanas sob o controle de demônios ou espíritos malignos, chamam Jesus de "Filho de Deus", expressão de uma revelação sobrenatural que também é usada, como observado anteriormente e com pequenas variações, pelo anjo Gabriel, Santa Marta e São Pedro.

É claro que há muitas maneiras de interpretar essas palavras, incluindo a forte possibilidade de que esses demônios estejam testando ou zombando de Jesus. Mas, independentemente do que se possa dizer, pode ser presumido que os demônios, por definição, carecem de um amor sobrenaturalmente inflamado por Deus. Esses incidentes levantam a seguinte questão do tipo *Gettier*. É possível raciocinar até chegar a conclusões corretas sobre a teologia sobrenatural por meios impróprios, incluindo, por exemplo, um estado de hostilidade a Deus?[12] Em caso afirmativo, como classificar esse raciocínio em relação à distinção natural-sobrenatural, quando os materiais e o objeto formal são sobrenaturais, mas os princípios de cognição e raciocínio carecem da iluminação da fé?

---

[11] Nesta e nas citações seguintes das Escrituras, utilizo a Nova Versão Internacional (NVI).
[12] As Escrituras afirmam que os demônios podem praticar a teologia natural ao reconhecerem a existência de Deus (Tiago 2:19).

Esse problema não é de forma alguma puramente teórico, dada a vasta gama e diversidade de materiais no mundo relacionados com a revelação sobrenatural, que podem ser conhecidos e raciocinados objetivamente por quase qualquer pessoa. Esses materiais incluem, principalmente, as narrativas e proposições das Escrituras, com credos, leis e ensinamentos da Igreja. Como exemplo prático, desde a Torá do judaísmo até o direito canônico da Igreja Católica — colocado numa base sistemática na alta Idade Média pela fusão criativa da revelação, da filosofia grega e do direito romano —, vastos sistemas de direito moral e jurídico foram inspirados pela revelação.[13] Se alguém tiver acesso a essas leis e suas fontes e puder raciocinar sobre as consequências, isso é suficiente para estabelecer que alguém está fazendo teologia sobrenatural? No caso da lei moral, Jesus parece pôr em dúvida essa suficiência: "Ai de vocês, mestres da lei e fariseus, hipócritas! Vocês dão o dízimo da hortelã, do endro e do cominho, mas têm negligenciado os preceitos mais importantes da lei: a justiça, a misericórdia e a fidelidade. Vocês devem praticar estas coisas, sem omitir aquelas." (Mateus 23:23). Aqui Jesus dirige críticas àqueles que conhecem e podem raciocinar sobre as fontes da lei, não alegando que seu raciocínio ou conclusões estão errados, mas argumentando que eles negligenciam as "questões mais importantes". Contudo, tendo em vista que estão raciocinando sobre materiais sobrenaturais, deveria o raciocínio dos escribas e fariseus ser adequadamente descrito como natural ou sobrenatural?

Como outro exemplo do desafio, o que dizer das pessoas que apreciam muitas das inspirações culturais da revelação, como a *Paixão de São Mateus*, de J. S. Bach; *Sinfonia n.º 2* ("Ressurreição"), de Mahler; *Réquiem*, de Mozart; *Vésperas*, de Monteverdi; *Ave Maria*, de Schubert; *O Messias*, de Handel; ou, na arte, o teto da Capela Sistina de Michelangelo; ou o *Retábulo de Ghent*, de Hubert e Jan van Eyck,; ou, na literatura, a *Divina Comédia* de Dante, um relato poético de cada estado da alma, desde as profundezas do inferno até as alturas do céu? A apreciação ou o estudo dessas obras também é uma questão de envolvimento na teologia sobrenatural? Onde e como, então, deveria ser feita a distinção entre teologia natural e sobrenatural?

Para explorar mais essa questão, é necessário examinar com mais detalhes o que se entende pelas categorias natural e sobrenatural pelas quais a teologia hoje é qualificada, e as implicações dessas categorias para a cognição e o raciocínio. Se as implicações cognitivas do termo "sobrenatural" e sua distinção do que é natural forem esclarecidas, será então mais fácil abordar a questão do tipo *Gettier* acima, com as questões sobre a possibilidade e caminhos para fazer teologia natural.

---

[13] Este trabalho também ajudou a formar muitas das origens da tradição jurídica ocidental. Para uma descrição influente dessa história, veja, por exemplo, Berman, *Law and Revolution*.

NATURALIS E SUPERNATURALIS

Atualmente, a distinção entre natural e sobrenatural é em geral entendida tendo em vista diferentes ordens de seres e poderes causais. Dada a influência do naturalismo, uma visão de mundo segundo a qual apenas poderes e leis causais não divinos operam no mundo, hoje, o que é "natural" é geralmente entendido como aquilo que se refere a seres e poderes causais não divinos. Por esse motivo, qualquer coisa que seja supostamente atribuída a Deus ou à ação divina é "sobrenatural", uma posição, aliás, que torna grande parte do conteúdo da teologia automaticamente sobrenatural.

Nas Palestras Bampton de 2019 e num trabalho recentemente publicado, Peter Harrison chamou, no entanto, a atenção para o fato de que os significados originais dos pares de adjetivos latinos *naturalis* e *supernaturalis* eram bastante diferentes de seus significados contemporâneos.[14] Graças à disponibilidade de vastos recursos digitais para as obras de Tomás de Aquino, que tornaram o emparelhamento uma prática comum na teologia, realizei minha análise do uso do termo *supernaturalis* por Tomás de Aquino com algum detalhe.[15]

Na maior e mais influente obra sistemática de Tomás, a *Suma Teológica*, há cerca de cem ocorrências da palavra *supernaturalis*, excluindo aquelas que citam outros autores e que podem não representar seu próprio pensamento.[16] Um exemplo paradigmático é a seguinte passagem sobre a fundamentação das virtudes teologais, que cito na íntegra pela sua importância:

> Respondo que o homem é aperfeiçoado pela virtude, pelas ações pelas quais ele é direcionado à felicidade, como foi explicado acima. Ora, a felicidade do homem é dupla, assim como foi afirmado acima. Uma é proporcional à natureza humana, uma felicidade, ou seja, que o homem pode obter por meio de seus princípios naturais. A outra é uma felicidade que ultrapassa a natureza do homem, e que o homem pode obter somente pelo poder de Deus, por uma espécie de participação da Divindade, sobre a qual está escrito (2Pedro 1:4) que por Cristo fomos feitos "participantes da natureza divina." E porque essa felicidade ultrapassa a capacidade da natureza humana, os princípios naturais do homem, que lhe permitem agir bem de acordo com sua capacidade, não são suficientes para direcioná-lo para essa mesma felicidade. Portanto, é

---

[14] Harrison e Roberts, *Science without God?* Cf. Harrison, "Supernatural Belief in a Secular Age".
[15] Utilizei as ferramentas de pesquisa do Index Thomisticus, um vasto projeto de digitalização concebido por Robert Busa e financiado em grande parte pela IBM, que está agora disponível para qualquer pessoa em www.corpusthomisticum.org/it/index.age.
[16] Uma análise lexicográfica em todas as suas obras revela cerca de 306 ocorrências do termo *supernaturalis*, excluindo as ocorrências em que Tomás de Aquino está tipicamente a citar outros, assim como paráfrases de Pedro Lombardo, ocorrências nos argumentos de contraste e nas afirmações *sed contra* e *florilegia*.

necessário que o homem receba de Deus alguns princípios adicionais, pelos quais ele possa ser direcionado à felicidade sobrenatural, assim como é direcionado a seu fim conatural, por meio de seus princípios naturais, embora não sem a assistência divina. Princípios semelhantes são chamados de "virtudes teologais": primeiro, porque seu objeto é Deus, à medida que nos direcionam diretamente para Deus; segundo, porque são infundidos em nós somente por Deus; terceiro, porque essas virtudes não nos são dadas a conhecer, salvo por revelação divina, contida na Sagrada Escritura.[17]

Nessa passagem, Tomás comenta que as virtudes teologais são conhecidas apenas por meio da revelação, mas reserva o termo "sobrenatural" para explicar sua lógica, a saber, direcionar os seres humanos à bem-aventurança ou felicidade sobrenatural (*ad beatitudinem supernaturalem*). Em outras palavras, o termo *supernaturalis*, nesse caso, não se refere a Deus ou a assuntos incriados em si, mas a certa mudança ou transfiguração divinamente concedida da natureza humana criada. Ele faz referência a um texto bíblico, 2Pedro 1:4, ao relatar essa mudança, que nos tornamos "participantes da natureza divina".

Boa parte dos outros casos de *supernaturalis* seguem um uso semelhante, com base nos substantivos que qualificam, especialmente um fim (11× [vezes]) ou bem-aventurança (9×) ou bom (7×). A implicação é que Aquino usa o termo "sobrenatural" não para se referir ao que é diferente e separado da natureza, no sentido moderno, mas principalmente a um dom divino implantado em uma natureza para transformá-la. A maioria dos outros casos pode ser facilmente relacionada ao mesmo entendimento, como cognição (13×), luz (5×), verdade (14×), dom (6×), princípio (3×), virtude (5×), visão (1×) e discursos diversos sobre o conhecimento (8×). Ele também usa *supernaturalis* em discursos sobre a concepção de Cristo (5×) e sobre a Eucaristia (3×). Nestes últimos casos, o que está em jogo, principalmente, não é o que está além da natureza, mas o que é implantado por Deus no mundo natural, um ato divino que não é totalmente diferente, e está por sinal associado à transformação da natureza humana criada. É ainda mais surpreendente que, ao contrário das sensibilidades modernas,

---

[17] Tomás de Aquino, *Summa Theologiae* I-II.62.1c. "Respondeo dicendum quod per virtutem perficitur homo ad actus quibus in beatitudinem ordinatur, ut ex supradictis patet. Est autem duplex hominis beatitudo sive felicitas, ut supra dictum est. Una quidem proportionata humanae naturae, ad quam scilicet homo pervenire potest per principia suae naturae. Alia autem est beatitudo naturam hominis excedens, ad quam homo sola divina virtute pervenire potest, secun- dum quandam divinitatis participationem; secundum quod dicitur II Petr. I, quod per Christum facti sumus consortes divinae naturae. Et quia huiusmodi beatitudo proportionem humanae naturae excedit, principia naturalia hominis, ex quibus procedit ad bene agendum secundum suam proportionem, non sufficiunt ad ordinandum hominem in beatitudinem praedictam. Unde oportet quod superaddantur homini divinitus aliqua principia, per quae ita ordinetur ad beatitudinem supernaturalem, sicut per principia naturalia ordinatur ad finem connaturalem, non tamen absque adiutorio divino. Et huiusmodi principia virtutes dicuntur theologicae, tum quia habent Deum pro obiecto, inquantum per eas recte ordinamur in Deum; tum quia a solo Deo nobis infunduntur; tum quia sola divina revelatione, in sacra Scriptura, huiusmodi virtutes traduntur." Disponível em: https://aquinas.cc/la/en/~ST.I-II.Q62.A1.SC.

Tomás não classifique os anjos como sobrenaturais em virtude de sua criação, mas sublinha como esses seres pessoais criados também precisam de um dom sobrenatural para ver a essência de Deus (*ST* I.62.2).

Se considerarmos o que é *supernaturalis* menos em termos daquilo que é separado da natureza e mais em termos da transformação divina de uma natureza que envolve uma participação na vida divina, então esse tema pode facilmente ser visto como se estendendo por grande parte da *Suma Teológica* (ST). Como argumentei extensivamente em outros lugares, *ST* I-II.55-70 e *ST* II-II.1-170, que somam um total de 1.004 artigos ou cerca de um terço da *Summa Theologiae*, constituem, na verdade, em um vasto mapa sistemático da vida sobrenatural, a contrapartida cristã da *Ética a Nicômaco*, de Aristóteles, e, provavelmente, o maior sistema de ética da virtude já escrito.[18] Essa vida, também chamada de vida da graça, é caracterizada por virtudes teologais e morais infundidas, entrelaçadas com dons, bem-aventuranças e frutos do Espírito. Como já argumentei, esse estado de graça também pode ser caracterizado como um estado de *relação de segunda pessoa*, ou *atenção conjunta*, com Deus, no qual se pode *conhecê-lo*, e não apenas saber *sobre* ele. Também por esse motivo, alguém se torna virtuoso no contexto da atenção conjunta com o Espírito Santo, no qual pode ser movido livremente para um alinhamento com Deus e, por fim, tornar-se amigo dele.

Como deveria ser, então, a teologia a partir de uma perspectiva especificamente sobrenatural, por meio de uma vida transformada pela participação na natureza divina? Um possível ponto de partida é examinar como a vida sobrenatural supostamente impacta a vida intelectual, começando pelas virtudes intelectuais. Embora Tomás de Aquino defenda a existência e o significado destas (principalmente em *ST* I-II.57) e as pratique de maneira superlativa, ele não as torna uma parte integral de sua abordagem extensa da vida da graça (*ST* II-II.1-170). Nessa abordagem da vida sobrenatural, as principais disposições cognitivas não são virtudes intelectuais, mas um subconjunto de quatro dos sete dons do Espírito Santo: entendimento (*intellectus*) e conhecimento (*scientia*), anexados à virtude da fé; a sabedoria (*sapientia*), acrescentada à virtude do amor (*caritas*); e conselho (*consilium*), anexado à virtude da prudência.

Contudo, após um exame mais atento, esses dons intelectuais, assim como Tomás de Aquino os apresenta, são também peculiarmente diferentes das virtudes intelectuais, mesmo quando partilham os mesmos nomes. Em particular, os dons não tratam do tipo de raciocínio discursivo detalhado associado à prática habitual da teologia, especialmente nos círculos acadêmicos. Por exemplo, em sua descrição do dom da *scientia*, Tomás de Aquino escreve: "O conhecimento humano

---

[18] Pinsent, *Second-Person Perspective in Aquinas's Ethics*.

é adquirido por meio do raciocínio demonstrativo. Por outro lado, em Deus há um julgamento seguro da verdade, sem nenhum processo discursivo, por simples intuição; ...portanto, o conhecimento de Deus não é discursivo, ou argumentativo, mas absoluto e simples, o qual é comparado àquele conhecimento que é um dom do Espírito Santo, visto que é uma semelhança participada dele".[19] A primeira parte dessa passagem contrasta o conhecimento humano, discursivo, com o conhecimento de Deus, absoluto e simples. Na segunda parte da passagem, Tomás de Aquino prossegue afirmando que o dom do Espírito Santo, também chamado de *scientia*, é como o conhecimento de Deus, ou seja, absoluto e simples, pois é uma semelhança participativa (*participativa similitudo*) desse conhecimento.

Além disso, a forma pela qual Tomás atribui as operações dos dons de *scientia*, *consilium* e *sapientia* também é diferente de como ele atribui as das virtudes intelectuais homônimas. Especificamente, ele narra os dons de uma perspectiva de uma participação no julgamento correto de Deus sobre o que aderir e o que abandonar, em relação às coisas criadas, aos possíveis cursos de ação e às coisas divinas, respectivamente. O paralelo mais próximo reconhecido por alguns filósofos contemporâneos seriam provavelmente as intuições morais, embora decorrentes de uma participação na posição de uma segunda pessoa, em vez de autogeradas. Um possível paralelo na vida cotidiana pode ser a forma pela qual as crianças pequenas partilham muitas vezes das posições daqueles que as rodeiam, sendo atraídas naturalmente por coisas nas quais outras pessoas estão interessadas.

O dom intelectual restante, denominado dom de entendimento (*intellectus*), é o que mais se assemelha a seu homônimo entre as virtudes intelectuais. Tomás sublinha, no entanto, que o dom da compreensão permite uma penetração intelectual daquilo que está além da luz natural do entendimento, uma iluminação que ele descreve como uma "luz sobrenatural".[20] O teólogo recorre também a exemplos fortemente interpessoais para ilustrar as situações nas quais o dom do entendimento (*intellectus*) cumpre esse papel. Por exemplo, em *ST* II-II.8.4, ele ilustra a operação do dom com referência a João 8:12: "Quem me segue não anda nas trevas". Em *ST* II-II.8.5, ele afirma: "Quem tem o dom do entendimento vem a Cristo". Em *ST* II-II.8.2, ele cita um evento relatado no Evangelho de Lucas (Lucas 24:27,32) no qual o Cristo ressuscitado é descrito caminhando incógnito ao lado de dois de seus discípulos, abrindo as Escrituras a seu entendimento.

---

[19] Aquino, *Summa Theologiae* II-II.9.1 ad 1, "Nam homo consequitur certum iudicium de veritate per discursum rationis, et ideo scientia humana ex ratione demonstrativa acquiritur. Sed in Deo est certum iudicium veritatis absque omni discursu per simplicem intuitum, ...et ideo divina scientia non est discursiva vel ratiocinativa, sed absoluta et simplex. Cui similis est scientia quae ponitur donum spiritus sancti, cum sit quaedam participativa similitudo ipsius."

[20] *ST* II-II.8.1: "Por conseguinte, o homem precisa de uma luz sobrenatural para penetrar ainda mais, a fim de conhecer o que não pode conhecer pela sua luz natural: e esta luz sobrenatural que é concedida ao homem chama-se dom do entendimento."

Considerando seu papel peculiar como o único dom que pertence diretamente às novas apreensões intelectuais, seria de esperar que o *intellectus* desempenhasse um papel central na teologia sobrenatural. Mas o que é exatamente o ato do *intellectus*? A prática normal, como acima, é traduzi-la como "entendimento", mas essa tradução em si levanta um problema à medida que o entendimento permanece notoriamente difícil de definir, analisar ou explicar. O que se pode dizer, pelo menos, é que o entendimento está relacionado com a relação das partes com o todo, e mais evidente quando ele muda. Essa mudança pode não estar diretamente relacionada com a adição de novos fatos, mas com a visão dos fatos conhecidos de novas maneiras, como na ilusão do pato-coelho que ficou famosa por Wittgenstein, ou no momento "Eureka!", de Arquimedes. Essas mudanças de entendimento são importantes o suficiente para terem seu próprio nome, "*insights*", e são muitas vezes associadas a metáforas de luz e iluminação.[21] Como exemplo especialmente influente nas Escrituras, a conversão de São Paulo (Atos 9:3-9) foi associada a uma luz brilhante e a uma nova perspectiva sobre todo o conhecimento existente acerca das questões teológicas.

Em um de seus romances, C. S. Lewis, que também se converteu ao cristianismo, oferece uma descrição desse tipo de transformação do ponto de vista do convertido: "O que a esperava lá era grave até o ponto da tristeza, e muito mais. Não tinha nem forma nem som. A terra por baixo do arbusto, o musgo no caminho e a pequena beirada de tijolos não estavam visivelmente mudados. Mas eles foram mudados. Um limite fora cruzado. Ela chegou até um mundo, ou até uma pessoa, ou até a presença de uma pessoa. Alguma coisa esperançosa, paciente, inexorável, encontrou-se com ela sem que houvesse um véu ou uma proteção entre ela e aquilo com o que ela se encontrou."[22] Nesse texto, não há nada factualmente novo no que a mulher vê, e não há nenhum processo de raciocínio envolvido na mudança que ela experimenta. No entanto, a forma pela qual ela percebe as coisas à sua frente é radicalmente transformada e associada a um novo sentido de presença divina e pessoal.

A partir dos pontos acima, fica claro que deve ser feita uma distinção entre um entendimento subjetivo e um conhecimento objetivo em relação à teologia. Por exemplo, houve muitas pessoas que conheceram Jesus Cristo e ouviram sobre ele, e há muitas pessoas hoje que podem ler suas palavras e apreciar os frutos da cultura cristã. Normalmente, porém, apenas uma minoria dessas pessoas, como São Pedro ou Santa Marta nas Escrituras, aceita o dom de uma fé sobrenatural e pelo menos parte do entendimento associado a essas revelações. E, embora o poder

---

[21] Veja Lonergan, *Insight*.
[22] Lewis, *That Hideous Strength*, p. 395 [edição em português: *Aquela fortaleza medonha* (Rio de Janeiro: Thomas Nelson Brasil, 2019)].

de raciocínio possa ser útil para esclarecer e defender a revelação, na opinião de Tomás de Aquino, o dom do entendimento é mais uma questão de harmonia do alinhamento da alma com Deus, uma atitude que, em última análise, diz respeito à resposta da vontade da pessoa à graça.

A estreita conexão entre o amor de Deus, com seu concomitante alinhamento da vontade, e a compreensão sobrenatural de Deus é um ponto também destacado por São Boaventura, que, assim como seu contemporâneo Tomás de Aquino, também foi declarado Doutor da Igreja. Boaventura observa:

> E você, meu amigo, nesta questão das visões místicas, renove sua jornada, "abandona os sentidos, as atividades intelectuais e todas as coisas visíveis e invisíveis, tudo o que não é e tudo o que é — e, alheio a si mesmo, deixe-se ser conduzido de volta, na medida do possível, à união com Aquele que está acima de toda essência e todo conhecimento. E transcendendo a si mesmo e a todas as coisas, ascenda ao brilho superessencial da escuridão divina por um transporte incomensurável e absoluto de uma mente pura."
>
> Se você deseja saber de que maneira essas coisas podem acontecer, pergunte à graça, não ao aprendizado; ao desejo, não ao entendimento; ao gemido da oração, não à diligência na leitura; ao Noivo, não ao professor; a Deus, não ao homem; à escuridão, não à clareza; não à luz, mas ao fogo que inflama plenamente e conduz a pessoa até Deus mediante unções transportadoras e afeições consumidoras.[23]

Por frases como "pergunte... ao Noivo, não ao professor" e "pergunte... ao fogo que inflama plenamente e conduz a pessoa até Deus", Boaventura sublinha que o objetivo da teologia sobrenatural não pode ser reduzido a gerar o resultado correto num discurso teológico. Nem mesmo a compreensão humana é suficiente; antes, o que ele exorta seu leitor a ter é uma alma inflamada de fervor intenso e do amor ardente de Deus.

DEVEMOS FAZER TEOLOGIA NATURAL? COMO?

Dado o contexto acima, como, então, é possível resumir a atitude católica em relação à teologia natural, e como esta deve ser feita?

A partir do que apresentei na seção anterior, deveria estar claro que a gama de possibilidades teológicas cognitivas deve levar em conta não apenas o objeto do

---

[23] Boaventura, *Journey of the Mind to God*, p. 39 [edição em português: *Itinerário da mente para Deus* (São Paulo: Vozes, 2012)].

conhecimento, mas também o estado do sujeito. Em particular, deve ser levado em conta se há ou não o entendimento sobrenatural associado à vida da graça, seja porque a graça ainda não foi recebida, seja porque foi recebida, mas perdida por causa do pecado mortal.

Nessa base, é possível distinguir toda a gama de possibilidades cognitivas subjetivas como (1) um entendimento natural das questões naturais; (2) um entendimento natural das questões sobrenaturais; (3) um entendimento sobrenatural das questões naturais; e (4) um entendimento sobrenatural das questões sobrenaturais. Pelo termo "natural" quero dizer aqui a ausência do sobrenatural no que diz respeito às questões ou ao entendimento. Fontes naturais ou poderes cognitivos desassistidos abrangem as três primeiras dessas quatro possibilidades e são considerados nas seções seguintes como situações possíveis para algum tipo de teologia natural — isto é, todas as possibilidades, exceto uma compreensão sobrenatural de assuntos sobrenaturais.

Um entendimento natural das questões naturais

Qualquer conhecimento teológico que surja de uma compreensão natural das questões naturais é o tipo "mais puro" de teologia natural. Como observado anteriormente, mesmo que se exclua todo o conhecimento de questões sobrenaturais ou o entendimento associado à vida da graça, a Igreja Católica defende formalmente a posição de que é possível saber da existência de Deus, e que Deus é Criador e Senhor, apenas a partir da razão natural, tornando assim possível pelo menos um tipo limitado de teologia natural.

A partir de uma perspectiva católica, esse tipo de teologia não é algo apropiado que alguém possa ou deva buscar para si mesmo, à medida que uma compreensão meramente natural implica a exclusão da graça, bem como a de todos os conhecimentos e influências associados à revelação, o que é uma condição bastante desafiadora para cumprir perfeitamente, mesmo em uma cultura pós-cristã. No entanto, a Igreja Católica defende o estudo do conhecimento teológico natural adquirido por outros, especialmente aqueles que vivem em culturas pré-cristãs. Na prática, para a maioria dos clérigos e professores católicos, esse conhecimento teológico puramente natural é encontrado com mais frequência no estudo da filosofia clássica, principalmente nas obras de Platão e Aristóteles.

Esses estudos podem ter um valor considerável, à medida que muitas vezes proporcionam formação em virtudes intelectuais que podem ser, e muitas vezes têm sido, aplicadas de forma frutífera às questões da revelação. Esses estudos também podem revelar pontos de consonância que podem servir para construir pontes de comunicação com o conteúdo da revelação, como no caso de São Paulo pregando aos atenienses sobre a descoberta de um altar pagão com a inscrição "ao deus desconhecido" (Atos 17:23). No entanto, as dissonâncias também podem ser úteis, principalmente para fornecer contrastes quando as implicações da revelação sobrenatural são difíceis de compreender. Por exemplo, muitas vezes aponto que Aristóteles apresenta Deus como bom, eterno e vivo, mas ele nunca se dirige a Deus como "tu", muito menos à maneira de "Tarde te amei", de Agostinho.[24] O contraste sublinha o aspecto pactual do relacionamento com Deus, tornado possível apenas por uma resposta à graça divina.

Como outro de muitos exemplos, Tomás de Aquino, ao comentar as Bem-aventuranças, afirma:

> E assim Nosso Senhor, em primeiro lugar, indicou certas bem-aventuranças como removendo o obstáculo da felicidade sensual. Pois uma vida de prazer consiste em duas coisas. Primeiro, na afluência de bens externos, sejam riquezas ou honras; das quais o homem é afastado — por uma virtude para que as use com moderação — e por um dom, de forma mais excelente, para que as despreze por completo. Daí a primeira bem-aventurança é: "Bem-aventurados os pobres de espírito", que pode referir-se quer ao desprezo das riquezas, quer ao desprezo das honras, que resulta da humildade. (ST I-II.69.3)

Nesse texto, Tomás refere-se, primeiro, à disposição de uma virtude para com as riquezas e honras, por meio da qual esses bens são usados com moderação e, em segundo lugar, a disposição de um dom do Espírito Santo na vida descrita pela primeira bem-aventurança, pelo qual esses bens são totalmente desprezados: "Bem-aventurados os pobres de espírito". Implicitamente, porém, ele também emprega a abordagem aristotélica da virtude, na qual os bens são usados com moderação, como contraponto à vida mais radical do Espírito. Em outras palavras, uma abordagem da filosofia moral natural, na qual Deus é uma causa primeira inferida, é usada como contraste para ajudar a mencionar a teologia moral sobrenatural, pela qual nos relacionamos com Deus como um "eu" diante de um "tu".

Mesmo sem levar em conta o valioso treinamento intelectual, o estudo de questões teológicas puramente naturais a partir de uma compreensão natural é, portanto, importante para a comunicação do evangelho, tanto para facilitar a descoberta de pontos de consonância para estabelecer algum terreno comum, mas também para destacar diferenças que podem auxiliar, por meio do contraste, na comunicação da novidade do evangelho.

Um entendimento natural das questões sobrenaturais

Como observado anteriormente, já existem muitas questões sobrenaturais no mundo que são, em princípio, acessíveis a qualquer pessoa, especialmente as

---

[24] Agostinho, *Confissões*, 10.27.38.

proposições e narrativas das Escrituras, mas também, mais indiretamente, qualquer coisa no mundo que tenha sido engendrada ou transformada por consequência da revelação.

A partir de uma perspectiva católica, é apropriado que tais questões requeiram o entendimento sobrenatural associado à vida da graça. Dante, por exemplo, conclui sua descrição do inferno proclamando: "Ressurja ora a poesia amortecida",[25] o que implica que a própria poesia, assim como ele a entende, não está realmente viva a menos que seja redimida por Cristo. No entanto, esses assuntos também podem ser recebidos e estudados por pessoas que carecem de graça, e a experiência e o estudo da recepção natural dessas questões são importantes por uma série de razões. Primeiro, como Jesus Cristo testifica em João 10:37-38, pelo menos algumas das obras de revelação podem ser apreciadas mesmo por aqueles que não têm fé ou compreensão: "Se eu não realizo as obras do meu Pai, não creiam em mim. Mas se as realizo, mesmo que não creiam em mim, creiam nas obras, para que possam saber e entender que o Pai está em mim, e eu no Pai". De acordo com esse texto, uma apreciação natural das obras de Cristo, e por implicação de seus seguidores, pode ser um passo em direção ao conhecimento e entendimento sobrenaturais.

Em segundo lugar, a recepção natural das questões sobrenaturais também pode ser uma ocasião de desafios tanto para os crentes quanto para os incrédulos. Por exemplo, questões sobrenaturais podem parecer estranhas aos não iniciados, e pode ser importante mostrar que o que está além dos poderes naturais da razão não implica necessariamente uma negação da razão. Além disso, os desafios levantados pelos incrédulos também podem ser, e muitas vezes têm sido, um estímulo para aprofundar o estudo teológico e buscar um entendimento mais profundo.

Deve ser mencionado também o papel especial da narrativa no que diz respeito à recepção natural de questões sobrenaturais. Marcos 4:34 relata que Jesus não falava às pessoas em geral sem parábolas, e Mateus 13:13 relata a razão de Jesus falar em parábolas da seguinte forma: "Por essa razão eu lhes falo por parábolas: 'Porque vendo, eles não veem e, ouvindo, não ouvem nem entendem.'" Em outras palavras, porque a maioria de seus ouvintes não têm entendimento, Jesus fala em parábolas, consistentes com o papel da narrativa em geral como gênero privilegiado para comunicar entendimento. No caso das parábolas e de muitas outras narrativas das Escrituras, elas são amplamente acessíveis, mas também preparam o caminho para a transição para um entendimento sobrenatural da revelação.

Até que ponto, então, essas atividades se enquadram no âmbito da teologia natural? A resposta, creio eu, é que elas compartilham alguns pontos em comum, mas caem mais apropriadamente nas categorias de evangelização e apologética,

---

[25] Dante, *A divina comédia*, parte 2, *Purgatório* 1.7: "Ma qui la morta poesì resurga" (São Paulo: Editora 34, 2017)

à medida que a principal tarefa do trabalho nesses campos é oferecer razões à mente que está engajada no conhecimento sobrenatural, mas que carece do entendimento correspondente.

Um entendimento sobrenatural das questões naturais

Outra possibilidade para a extensão da teologia natural é considerar se há ou não algo distintivo num entendimento sobrenatural de questões não reveladas, como o mundo natural. Afinal, o Cristianismo afirma ser uma fé abrangente, incluindo questões da criação, bem como de salvação. Qual é, então, o possível impacto da fé na compreensão do mundo?

Mais uma vez, esse tópico é vasto, mas alguma indicação de resposta pode ser encontrada na seguinte passagem extraída dos escritos de um bispo cristão primitivo, o papa Clemente I de Roma, em uma carta que é um dos primeiros documentos cristãos fora do Novo Testamento. Em uma época na qual os cristãos tinham muitas preocupações práticas imediatas e urgentes, é notável que ele reflita brevemente sobre a cosmologia.

> Os céus, girando sob seu governo, estão sujeitos a ele em paz. Dia e noite seguem o curso indicado por ele, de modo algum atrapalhando um ao outro. O Sol e a Lua, com a companhia das estrelas, rolam em harmonia de acordo com seu comando, nos limites prescritos e sem nenhum desvio. A terra frutífera, de acordo com sua vontade, produz alimento em abundância, nas estações apropriadas, para os homens, os animais e todos os seres vivos que nela habitam, nunca hesitando nem alterando qualquer uma das ordenanças que ele estabeleceu.[26]

O que chama a atenção aqui é a confiança serena do escritor, que percebe a ordem e a harmonia desde os maiores até os menores seres do cosmo, sob a autoridade de Deus, que se tornara conhecido. O cosmo não é percebido como um conjunto acidental de acontecimentos, ou como a obra indiferente de uma ou múltiplas divindades caprichosas, ou como a operação de algum mecanismo vasto e impessoal que está além de nosso alcance de modo impossível. Pelo contrário, a carta de Clemente (acima) sugere uma nova confiança que, no devido tempo, dará origem a projetos de investigação da ordem natural do cosmo com expectativa de sucesso.

É claro que, ao longo do tempo, o impacto mais amplo da fé cristã na filosofia natural, que acabou por dar origem à ciência, continua a ser uma questão de vasta complexidade histórica e narrativas contraditórias. Mas, assumindo que existe algum tipo de impacto, o que parece ser plausível, seria isso também uma

---

[26] De 1 Clemente 20.1-5, ed. e trad. Donaldson e Roberts, *Apostolic Fathers*, p. 10.

questão a ser considerada na teologia natural? A resposta, penso eu, é que existem pontos de sobreposição, mas é provavelmente mais apropriado colocar o entendimento sobrenatural das questões naturais na teologia da natureza, em vez do que é normalmente chamado de teologia natural.

CONCLUSÕES

A fé católica defende a legitimidade da teologia natural. Embora a Igreja Católica nunca tenha julgado formalmente quaisquer supostas provas específicas sobre Deus, o magistério da Igreja declarou formalmente que faz parte da fé católica sustentar ser possível, por meio da razão natural, saber que existe um único Deus, e que esse Deus é Criador e Senhor. Embora a teologia puramente natural exija a exclusão de questões de fé, ou do tipo de entendimento associado à essas questões, podem ser encontrados exemplos em culturas pré-cristãs ou em outras culturas que carecem dessas influências. Nessas circunstâncias, o estudo do que é conhecido pelas pessoas dessas culturas pode facilitar a descoberta de pontos de consonância e de dissonância, ambos com valor propedêutico.

Para além desses casos de teologia natural "pura", a situação é complexificada pelo fato de existir uma vasta quantidade de material objetivo no mundo que está associado direta ou indiretamente à revelação, e acessível a mais ou menos qualquer pessoa. As narrativas, em particular, desempenham um papel importante, à medida que comunicam aspectos de uma cosmovisão sobrenatural, mesmo que quem as ouve ainda não tenha essa cosmovisão. É possível também considerar a compreensão sobrenatural das questões naturais como outra possível extensão da teologia natural, embora essas extensões, mesmo compartilhando alguns pontos em comum com a teologia natural, sejam mais comumente classificadas em outros campos, como a teologia da evangelização, a apologética e a teologia da natureza.

O surpreendente nessas extensões, contudo, é que a questão principal é o entendimento, e não o conhecimento ou o raciocínio. Esse entendimento, quer como uma virtude intelectual, quer como um dom do Espírito Santo na vida da graça, continua a ser, sem dúvida, uma das principais áreas de investigação para um maior progresso na teologia natural. Mas também é um desafio, uma vez que há pouco consenso sobre o que é o entendimento ou mesmo se ele é realmente importante. Nesse ponto, há um paralelo com outra controvérsia de longa data. Aqueles que consideram o Teste de Turing adequado para testar a inteligência artificial podem estar relativamente inclinados a considerar a questão do entendimento como algo sem importância para a teologia sobrenatural, desde que se raciocine até conclusões corretas. Por outro lado, aqueles que consideram a Sala

Chinesa de John Searle[27] um contraexemplo válido para Turing provavelmente considerariam, com Tomás de Aquino, que chegar a conclusões corretas não é, por si só, adequado para mostrar que alguém é um genuíno teólogo sobrenatural.

O que, então, pode ser dito sobre o problema levantado no início, a saber, o dos demônios chamarem Jesus de "Filho de Deus"? Supondo que os demônios não tenham o entendimento sobrenatural associado ao amor divino, essa ausência não os impede da lembrança do conhecimento divinamente revelado em seu estado pré-lapsariano, assim como que Deus é uma Trindade, ou de adquirir conhecimento de fatos relacionados ao que está sendo revelado no mundo, como o que está sendo dito por Jesus ou sobre Jesus por intermédio de outros. Essas possibilidades servem para sublinhar que o conhecimento dos fatos e o raciocínio sobre os fatos ligados à revelação não são suficientes para identificar a genuína teologia sobrenatural, cujo cerne é o entendimento sobrenatural tornado possível pelos dons do Espírito Santo no âmbito da vida divina da graça. Assim, apesar dos demônios aparentemente se vangloriarem, por vezes, de suas capacidades cognitivas,[28] mesmo os intelectos naturais mais poderosamente dotados não conseguem atravessar essa lacuna para o entendimento divino tornado possível pela graça.

Em última análise, portanto, embora a fé católica defenda a teologia natural, é importante lembrar sua insuficiência radical e a necessidade, também de uma perspectiva católica, de todos os seres humanos nesta vida entrarem na vida divina da graça. Somente no contexto desta vida de graça é possível o entendimento das questões sobrenaturais a partir de uma perspectiva sobrenatural, incluindo, mais importante ainda, a capacidade de conhecer e amar a Deus com o amor divino da amizade. Concluo, portanto, com uma advertência sobre as limitações da teologia natural feita pelo teólogo e santo canonizado John Henry Newman, cuja primeira parte de sua vida e ministério ocorreram num contexto no qual a teologia natural era popular: "A religião, tem sido bem observado, é algo *relativo a nós*; um sistema de mandamentos e promessas de Deus *para* nós. Mas como devemos nos preocupar com o Sol, a Lua e as estrelas? Ou com as leis do universo? ... Eles não se dirigem de modo algum aos pecadores. Eles foram criados antes da queda de Adão. Eles 'declaram a glória de Deus', mas não sua vontade."[29] Newman adverte aqui que o estudo da natureza, por si só, embora mostre a obra de Deus, não pode nos permitir conhecer os propósitos ou a vontade de Deus, e muito menos superar o fosso impensável entre Deus e nós mesmos. Só o que Deus revelou fornece uma ponte, a saber, Jesus Cristo, e os meios para atravessarmos essa ponte, a vida da graça, dando seu fruto final na eternidade.

---

[27] Searle, "Chinese Room Argument."
[28] Veja, por exemplo, Marcos 1:23,24: "Justamente naquela hora, na sinagoga, um homem possesso de um espírito imundo gritou: 'O que queres conosco, Jesus de Nazaré? Vieste para nos destruir? Sei quem tu és: o Santo de Deus!'"
[29] Veja Newman, "Sermon XXIV".

Resposta contemporânea
Charles Taliaferro

Somos devedores a Andrew Pinsent por apresentar uma visão católica romana da teologia natural e por sua análise matizada do trabalho relevante de Tomás de Aquino, distinguindo o natural e o sobrenatural. Embora eu seja anglo-católico, não um católico romano, e esteja mais sintonizado com o platonismo cristão (especialmente com os platonistas de Cambridge) do que com o cristianismo de Tomás de Aquino e sua extraordinária transformação de Aristóteles, estou muito mais em harmonia com Tomás do que, digamos, com Karl Barth. Se o leitor estiver buscando uma crítica implacável ao capítulo de Pinsent, é melhor pular esta resposta. Em um esforço para que esta "resposta" não seja uma perda de tempo, ofereço comentários não sobre a ideia de batizar bebês em cerveja, mas sobre o uso do termo "sobrenatural" hoje, a natureza da conversão religiosa, o conceito de ideias, ou graça, ou virtude infundidos, e uma observação sobre demônios.

O SOBRENATURAL

Embora o termo latino *supernaturalis* possa ter um uso (e definição) elegante na obra de Tomás de Aquino e seus contemporâneos, o termo "sobrenatural" em inglês tem um uso muito mais amplo. Nos escritos de Thomas Hobbes e David Hume, o sobrenatural inclui fantasmas, fadas, bruxas e uma série de entidades paranormais. No contexto da cultura popular de hoje, podemos ver facilmente que o sobrenatural inclui não apenas demônios e anjos, mas também vampiros, duendes e os tipos de criaturas bizarras que aparecem nas modernas séries televisivas de fantasia sombria como a série *Sobrenatural*. Nos círculos filosóficos contemporâneos, o termo "sobrenatural", assim como o termo "apologética", é muitas vezes usado com escárnio, com a afirmação de que "nós" temos uma noção clara do que conta como "natural" e virtualmente nenhuma ideia do que contaria como sendo sobrenatural.

Sugiro que hoje em dia seja melhor para os teístas não usarem o termo "sobrenatural" e, em vez disso, usarem o termo introduzido no século 17 pelos platônicos de Cambridge: "teísta". Isso evita confundir o teísmo com o paranormal, e pode estar em sintonia com o desenvolvimento de um desafio contra aqueles naturalistas que presumem que temos um conceito puro de natureza, ou a respeito do significado de ser ser físico. Passei a maior parte de minha carreira desafiando o naturalismo contemporâneo e resistindo ao esforço de retratar o Deus do teísmo como não natural, ou (para usar uma frase de Fiona Ellis) filosoficamente "muito assustador".[30] Para que conste, concordo com Pinsent de que a crença em Deus é natural e, ainda mais importante, que Deus não é apenas natural, mas também o criador e sustentador deste cosmo contingente – a criação.

CONVERSÃO

Não tenho certeza se Pinsent discordaria, mas sugiro que, num grande número de casos, a conversão da descrença ou de uma religião para outra religião envolve a convicção de que existe um fato novo ou diferente sobre a realidade, que eles não reconheciam no passado. A famosa figura do pato/coelho pode ser reveladora, desde que seja usada como uma analogia de como duas pessoas podem olhar para a mesma coisa (um desenho), e uma pessoa o vê como um pato, enquanto a outra, como um coelho. A analogia relevante é que um teísta e um naturalista podem olhar para a mesma coisa, e um a vê como destituída de Deus, enquanto o outro a vê como criação de Deus. Mas a diferença entre eles não está apenas no que toca a formas de *ver*, mas no que se refere à *relação* com o que está *sendo visto*. Como observou certa vez um amigo: se ele visse algo à distância e quisesse saber se era um pato ou um coelho, correria em direção a ele. Se "aquilo" voasse, concluiria que era um pato, ao passo que, se saltasse, concluiria que era um coelho. Analogia: em minha opinião, envolver-se com a teologia natural é uma forma de discernir se é mais provável que vivamos num cosmo teísta ou naturalista.

INFUSÃO DIVINA

Não sei o que pensar sobre Deus infundindo ideias, graça ou virtude. Em inglês, o termo "infusão" sugere (como analogia) derramar algo (como água) em um recipiente ou injetar algo (remédio) no corpo. Suponho que poderíamos dizer que Pinsent infundiu esta obra com algumas compreensões especializadas do Doutor Angélico. Posso estar errado, mas estou inclinado a pensar que, hoje em inglês, referir-se a Deus *infundindo* ideias, graça, virtude e até mesmo amor, soa um tanto "esotérico". Acho mais sensato (ou menos estranho) afirmar que na meditação, oração ou atos corporais de misericórdia, alguém sente (experimenta ou percebe) o amor de Deus. Se eu o convencer de que o amo platonicamente (seja você ou

---

[30] Veja Ellis, *God, Nature, and Value*, introdução e capítulo 1.

não um tomista, barthiano ou católico romano), acho que seria suficiente reconhecer que você acredita em minha declaração de amor sem recorrer à linguagem da infusão.

O DEMONÍACO

Os céticos podem ficar desconfortáveis com Pinsent especulando sobre demônios e o que eles podem ou não saber. Eu não. Recomendo fortemente passar pelo menos um pouco de tempo pensando sobre a vida de um ponto de vista demoníaco, como C. S. Lewis fez em seu clássico *Cartas de um diabo a seu aprendiz* (1942) e *Maldanado propõe um brinde* (1959). Se você está lutando com a literatura sobre o ocultamento de Deus (um tema quente na filosofia da religião apresentado por John Schellenberg e debatido por *tout le monde*), veja o motivo de Maldanado (um demônio mais velho) explicar a um demônio mais jovem por que os demônios deveriam ficar escondidos.[31] Do ponto de vista do inferno, eles podem causar mais danos à alma se disfarçarem sua realidade. Invertendo as coisas para o céu, estou inclinado a pensar que, se Deus fosse esmagadoramente evidente para as criaturas, isso ofuscaria nosso livre-arbítrio, mas, se Deus fosse parcialmente descoberto na teologia natural e depois, com base na experiência religiosa (ou mesmo na infusão), chegássemos ao relacionamento Eu-Tu de Paul Moser com nosso Criador e Redentor, isso seria um grande, e até mesmo espantoso, presente.

---

[31] Para uma visão geral e uma análise deste debate, veja Howard-Snyder e Green, "Hiddenness of God".

Resposta clássica
Alister E. McGrath

As reflexões envolventes e profundas de Andrew Pinsent sobre uma abordagem católica à teologia natural situam o empreendimento em um amplo contexto histórico e cultural, estabelecendo uma relação positiva, mas crítica, entre teologia e filosofia, ao mesmo tempo que delineiam claramente suas distintas abordagens (e eventualmente divergentes) da questão do que podemos saber de Deus e como podemos esperar encontrá-lo. Como Pinsent acertadamente salienta, o catolicismo defende ser possível, por intermédio do exercício apenas da "razão natural", saber da existência de Deus e que ele é o Criador. O foco de Pinsent em Tomás de Aquino fornece uma janela útil para essa rica tradição de reflexão teológica e a forma pela qual ela enquadra uma abordagem ampla da teologia natural.

Como teólogo histórico, penso ser útil contextualizar Tomás de Aquino, observando a formulação de seu antecessor Alberto Magno sobre a distinção entre os domínios do natural e do sobrenatural, argumentando que a filosofia oferece um meio apropriado de estudar o primeiro, e a teologia, o segundo. Ele tinha tanta amplitude de visão intelectual que conseguiu unir a filosofia e a teologia ao mesmo tempo que delineava seus domínios de autoridade e investigação. Para Alberto, nenhuma iluminação divina especial é necessária para reunir um conhecimento confiável do mundo natural utilizando os poderes humanos intrínsecos de raciocínio. O estudo das coisas naturais (*naturalia*) pode ser realizado por meio do uso da "luz natural"; o estudo da verdade revelada, no entanto, requer graça e iluminação divinas.[32] Essa abordagem prevê uma progressão a partir daquilo que pode ser conhecido sobre Deus mediante a reflexão inteligente sobre o mundo natural (como a ideia de que Deus é Criador) até os *insights* especificamente cristãos sobre Deus (como o conhecimento de Deus como Trindade). Essa abordagem, é claro, é ampliada e recebe maior profundidade conceitual em Tomás de Aquino.

Em minha opinião, essa abordagem é vista da forma mais cativante nos últimos tempos na carta encíclica *Fides et ratio* (Fé e razão) de João Paulo II, de 1998,

---

[32] Führer, "Albertus Magnus' Theory of Divine Illumination."

que declara que a fé e a razão são como "duas asas sobre as quais o espírito humano se eleva para a contemplação da verdade".³³ Então, pode a razão por si só conduzir a humanidade a essa verdade? *Fides et ratio* presta um belo tributo à filosofia como "uma das mais nobres tarefas humanas" e "movida pelo desejo de descobrir a verdade última da existência". No entanto, insiste que a razão humana desassistida não pode penetrar plenamente no mistério da vida ou do caráter de Deus. Por essa razão, Deus graciosamente escolheu tornar essas coisas conhecidas por meio da revelação, coisas que de outra maneira permaneceriam desconhecidas. "A verdade que nos é conhecida pela Revelação não é o produto nem a consumação de um argumento elaborado pela razão humana."

Aqui, creio, vemos um afastamento em relação à posição do Concílio Vaticano I (1869-1870), que declarou que a razão pode levar-nos ao conhecimento da existência de Deus como fonte e objetivo de todas as coisas. Embora positivo quanto à capacidade da razão humana natural, o Vaticano I foi um pouco mais frio quanto aos méritos da filosofia como disciplina intelectual. Talvez isto refletisse o *Zeitgeist*, à medida que as filosofias de meados do século 19 eram amplamente vistas como promotoras do racionalismo e do agnosticismo. A situação mudou, é claro, sobretudo graças à notável recuperação da confiança na filosofia cristã desde então, auxiliada, em grande medida, pelo incentivo de Leão XIII ao engajamento com Tomás de Aquino como modelo de teologia e filosofia católica em 1879. A abordagem de Pinsent sobre Aquino é um bom exemplo da profundidade e alcance que isso trouxe ao pensamento católico sobre questões de fé e razão, incluindo a teologia natural. É importante notar aqui que o referido teólogo é agora lido com crescente interesse e respeito nos círculos teológicos protestantes e evangélicos, particularmente em relação à questão da racionalidade da fé e da natureza da linguagem teológica.³⁴

A exploração de Pinsent das abordagens católicas à teologia natural abre uma rica gama de questões para uma exploração mais aprofundada à medida que refletimos sobre o passado, o presente e o futuro potencial da teologia natural. Então, como eu responderia à perspectiva lúcida de Pinsent sobre uma tradição tão significativa de reflexão acerca do lugar e do propósito da teologia natural? Acolho-a, embora a veja como parte de um espectro de abordagens possíveis. Ela representa uma síntese cuidadosa e extensa de fé e razão, que pode funcionar como base para um envolvimento público teologicamente informado.³⁵

---

³³ Para uma excelente análise, veja Dulles, "Reason, Philosophy and the Grounding of Faith".
³⁴ Esse desenvolvimento pode ser rastreado até Vos, "Tomás de Aquino, Calvino e o pensamento protestante contemporâneo".
³⁵ Esse é um tema importante nas obras do teólogo leigo católico australiano Neil Ormerod. Veja, por exemplo, Ormerod, "In Defence of Natural Theology".

Penso que também é importante notar uma mudança um tanto racionalista no tom das declarações do Concílio Vaticano I sobre a teologia natural para o "tratamento mais expansivo" da teologia natural encontrado no Catecismo da Igreja Católica (1992), que reconhece claramente "um papel da imaginação ao lado da razão, com relação à 'abertura à verdade e à beleza'".[36] Eu teria apreciado uma análise mais ampliada de Pinsent nesse ponto, talvez envolvendo a "virada estética" tão evidente na abordagem de Hans Urs von Balthasar à teologia natural.[37]

No entanto, é justo fazer algumas perguntas críticas. Uma delas é inevitável, dada a diversidade histórica de abordagens da teologia natural que são evidentes na longa tradição da teologia cristã: por que dar prioridade ou precedência a *esta* compreensão da teologia natural quando outras podem ser levadas em consideração? Penso que Pinsent salientaria que essa é uma abordagem distintamente católica do tema e que sua tarefa era delinear os pressupostos e características básicas dessa abordagem. Isso, admito de bom grado, ele faz com graça e perspicácia. Sua cuidadosa exploração da dialética entre o "natural" e o "sobrenatural", e sua ênfase na importância da graça divina em permitir a percepção de verdades mais profundas do que aquelas da razão desassistida, ajudam a distinguir sua abordagem daquela de muitos filósofos da religião, que fazem pouco uso da dialética entre o natural e o sobrenatural, ou natureza e graça.

Um segundo ponto de discussão seria a possibilidade de aprendizado dos protestantes e evangélicos com as abordagens católicas da teologia natural — ou o desconforto expresso com elas. Até que ponto essa abordagem depende de suposições sobre a natureza humana e a graça divina que podem ser consideradas problemáticas? Embora eu admita que um crítico barthiano encontraria motivos para ansiedade na abordagem delineada na visão geral de Pinsent, um teólogo histórico apontaria que ela compartilha alguns temas com algumas formas de teologia reformada do final do século 16 e início do século 17 — evidente, por exemplo, na análise cuidadosa da relação entre fé e razão encontrada no teólogo genebrino e sucessor de João Calvino, Teodoro de Beza.[38]

No entanto, boa parte dos teólogos evangélicos contemporâneos expressariam preocupação sobre o fato de a disposição fundamentalmente pecaminosa da humanidade os tornar incapazes de raciocinar em relação a Deus, em um primeiro momento, ou os levar a uma compreensão distorcida de Deus, em um segundo momento. Alguns teólogos na tradição reformada formalizariam essa

---

[36] Pickering, "New Directions in Natural Theology". Para a aplicação de uma teologia natural da beleza, veja Viladesau, "Natural Theology and Aesthetics"; Caldecott, *Beauty for Truth's Sake*.
[37] Murphy, "Hans Urs von Balthasar".
[38] Mallinson, *Faith, Reason, and Revelation in Theodore Beza*, especialmente p. 99-141.

preocupação em termos das consequências noéticas do pecado.[39] Discussões recentes sobre o "ocultamento de Deus" — um tema importante para a teologia natural — destacaram a importância potencial do impacto noético do pecado;[40] seria útil saber de que maneira Pinsent responderia a essa preocupação.

---

[39] Para uma declaração representativa dessa questão, veja Helm, "Calvin, the Sensus Divinitatis and the Noetic Effects of Sin".
[40] Para uma boa introdução a essa questão, veja Ebrahim, "Divine Hiddenness and Human Sin".

Resposta deflacionária
Paul K. Moser

Andrew Pinsent baseia-se em Tomás de Aquino para elucidar uma abordagem católica romana da teologia natural. Em termos gerais, concordo com sua interpretação de Aquino, mas recomendo uma abordagem mais crítica deste na teologia natural pura. Sugiro que Tomás não conseguiu defender de forma convincente o conhecimento puro e natural da existência de Deus.

TAXONOMIA DE PINSENT

Pinsent recomenda uma "distinção mais profunda entre teologia natural e sobrenatural... considerando o entendimento subjetivo, especialmente aquele associado ao dom do Espírito Santo na vida da graça. O progresso na teologia natural hoje precisará concentrar-se nesse tópico de difícil entendimento, reconhecendo ao mesmo tempo que a teologia natural por si só nunca poderá preencher a lacuna entre Deus e nós mesmos". Não está claro o que "preencher a lacuna" significa aqui, mas Pinsent *não* está afirmando que a teologia natural por si só falha em produzir o conhecimento de que Deus existe.

Pinsent cita Tomás de Aquino com concordância: "Há certas coisas que até a razão natural pode alcançar, por exemplo, que Deus é, que Deus é um, e outras como essas, que até mesmo os filósofos provaram demonstrativamente, sendo guiados pela luz da razão natural."[41] Ele então observa:

> Um dos cânones do Concílio Vaticano I de 1870 afirma: "Se alguém tiver dito que o único Deus verdadeiro, nosso Criador e nosso Senhor, não pode ser conhecido com certeza pelas coisas que foram feitas, pela luz natural da razão, seja anátema (DZ 1806, cf. 1785)."[42] Em outras palavras, de acordo com este cânon, alguém se coloca fora da fé católica caso negue ser possível saber apenas pela razão natural que existe um único Deus verdadeiro. Essa definição não faz nenhum julgamento sobre quaisquer provas específicas da existência de Deus, ou se existem na verdade quaisquer provas

---

[41] Tomás de Aquino, *Summa contra Gentiles* 1.3.
[42] Denzinger, *Sources of Catholic Dogma*. O "DZ" refere-se ao número de Denzinger, que ainda hoje é amplamente utilizado como forma de classificar as declarações dogmáticas.

adequadas. Mas o cânon define que a existência de Deus pode ser conhecida com certeza, a partir das coisas criadas, pela luz da razão natural, colocando a existência de Deus firmemente na teologia natural.

Deixe-nos ser mais precisos. Tomás de Aquino não afirma simplesmente que "é possível saber apenas pela razão natural que existe um Deus verdadeiro". Ele afirma, na citação acima, que "os filósofos provaram demonstrativamente a existência de Deus, sendo guiados pela luz da razão natural, ...que Deus é, [e] que Deus é um". Isso leva-nos além de uma mera afirmação de conhecimento possível para uma afirmação de prova demonstrativa (e conhecimento) da existência de Deus apenas pela razão natural.

Pinsent desenvolve o tema de que "Tomás de Aquino usa o termo 'sobrenatural', não para se referir ao que é diferente e separado da natureza, no sentido moderno, mas principalmente a um dom divino que é implantado em uma natureza para transformá-la. [...] O que está em jogo, principalmente, não é o que está além da natureza, mas o que é implantado por Deus no mundo natural, um ato divino que não é totalmente diferente, e está por sinal associado, à transformação da natureza humana criada". Essa transformação, explica ele, faz parte de uma vida da "graça", uma vida "caracterizada por virtudes teologais e morais infundidas, entrelaçadas com dons, bem-aventuranças e frutos do Espírito". Não tenho qualquer objeção a esse lado da história de Tomás de Aquino, desde que permitamos um papel humano genuinamente voluntário na recepção do tipo de graça que reconcilia uma pessoa com Deus. O próprio Tomás de Aquino parece, em alguns pontos, ser um compatibilista que não permite a genuína liberdade humana nessa área, mas não podemos nos desviar do assunto.

Pinsent interpreta Aquino como permitindo o conhecimento humano direto de Deus, que "não é discursivo ou argumentativo, mas absoluto e simples, o qual é comparado àquele conhecimento que é um dom do Espírito Santo, visto que é uma semelhança participada dele."[43] Pinsent acrescenta que "deve ser feita uma distinção entre um entendimento subjetivo e um conhecimento objetivo em relação à teologia. [...] E, embora o poder de raciocínio possa ser útil para esclarecer e defender a revelação, na opinião de Tomás de Aquino, o dom do entendimento é mais uma questão de harmonia do alinhamento da alma com Deus, uma atitude que é, em última análise, uma questão da resposta da vontade da pessoa à graça."

Pinsent identifica as opções relevantes da seguinte forma: "1) um entendimento natural das questões naturais; (2) um entendimento natural das questões sobrenaturais; (3) um entendimento sobrenatural das questões naturais; e (4)

---

[43] Aquino, *Summa Theologiae* II–II.9.1 ad 1.

um entendimento sobrenatural das questões sobrenaturais. Pelo termo 'natural' quero dizer aqui a ausência do que é sobrenatural no que diz respeito às questões ou ao entendimento. Fontes naturais ou poderes cognitivos desassistidos abrangem as três primeiras dessas quatro possibilidades." Ele acrescenta que "mesmo que se exclua todo o conhecimento de questões sobrenaturais ou o entendimento associado à vida da graça, a Igreja Católica defende formalmente a posição de ser possível saber da existência de Deus, e que Deus é Criador e Senhor, apenas a partir da razão natural, tornando assim possível pelo menos um tipo limitado de teologia natural."

Segundo Pinsent, a Igreja Católica Romana "defende o estudo do conhecimento teológico natural adquirido por outros, especialmente aqueles que vivem em culturas pré-cristãs. Na prática, para a maioria dos clérigos e professores católicos, esse conhecimento teológico puramente natural é encontrado com mais frequência no estudo da filosofia clássica, principalmente nas obras de Platão e Aristóteles." A título de contraste entre as abordagens "puramente naturais" e cristãs de Deus, Pinsent observa que "Aristóteles apresenta Deus como bom, eterno e vivo, mas ele nunca se dirige a Deus como 'tu' muito menos à maneira de 'Tarde te amei', de Agostinho. O contraste sublinha o aspecto pactual do relacionamento com Deus, tornado possível apenas por uma resposta à graça divina." Ele acrescenta que "o estudo de questões teológicas puramente naturais a partir de uma compreensão natural é, portanto, importante para a comunicação do evangelho, tanto para facilitar a descoberta de pontos de consonância para estabelecer algum terreno comum, quanto também para destacar diferenças que podem auxiliar, por meio do contraste, na comunicação da novidade do evangelho".

A seguinte afirmação parece ser controversa no presente contexto: "o conhecimento teológico puramente natural é encontrado com mais frequência no estudo da filosofia clássica, principalmente nas obras de Platão e Aristóteles". Por um lado, boa parte dos inquiridores duvidam que Platão e Aristóteles tivessem conhecimento genuíno de Deus; assim, eles exigirão a especificação das evidências necessárias para esse conhecimento em Platão e Aristóteles. Mas, não ganhamos nada tentando resolver essa questão principal aqui. Por outro lado, alguns inquiridores admitirão que Platão e Aristóteles tinham conhecimento genuíno de Deus, mas negarão que fosse "puramente natural". Eles podem ter tido uma experiência religiosa de Deus, e esta não precisa ter sido "puramente natural". Na verdade, parece mais plausível que Deus se apresente às pessoas na situação de Platão e Aristóteles do que que elas terem um argumento ou evidência "puramente natural" para Deus. Em qualquer caso, não podemos começar a avaliar ou a endossar de forma convincente a afirmação de Pinsent de "conhecimento teológico puramente natural" sem nenhuma especificação da evidência ou argumentoe apoio relevante. Mais explicações são necessárias aqui se a teologia natural quiser nos convencer.

Se o termo "Deus" é um título perfeccionista, exigindo dignidade de adoração e, portanto, perfeição moral, a reivindicação de Pinsent de "conhecimento teológico puramente natural" de Deus será uma tarefa difícil, na melhor das hipóteses. Os apelos à evidência de uma "causa primeira" ou de um "*designer*" da natureza serão insuficientes, porque não exigem nem entregam um ser que seja digno de adoração e, portanto, moralmente perfeito. Consequentemente, não confirmam a realidade do tipo de Deus em questão, incluindo o Deus do monoteísmo tradicional encontrado no judaísmo, no cristianismo e no islamismo.

Pinsent não limita o "conhecimento teológico puramente natural" de Deus ao conhecimento da existência de Deus. Ele afirma que inclui o conhecimento de Deus como Criador e Senhor. Assim: "o magistério da Igreja declarou formalmente que faz parte da fé católica sustentar ser possível, por meio da razão natural, saber que existe um único Deus, e que esse Deus é Criador e Senhor. Embora a teologia puramente natural exija a exclusão de questões de fé, ou do tipo de compreensão associada à essas questões, podem ser encontrados exemplos em culturas pré-cristãs ou em outras culturas que carecem dessas influências". Assim, nossa questão é: Que evidência ou argumento específico, na "razão natural", produz a existência de um Deus Criador e Senhor do universo? Não temos nenhuma causa primária ou argumento do *design* convincente para servir a esse propósito. Para onde, então, devemos nos voltar? Pinsent não responde. Assim, falta-nos o apoio necessário para sua afirmação ousada sobre o conhecimento natural de Deus como Criador e Senhor.

Citando Clemente de Roma, Pinsent comenta sobre "a ordem natural do cosmo":

> O que chama a atenção aqui é a confiança serena do escritor, que percebe a ordem e a harmonia desde os maiores até os menores seres do cosmo, sob a autoridade de Deus, que se tornara conhecido. O cosmo não é percebido como um conjunto acidental de acontecimentos, ou como a obra indiferente de uma ou múltiplas divindades caprichosas, ou como a operação de algum mecanismo vasto e impessoal que está impossivelmente além de nosso alcance. Pelo contrário, a carta de Clemente (acima) sugere uma nova confiança que, no devido tempo, dará origem a projetos de investigação da ordem natural do cosmo com expectativa de sucesso.

A afirmação principal é que Clemente "percebe ordem e harmonia" em todo o universo, de objetos grandes a pequenos. Perceber essa ordem e harmonia, porém, não é perceber Deus. A ordem e a harmonia percebidas podem surgir de uma fonte diferente de Deus, e sua fonte pode não ser intencional ou inteligente. Mais especificamente, não nos foram dadas provas adequadas para dizer que a ordem e a harmonia percebidas estão "sob a autoridade de Deus, que se tornou conhecido". Portanto, não estamos em condições, do ponto de vista cognitivo, de dizer que elas decorrem de um agente inteligente candidato a ser Deus.

Pinsent apresenta John Henry Newman sobre uma limitação do conhecimento natural de Deus: "Mas como devemos nos preocupar com o Sol, a Lua e as estrelas? Ou com as leis do universo? ... Eles não se dirigem de modo algum aos pecadores. Eles foram criados antes da queda de Adão. Eles 'declaram a glória de Deus', mas não sua vontade."[44] Pinsent explica: "Newman adverte aqui que o estudo da natureza, por si só, embora mostre a obra de Deus, não nos pode permitir conhecer os propósitos ou a vontade de Deus, e muito menos superar o fosso impensável entre Deus e nós mesmos. Só o que Deus revelou fornece uma ponte, a saber, Jesus Cristo, e os meios para atravessarmos essa ponte, a vida da graça, dando seu fruto final na eternidade". Mesmo que "apenas o estudo da natureza... [mostra] a obra de Deus", ainda é uma questão em aberto se esse estudo mostra a *realidade de Deus*. Um estudo da natureza por si só poderia mostrar a obra de Deus (*de re*) sem mostrar (*de dicto*) que a natureza é obra de Deus. Assim, poderia deixar sem solução a questão envolvendo a existência de Deus.

Newman acrescenta ao problema do conhecimento puramente natural de Deus com sua afirmação de que esse conhecimento pode "'declarar a glória de Deus', mas não sua vontade". Pinsent acrescenta que o estudo da natureza por si só "não nos pode permitir conhecer os propósitos ou a vontade de Deus, e muito menos superar o fosso impensável entre Deus e nós mesmos". Não está claro, no entanto, que tipo de "ponte" entre "o fosso impensável entre Deus e nós" Pinsent procura. Talvez ele tenha em mente pelo menos uma ponte cognitiva entre Deus e nós mesmos que proporcione conhecimento dos "propósitos ou da vontade de Deus". Se assim for, concordo que o estudo da natureza por si só não fornece essa ponte. Aqui temos uma séria limitação a qualquer conhecimento puramente natural de Deus.

Um problema de longo alcance surge agora para a teologia natural em sua forma pura. Se ela "não nos pode permitir conhecer os propósitos ou a vontade de Deus", ficará aquém do conhecimento de Deus *como Deus*, isto é, como um ser com uma vontade boa, digno de adoração e, portanto, moralmente perfeito. Nesse caso, ela produzirá, no máximo, conhecimento de algo inferior a Deus, estritamente falando — isto é, Deus como digno de adoração. Será então duvidoso que a teologia natural em sua forma pura nos dê conhecimento de *Deus*. Ela ainda poderia nos dar conhecimento de alguns *efeitos* de Deus, mas esse conhecimento não

---

[44] Veja Newman, "Sermon XXIV."

resulta no conhecimento de *Deus como Deus*. A limitação do conhecimento natural da vontade de Deus endossada por Newman e Pinsent evidentemente bloqueia, então, a afirmação de que os humanos podem ter um conhecimento puramente natural de Deus, incluindo o conhecimento de Deus como Criador e Senhor.

CONCEITO E EXPERIÊNCIA DE DEUS

Parte da dificuldade para a teologia natural decorre dela prosseguir com uma concepção indefinida de "Deus". Boa parte dos escritores, incluindo diversos filósofos e teólogos, trabalham com uma concepção indefinida de Deus, especialmente quando apoiam a teologia natural. Tomás de Aquino é um exemplo, mas encontramos a mesma deficiência em Newman e Pinsent. É fácil fazer afirmações abrangentes sobre o conhecimento natural de Deus, desde que tenhamos uma concepção indefinida de Deus. Uma vez que esclarecemos o conceito de Deus que está sendo usado, entretanto, normalmente surgem problemas.

Se nosso conceito de Deus exige que Deus seja, inerentemente, digno de adoração e, portanto, perfeita e moralmente bom, temos uma restrição concreta em nossa evidência pertinente para a realidade de Deus. Então, precisaremos que a prova da realidade de Deus seja a de um agente intencional *moralmente bom*, ou seja, alguém com uma vontade moralmente boa. Isso bloqueará o conhecimento puramente natural de Deus se, como sustentam Newman e Pinsent, esse conhecimento ficar aquém da vontade de Deus. A questão premente torna-se então: que tipo de evidência indicaria a realidade de um agente intencional que tem uma boa vontade moral e é digno de adoração?

Não vejo esperança de que evidências puramente *a priori*, surgindo apenas do pensamento e da inferência, produzam ou de alguma maneira confirmem a existência de um Deus com uma vontade moralmente boa. A evidência da *experiência moral* é, sem dúvida, uma história diferente. Boa parte dos humanos testemunham que experimentam o que é moralmente bom, incluindo vontades que são moralmente boas, e sem dúvida estão apontando para algo real e não ilusório. Recomendo que olhemos para a consciência moral em busca do tipo relevante de experiência moral. Talvez tenha sido aqui que Sócrates, Platão e Aristóteles *enfim* encontraram Deus, se é que o fizeram, e não em qualquer argumento de teologia natural. Pelo menos essa opção parece mais promissora do que os argumentos familiares da teologia natural.

Às vezes encontramos na consciência moral, se prestarmos a devida atenção, desafios e características morais que nos apresentam uma vontade superior à nossa. Em momentos assim, falamos de estar "convencidos" em nossa consciência a ter nossas intenções anteriores anuladas por uma vontade moralmente superior. Às vezes descobrimos que essa vontade superior nos desafia com um amor justo, até mesmo com amor pelos nossos inimigos. Na verdade, por vezes falamos de sermos "conduzidos" para o que é moralmente bom pela nossa consciência, em virtude da vontade moralmente superior que nela atua.

O apóstolo Paulo, como sugeri em resposta a John McDowell e Alister McGrath, nos aponta na direção sugerida. Se Paulo pensa na consciência moral em termos do centro moral humano chamado "o coração", a seguinte observação feita por ele é relevante: "E a esperança não nos decepciona, porque Deus derramou seu amor em nossos corações, por meio do Espírito Santo que ele nos concedeu." (Romanos 5:5). Paulo tem em mente uma experiência religiosa humana do caráter moral de Deus e da vontade de amor justo, e essa experiência é irredutível a uma teologia ou a uma crença. É uma autoapresentação do caráter e da vontade que são característicos de Deus para um ser humano. Suas características qualitativas permitem-lhe servir como evidência experiencial para uma pessoa acerca da realidade de Deus. Essa evidência não necessita dos argumentos tradicionais da teologia natural, e isso é um benefício, do ponto de vista evidencial.

Paulo vincula a experiência em questão à condução moral de um agente intencional, afirmando: "porque todos os que são guiados pelo Espírito de Deus são filhos de Deus." (Romanos 8:14). Isso é uma orientação intencional para o que é bom, em relação a Deus e às outras pessoas, mas requer a cooperação humana. Assim, não é coercitivo. O objetivo de Deus é levar as pessoas à conformidade com o caráter moral de Deus, em relação a Deus e a outras pessoas. A evidência relevante surge na experiência moral humana e atinge a fruição pretendida à medida que um ser humano coopera com ela, avançando em direção à bondade moral. Se uma pessoa não cooperar, o poder moral da evidência na experiência não será experimentado em sua fruição e poderá até ser ignorado. Assim, uma resposta humana à consciência moral pode constituir uma evidência da realidade de Deus, pelo menos no que diz respeito à sua clareza ao concretizar a fruição pretendida por Deus.

Se seguirmos as sugestões de Paulo, podemos ter esperança e fé fundamentadas em Deus, graças a uma experiência religiosa distinta e a uma condução moral intencional. Podemos então evitar tanto o mero dogmatismo em relação à crença em Deus como as inferências duvidosas da teologia natural. Poderemos, então, perguntar o que melhor explica nossa experiência moral na consciência. Se um Deus de amor justo figura nessa questão, podemos esperar e acreditar em Deus sem nos decepcionarmos, a partir de um ponto de vista evidencial. Recomendo a exploração dessa opção viável, como um substituto à teologia natural tradicional.[45]

---

[45] Para uma abordagem relevante em relação a Jesus, veja Moser, *Divine Goodness of Jesus*.

Resposta barthiana

John C. McDowell

Em uma breve abordagem que explica por que é útil estudar ética, Herbert McCabe fornece uma analogia com o estudo da gramática e sugere duas razões pelas quais esta última é um tópico adequado para reflexão. A primeira razão apresentada é que "é sempre satisfatório ver as razões, os princípios e os padrões por trás do que fazemos".[46] A segunda razão envolve um humor mais crítico em relação às regras gramaticais: "Embora falemos de maneira bem gramatical na maior parte do tempo, pode haver momentos nos quais cometemos erros ou ficamos confusos com alguma forma linguística. E um estudo de gramática nos ajudará a evitar erros nesses casos".

Ao lidar com a "teologia natural", a questão do que constitui um "erro" torna-se não apenas crucial, mas também consideravelmente mais complicada. Como sugere o trabalho de McCabe sobre ética: "As normas da moralidade tradicional... nunca são estáveis e nunca são totalmente adequadas para lidar com novas formas de comportamento humano. Assim, precisamos de alguma forma de determinar o que é um crescimento em nosso entendimento e o que é meramente decadência".[47] Algo não é teologia apenas porque imita a linguagem do passado, já que as condições discursivas se alteram. Na contemporaneidade há uma disputa para aduzir o que conta como gramática teológica, bem como uma tentativa característica de evadir-se da questão a respeito da existência ou não de um erro. Essa reticência também deveria ser um motivo de preocupação teológica. Para McCabe, "para que uma palavra seja significativa, deve haver pelo menos algo que ela não signifique, por mais indefinido que possa ser".[48] Mesmo que "Deus" seja o termo mais expansivo (em um contexto cristão referindo-se, entre outras coisas, à agência criativa de todos os existentes, sem ele mesmo ser um dos existentes, como McCabe continuamente lembra com referência a Tomás de Aquino), deve haver usos de "Deus" que não podem ser linguisticamente reconhecíveis e, portanto, não são "significados" pelo termo se este quiser ser linguisticamente utilizável. Caso contrário, Deus torna-se, nos termos da descrição

---

[46] McCabe, *Good Life*, p. 3.
[47] McCabe, *Good Life*, p. 4.
[48] McCabe, *Law, Language, Love*, p. 20.

da contemporaneidade de Michael Buckley, "tão sentimentalmente amorfo que admite qualquer declaração de significado, inclusive declarações bastante contraditórias".[49]

Mal precisa ser dito que Karl Barth encontrou em Tomás um sustentáculo para seu entendimento sobre o problema, ou o erro, dos "deuses" da modernidade. O erro de Barth quanto a isso representa uma falha em prestar atenção suficiente a um Tomás livre de seu cativeiro neotomista.[50] É claro que, como leitura histórica, a leitura de Barth tem de ser situada em certas condições formativas, isto é, seu envolvimento crítico com Eric Przywara. Para um teólogo normalmente consciente do condicionamento cultural, o tratamento dado por Barth a Tomás sofre de forma devida quando lido à luz dos estudos tomistas recentes. As interações de Barth com pessoas como Gottlieb Söhngen, no entanto, encorajaram um repensar. Citando a afirmação de Söhngen de que "não existe *teologia naturalis* que possa ser desvinculada da história da salvação", Barth declara que, se esse fosse o caso do catolicismo romano, "ele teria de retirar sua famosa observação de que a noção de *analogia entis* [analogia de ser] é 'uma invenção do anticristo' e a raiz de todos os desvios católicos romanos da verdadeira doutrina cristã".[51]

Simplificando, Tomás parece claramente deslocado quando configurado em termos do teísmo moderno. As definições teístas de Deus, baseadas na univocidade teo-linguística, pareceriam idólatras ao teólogo medieval, uma vez que localizam Deus ontologicamente na discussão sobre o ser (mesmo que "ser" seja maiúsculo quando usado para Deus, como se colocar Deus no ápice do ser simplesmente resolvesse o problema), acrescentando um reino suprassensível ao sensível. Como se sabe, Tomás nega que Deus faça parte de uma classe, mesmo que seja uma classe de coisas chamadas "deuses". Essa também não é uma questão menor, nem uma crítica motivada pelo pedantismo intelectual. Pelo contrário, essa negação é uma forma de resistir à propensão do discurso para a idolatria. Fergus Kerr explica: "Para Tomás, no entanto, era vital afastar o pensamento que era tentador em sua época, e certamente o é em nossa, de que Deus é um item no mundo, por mais grandioso que seja em relação a nós. Isso seria idolatria: equivalente a fazer de Deus uma criatura".[52] O contraste apropriado, então, não é entre imaginar Deus como uma *coisa* ou como *nada*. Em vez disso, Deus é uma *não coisa*, aquilo que não aparece em nenhuma categoria identificadora de coisa ou nada.

---

[49] Buckley, *At the Origins of Modern Atheism*, p. 13.
[50] Mesmo que ele seja reconhecido como o teólogo católico, a leitura de Tomás é uma questão controversa. Em termos simples, como sugere o subtítulo do estudo de Fergus Kerr, *After Aquinas*, falar de um tomismo singular (para não falar de um catolicismo singular) é contrafactual.
[51] Kerr, *After Aquinas*, p. 35, referindo-se a Barth Church Dogmatics I/1, prefácio.
[52] Kerr, *After Aquinas*, p. 43.

Tomás não está utilizando a ontologia de Aristóteles e sua categorização das coisas sem expô-la a uma revisão significativa daquilo no qual Aristóteles pode auxiliar o conhecimento (como um serva para fins de esclarecimento). Frederick Christian Bauerschmidt explica: "O que Aristóteles nos dá são ferramentas conceituais com as quais podemos compreender o mundo natural. Nossa compreensão desse mundo pode fornecer sugestões e pistas sobre o Deus que é sua causa, mas a própria filosofia aristotélica atesta sua radical inadequação à tarefa de falar acerca de Deus. O que Tomás de Aquino aprendeu de Aristóteles foi certo hábito mental em relação ao estabelecimento de distinções."[53]

É aqui que o reconhecimento de Andrew Pinsent da forma pela qual Tomás lidou com a distinção *naturalis/sobrenaturalis* é útil. O sobrenatural não é um complemento ao natural, algo que se opõe a ele e que então se insere nele, ou que requer uma interrupção dos processos naturais e de sua integridade para ser conhecido. Não é algo que possa ser definido de forma diretamente contrastante com o natural, como se fosse algo imaterial em contraste com o material. A confusão intelectual sobre esse assunto entre algumas filosofias da religião define os termos de toda a abordagem para o desenvolvimento de uma teologia racional. Jerome Gellman, por exemplo, ilustra a confusão quando define "experiência religiosa" como "uma experiência que supostamente concede conhecimento ou apoia a crença na existência de realidades ou estados de coisas de um tipo não acessível por meio da percepção sensorial, modalidades somatossensoriais ou introspecção padrão com significado religioso para o sujeito".[54] Esse objeto da chamada "experiência religiosa", argumenta Kai-Man Kwan, poderia ser "uma experiência de Deus ou de algum ser sobrenatural".[55] A experiência é de alguma entidade paranormal que se enquadra numa categoria de ser, mesmo que não seja uma categoria de matérias físicas normalmente perceptíveis. Desenvolvendo as perspectivas de Przywara e Austin Farrer sobre o assunto, Rowan Williams, em contraste, explica que o que se entende por "sobrenatureza" é o incondicionado, que também funciona "para transformar o finito a partir de dentro". A recusa de ler isso do ponto de vista de simples categorias contrastantes num plano de equivalência ontológica é crucial.

> Assim, o sobrenatural não é nem uma versão exaltada do finito — o finito com certas restrições removidas — nem uma realidade ao lado do finito. Sua diferença é absoluta — razão pela qual é possível que o infinito esteja presente no e como o finito, uma vez que... nunca ocorre de, como acontece com substâncias finitas discretas, que mais

---

[53] Bauerschmidt, *Thomas Aquinas*, p. 73.
[54] Gellman, "Religious Experience," p. 155.
[55] Kwan, "Argument from Religious Experience," p. 251.

de uma implica menos da outra. Ao informar, compreender e permear o finito, a infinita Palavra mostra, de uma vez por todas, igualmente a não *dualidade* de Deus e do mundo e a não *identidade* de Deus e do mundo.[56]

A significância disso é relevante, e não apenas como uma forma de ler Tomás ou grande parte da variedade encontrada dentro da tradição católica. Por exemplo, as Cinco Vias de Tomás passam a ser interpretadas de uma maneira que mitiga a leitura mais neotomista delas como argumentos evidenciais, como se elas se movessem do que é conhecido (natureza) para uma entidade adicional (sobrenatural) desconhecida que se torna conhecida. Tomás não é nenhum Richard Swinburne, apesar das leituras descontextualizadas de inúmeros livros didáticos de filosofia da religião. Kerr considera os cinco argumentos como "a primeira lição da teologia negativa de Tomás", o que significa a proteção da "transcendência de Deus".[57] "Deus é muito mais estranho do que imaginam aqueles que veem sua presença por todos os lados. Que seja necessário um argumento para a existência de Deus é o primeiro passo de Tomás na resistência à idolatria."[58]

De acordo com Bauerschmidt, Tomás assume que "conhecemos os efeitos de Deus melhor do que conhecemos a Deus, uma vez que o objeto natural da mente humana são as *quidditas* das coisas materiais... é algo diferente do tipo de coleta de provas que ocorre na ciência empírica moderna, uma vez que o método permanece dedutivo e não indutivo."[59] Rudi te Velde reconhece que o ser do Deus de Tomás, "como tal, não pode ser conhecido".[60] Consequentemente, o *Quinquae viae* "não torna a verdade de sua existência cognoscível para nós. O ser de Deus não está sujeito a uma demonstração, nem a uma definição, nem a qualquer outra forma de conhecimento racional. Os argumentos conduzem o intelecto humano à compreensão da verdade da proposição de que Deus é, e não à verdade acerca do ser de Deus."[61] Para Lubor Velecky, os argumentos de Tomás são os "de um '*insider*', e visam oferecer conteúdo à noção de divindade, sugerindo" aos cristãos "diferentes maneiras de ver sua experiência como apontando para um ser transcendente, adorado por eles como o Deus da revelação cristã."[62]

A investigação da gramática acerca do fundamento e do fim de tudo o que existe não visa tornar Deus autoevidente, ou afirmar que ele pode ser conhecido se

---

[56] Williams, *Christ*, p. 226.
[57] Kerr, *After Aquinas*, p. 58. Denys Turner argumenta que a abordagem de Tomás prejudica a de Boaventura, para quem a mente ascende naturalmente a Deus e daí chega a conhecer o mundo (*Tomás de Aquino*, cap. 2).
[58] Kerr, *After Aquinas*, p. 58.
[59] Bauerschmidt, *Thomas Aquinas*, p. 94.
[60] Te Velde, "Understanding the Scientia of Faith", p. 71.
[61] Te Velde, "Understanding the Scientia of Faith", p. 71,72.
[62] Citação de Te Velde, "Understanding the Scientia of Faith", p. 57-58, referindo-se a Velecky, *Aquinas's Five Arguments*.

olharmos um pouco mais de atenção. É verdade, te Velde reconhece: "'Deus existe' é, considerada em si mesmo, uma verdade autoevidente (uma vez que Deus é seu ser)". No entanto, isso "não é autoevidentemente conhecido por nós".[63] As cinco vias de Tomás afirmam que o mundo, quando visto de determinada maneira, revela sua contingência. O cerne da questão, então, é essa "determinada maneira" daquilo que pode ser visto do vestigial.

Não se contesta que uma razão que funcione bem poderia, na prática, levar a afirmações verdadeiras sobre sua dependência: isso não deveria ser uma surpresa. Um pensador do século 15, Nicolau de Cusa (doravante referido como Cusanus) declara que "há apenas uma essência de tudo, participada de forma diferente".[64] No entanto, quando isso é combinado com o argumento de que o mundo é aquilo que deveria ser para dirigir a jornada de busca por Deus, e que "todos os seres participam do ser", ele parece estar comprometido com o tipo de *analogia entis* com a qual Barth estava particularmente preocupado.[65]

Seria uma afirmação retórica proclamar com Cusanus que "nenhuma mente sã pode rejeitar o que é mais verdadeiro", se o que se entende por "mais verdadeiro" é Deus como base e condição para todo o conhecimento.[66] Afinal, como observa Alasdair MacIntyre, a explicação de Tomás sobre a lei natural é imediatamente precedida por uma abordagem de inspiração agostiniana sobre pecados e vícios.[67] O artigo 1 da questão 2 da primeira parte da *Suma Teológica* é "permeado por suposições teológicas" e aborda a questão da "ignorância da natureza de Deus", que é pecaminosa.[68] Assim, Karen Kilby observa: "Se alguém supõe que as cinco vias são a tentativa de Tomás, não importa quão breve seja, de estabelecer uma base filosófica racional para sua teologia, teríamos que dizer que ele conduz essa tarefa de uma forma confusa, desleixada e embaraçosamente ruim."[69] Além disso, pelo menos para Cusanus, a *iluminação* divina é necessária para auxiliar os que buscam em seus caminhos. Somente nesse contexto ele pode declarar que ocorre a busca adequada de Deus, e por isso exorta seus leitores a "se esforçarem para buscar a Deus com a visão mais diligente, pois Deus, que está em toda parte, é impossível de não ser encontrado se for buscado da maneira correta."[70]

É difícil imaginar como a jornada de Cusanus poderia fazer sentido para um John Locke ou um William Paley. O processo discursivo de Cusanus é muitas vezes

---

[63] Te Velde, "Understanding the Scientia of Faith", p. 70.
[64] Nicolau de Cusa, *On Learned Ignorance* ¶ 48.
[65] Nicolau de Cusa, On Learned Ignorance ¶ 51. Cf. Nicolau de Cusa, *On Seeking God*, p. 18.
[66] Nicolau de Cusa, *On Learned Ignorance* ¶ 2.
[67] MacIntyre, *Ethics and Politics*, p. 82.
[68] Kerr, *After Aquinas*, p. 58.
[69] Kilby, "Philosophy", p. 64.
[70] Nicolau de Cusa, *On Seeking God*, p. 223.

pontuado por uma admissão da inefabilidade de Deus, de que o "infinito como infinito é desconhecido",[71] de modo que o que se busca não é a objetivação de um ser existente à distância, ou o reforço do apego à revelação, mas a purgação reformadora daquele que busca em *constante* trânsito. O que Cusanus chama de "douta ignorância" não é o resultado cumulativo de todas as outras formas de ignorância, mas a própria base e cenário para o reconhecimento da incompreensibilidade de Deus como o máximo. "Não há", explica ele, "nenhuma proporção entre o infinito e o finito".[72] Consequentemente, a diferença entre Deus e a criatura não é algo que possa ser definido e medido, de modo que a nomeação de Deus é uma questão complexa na qual "os nomes afirmativos que atribuímos a Deus aplicam-se a ele de uma forma infinitamente diminuída. Pois nenhuma afirmação, como se postulasse em Deus algo do que é significado, pode aplicar-se a ele, que não é nenhuma coisa mais do que Deus ser todas as coisas".[73] Deus não é compreensível e esta escuridão não é dissipada, mesmo escatologicamente. Em vez disso, por ser Deus, ele "supera qualquer conceito", até mesmo o "nome *Theos*".[74] Da mesma forma, para Tomás, a revelação intensifica qualquer sentido de incompreensibilidade divina em vez de aliviá-lo.[75] O teólogo não está predicando uma noção de razão-alcançando-seus--limites sendo completada pela revelação, incrementando o que ela pode saber ou empurrando-a para o território da fé. É por isso que, ao contrário de Immanuel Kant, Tomás não predica a conversa sobre Deus como algo que está além dos limites do conhecimento da razão, como um artigo de fé despojado da razão. Ele também não gera um método filosófico que funde, baseie e sustente as operações seguintes da *sacra doctrina* ou do ensinamento sagrado. Esse Tomás, no entanto, é perdido em relação àqueles semelhantes a Richard Swinburne, que anacronicamente projeta seu teísmo em retrospectiva sobre Tomás: "As questões iniciais da *Suma teológica* de São Tomás de Aquino fornecem o paradigma do teísmo filosófico medieval".[76]

Se a *teologia naturalis* é uma categoria útil, em primeiro lugar, ela o é como uma recusa em desnaturalizar o mundo em suas relações com Deus (como se o natural ascendesse para fora de si e para o sobrenatural); segundo, como uma rejeição da falha em reconhecer que todos os existentes são efeitos; e terceiro, como uma negação de que Deus pode ser relegado a um âmbito ocioso ou monótono localizado além-do-mundano que atrai as criaturas ao se intrometer e suspender o natural. Mostrar aqui como a razão se posiciona em relação a Deus é onde Tomás

---

[71] Nicolau de Cusa, *On Learned Ignorance* ¶ 3.
[72] Nicolau de Cusa, *On Learned Ignorance* ¶ 9.
[73] Nicolau de Cusa, *On Learned Ignorance* ¶ 122.
[74] Nicolau de Cusa, *On Seeking God*, p. 19.
[75] Veja Turner, *Faith, Reason and the Existence of God*, p. 76.
[76] Swinburne, "Philosophical Theism", p. 4.

é particularmente interessante no âmbito intelectual. Por um lado, ele resiste em remover o discurso de Deus para sua esfera religiosa específica e excluída do mundo (ou privatizada) como um sobrenatural transcendental e, por outro lado, impede que o mundo seja inteligível para si e por si. "Cada uma das cinco vias baseia-se em uma afirmação sobre o que poderíamos chamar de insuficiência do mundo: nada se move sozinho; nada causa a si mesmo; nada é fonte da própria necessidade; nada se mede; o universo como um todo não orienta a si próprio".[77] No entanto, o argumento não avança muito na obra de Tomás. Afinal, como explica Denys Turner, "Ele simplesmente faz a pergunta: *Utrum Deus sit*, 'se existe um Deus', sem nenhuma discussão sobre como saberíamos se o que os argumentos provam é, afinal, 'Deus'."[78] O discurso de Tomás, de que isso é "o que queremos dizer com Deus" funciona como uma réplica ao "tolo" do Salmo 53.1, cujo coração ou forma de viver está em desalinhamento com a língua, que também pode confessar prontamente a crença em Deus. Nas mãos de Tomás, a razão é figurada como o movimento de categorização científica, raciocínio doutrinário e assim por diante, que permanece sempre conducente às práticas de investigação, deliberação, disputa e vida sábia dentro e em direção ao *archē* e ao *telos* de todas as coisas.

---

[77] Bauerschmidt, *Thomas Aquinas*, p. 95.
[78] Turner, *Thomas Aquinas*, p. 115.

Uma tréplica católica

Padre Andrew Pinsent

O que emerge dos comentários a meu capítulo é a questão central do significado do termo "natureza" em contraste com a vida da graça, uma questão central para as perspectivas da teologia natural.

Alister McGrath chama a atenção para o cerne da questão no parágrafo final de seu comentário, levantando a questão de saber se "a disposição fundamentalmente pecaminosa da humanidade" pode ser vista, pelo menos por alguns, como invalidando qualquer possibilidade de entendimento ou raciocínio sobre Deus. Por trás dessa preocupação está, claro, a tendência dos expoentes originais da Reforma de minar qualquer terreno estável entre a graça e o pecado. Essa tendência teve um paralelo na teologia católica, pelo menos no intervalo entre a implosão, na década de 1960, de um neotomismo dissecado e uma recuperação limitada de Tomás de Aquino vista hoje.[79] Só agora estamos começando, provisoriamente, a recuperar e a reinterpretar a compreensão teológica da natureza.

O que é então esse estado de natureza? Da perspectiva cristã, é o estado humano natural *sem* a graça santificadora, e a mera afirmação dessa definição implica uma série de conclusões interessantes. Primeiro, o estado de natureza é "antinaturalmente" natural, no sentido de que esse estado não é aquele que deveríamos experimentar de acordo com a vontade de Deus para a humanidade pré--lapsariana. Assim como a Bem-Aventurada Virgem Maria, todos nós fomos destinados a ser cheios de graça para sempre. Em segundo lugar, para todos os seres humanos que conseguem deixar de resistir à graça, há pelo menos algum pecado envolvido se alguém permanecer, obstinadamente, num estado de natureza sem graça. Além disso, certamente há pecado envolvido se alguém em estado de graça rejeita essa graça, uma rejeição que só é possível por intermédio do pecado,

---

[79] A Igreja Católica deu prioridade à obra de Tomás de Aquino após a encíclica *Aeterni Patris* em 1879. No entanto, boa parte dos estudantes das instituições da Igreja nas décadas seguintes, incluindo o recentemente falecido papa Bento XVI, receberam uma apresentação desidratada de Tomás por meio de uma perspectiva neotomista. Esse tema também se reflete no comentário de McDowell a meu capítulo, segundo o qual Barth falhou "em prestar atenção suficiente a um Tomás livre do seu cativeiro neotomista", chamando a atenção para as muitas diferenças significativas entre Tomás de Aquino e seus supostos discípulos. Como McGrath observa, Tomás de Aquino está sendo lido de maneira muito mais ampla atualmente. Além disso, acrescento que o advento da tecnologia da informação, com um investimento extraordinário da IBM na digitalização de todas as obras de Tomás (o primeiro grande projeto digital da área das humanidades no mundo), facilitou enormemente o envolvimento direto com a sua obra. Veja Jones, *Roberto Busa*.

especialmente do pecado mortal. Nesses sentidos, é perfeitamente verdade que não existe um terreno estável entre a graça e o pecado. No entanto, Tomás de Aquino difere de boa parte dos teólogos, especialmente, mas não exclusivamente, na tradição reformada, pelo menos no seguinte ponto: embora esse estado de natureza seja inacessível sem pecado, o estado de natureza, em si, não é pecado. Nessa interpretação, existe na verdade um terceiro estado, o estado de *natureza pura*, entre o pecado e a graça.

Quais são, então, as implicações desse estado? À primeira vista, pode parecer que um estado de natureza pura se assemelha a um dos hipotéticos "elementos superpesados" da física nuclear. Núcleos atômicos pesados, como o urânio, tendem a se despedaçar facilmente e sua instabilidade em geral aumenta com o número atômico. Mas há muito se especula que elementos ainda mais pesados e relativamente estáveis, os chamados elementos superpesados, poderão existir em ilhas de estabilidade fora do alcance da tecnologia atual. No momento da redação deste artigo, esses elementos nunca foram observados, mas eles têm um status peculiar na ciência empírica, à medida que é possível fazer alguma investigação teórica de suas propriedades. Talvez um estado de natureza pura se assemelhe a esses elementos superpesados, à medida que se possa investigar as características desse estado mesmo que seja inatingível e inobservável. Mas por que alguém desejaria realizar esse estudo? Como pode ser útil para a teologia especular sobre um estado supostamente inatingível?

Uma resposta é que o estado de natureza pura é na verdade muito relevante para muitas pessoas humanas que são concebidas, mas nunca chegam a termo, e muito menos atingem a idade da razão. Que destino existe para essa vasta multidão de pessoas, além dos extremos de um universalismo tranquilo ou da entrega ao fogo do inferno? Como argumentei extensivamente em outro lugar, com base especialmente em Tomás de Aquino, *Questões disputadas sobre o mal* (*De malo*) p. 4-5, há uma terceira possibilidade: limbo.[80] É certo que o termo "limbo" tem diversas conotações negativas, incluindo negligência ou esquecimento. Tomás de Aquino, no entanto, argumenta que esse estado poderia ser aquele no qual todos os desejos naturais são satisfeitos. Além disso, mesmo depois que Dante construiu os Campos Elíseos dentro do inferno, Aquino argumenta que esse é um estado completamente sem arrependimento ou qualquer sentimento de perda.[81] É possível elaborar ainda mais, especulando que, na ressurreição, essas pessoas sem pecado veem o Rei Jesus em sua natureza humana e acompanham e experimentam a

---

[80] Pinsent, "Limbo and the Children of Faerie".
[81] As almas no limbo de Dante (*Inferno*, canto 4) são descritas como gemendo (linha 26), mas Tomás de Aquino argumenta que elas não lamentam, uma vez que não se pode lamentar a perda de um amor que não se conhece (*De malo* 5.3).

alegria de ver o rosto de quem vê o rosto de Deus. O ponto crucial é que, embora não se possa optar por entrar ou permanecer obstinadamente em um estado sem graça e sem pecado, todos nós começamos nesse estado de natureza, sem o estado de graça, mas também sem pecado real. Tendo em vista que esse limbo é também um estado no qual está ausente qualquer culpabilidade pessoal, a teologia natural oferece uma explicação consideravelmente mais atraente do que condenar esses inocentes ao inferno.

Uma segunda resposta é que a possibilidade da natureza pura permite ao cristianismo envolver-se com sociedades não cristãs com certo grau de nuance. Um exemplo pertinente na cultura católica romana nas Américas é a imagem de *Nossa Senhora de Guadalupe*, uma imagem extremamente influente da Virgem Maria vestida em estilo asteca. É claro que não se deve ser ingênuo, e havia boas razões pelas quais os missionários espanhóis do século 17 não escolheram usar o nome de Huitzilopochtli, o Pai dos Astecas, como a tradução asteca de "Deus". Mas o reconhecimento de um estado de natureza comparativamente sem pecado, pelo menos como uma possibilidade teórica, há muito permitiu aos pensadores cristãos envolverem-se frutiferamente com a teologia natural de Platão e Aristóteles, entre outros. Por consequência, a palavra mais importante do Credo Niceno, que a grande maioria dos que se autoidentificam cristãos aceita hoje, é *homoousios*, que significa "consubstancial" ou "de um ser", para mostrar a relação do Pai e do Filho. Como é bem sabido, *homoousios* não é encontrado nas Escrituras, mas é adaptado da filosofia grega, o que teria sido ainda mais difícil se os primeiros cristãos não tivessem pelo menos algum apreço pela teologia e filosofia natural. Neste ponto, Paul Moser, em seu comentário a meu capítulo, levanta dúvidas pertinentes sobre o tipo de conhecimento, se é que algum, que Aristóteles e Platão tinham de Deus, mas temos o testemunho de seus textos, como *Metafísica*, livro 12; e *República*, livro 7. É claro que a linguagem e as imagens de Deus nesses textos não devem ser consideradas equivalentes à compreensão cristã de Deus, mas esse é em grande parte o ponto da categoria distinta da teologia natural. Como outro exemplo, quando Santo Agostinho de Cantuária desembarcou na Inglaterra em 597 para converter os Saxões, o papa Gregório aconselhou-o a adaptar-se e não destruir os templos pagãos, uma política seguida em muitos outros tempos e lugares.[82] Posso também repetir o moderno exemplo do Padre Anthony Barrett, que viveu muitos anos com o povo Turkana do noroeste do Quênia. Barrett nunca sonharia em simplesmente rotular a rica teologia natural do povo Turkana como errada, mas a consideraria um fundamento que proporcionou um ponto de diálogo e intercâmbio com a revelação cristã.

---

[82] Papa Gregório I, *Letter to Abbot Mellitus*.

Uma terceira resposta é que o estado de natureza protege a genuína gratuidade do estado de graça. Charles Taliaferro está perfeitamente correto em seu comentário a meu capítulo, afirmando que o termo "sobrenatural" é problemático hoje. Em meu trabalho, uso principalmente as frases "vida de graça" ou "estado de graça", e Eleonore Stump refere-se a "vida na graça".[83] Também noto de passagem que boa parte dos cristãos contemporâneos recuperaram pelo menos parte deste significado em sua autodescrição de "nascer de novo". No entanto, não quero perder inteiramente o termo medieval *supernaturalis*, uma vez que sua etimologia sublinha como os termos "natural" e "sobrenatural" se desenvolveram simbioticamente. Ambos os termos são, pelo menos em parte, entendidos como contrastes, e é difícil ter uma noção da gratuidade da graça na ausência de uma explicação coerente da natureza. Na história da teologia, quando se perdeu o sentido do estado de natureza, o sentido da graça também decaiu. O desafio é compreender a antropologia destes estados, mas esse trabalho árduo já foi feito. Aristóteles nos fornece uma abordagem perspicaz da natureza a partir da perspectiva da natureza em sua *Ética a Nicômaco*. Tomás de Aquino nos fornece uma abordagem perspicaz da vida da graça a partir de uma perspectiva da graça na *Suma Teológica* II-II.1-170.[84] Argumentei extensivamente em outro lugar que a novidade e a metáfora raiz da antropologia teológica de Tomás de Aquino é o relacionamento de segunda pessoa com Deus.[85] Por esse motivo, embora devamos ser extremamente cuidadosos ao usar essa metáfora, o estado de graça é como perder nosso autismo espiritual para Deus, começando uma nova vida na qual a relação chave é "Eu" com "Tu", à maneira das *Confissões* de Agostinho.[86] Essa transfiguração se deve ao dom imerecido da graça, com uma teologia revelada diferente da teologia natural do estado de natureza.

Por todas essas razões, concluo que a teologia natural não é simplesmente uma adição rica e opcional para a teologia revelada, mas é essencial para a compreensão da revelação. Estou muito grato a meus interlocutores e aos editores desta obra por me desafiarem a pensar profundamente sobre esses assuntos.

---

[83] Stump, *Atonement*, p. 197.
[84] O comentário de Tomás de Aquino à *Ética a Nicômaco* é uma terceira opção: a natureza na perspectiva da graça.
[85] Pinsent, *Second-Person Perspective in Aquinas's Ethics*.
[86] Tenho sido criticado pela frase "autismo espiritual", por isso deixem-me reiterar como essa frase deve ser qualificada. Primeiro, trata-se de uma metáfora, assim como a Bíblia às vezes usa a palavra "cegueira" para referência à falta de visão física ou, metaforicamente, à falta de discernimento espiritual. Em segundo lugar, é provavelmente a metáfora mais adequada, uma vez que a perturbação do espectro autista, como condição física, é caracterizada por uma relação atípica ou reduzida na segunda pessoa. Por fim, em uma leitura católica e com poucas exceções, toda pessoa passa a existir com essa condição em relação a Deus, o que não é propriamente uma questão de destacar uma minoria.

CAPÍTULO 3

Uma visão clássica

Alister E. McGrath

O termo "teologia natural" é rico e evocativo, sugerindo uma relação de desvelamento ou *insight* entre o mundo da natureza e a realidade transcendente de Deus. Por um lado, ela expressa a profunda intuição humana, avaliada teologicamente pela crença cristã na humanidade como portadora da "imagem de Deus" e na ordem criada que aponta para além de si mesma, convidando-nos a explorar o que está além de seus horizontes limitantes.[1] Ao lembrar-nos de que o mundo é o "teatro da glória de Deus", João Calvino estava indicando tanto a obra de Deus na redenção quanto na criação, como meios pelos quais Deus poderia ser conhecido e adorado.[2] Muitos encontram em Deus, diante da complexidade de nosso mundo, um "repositório de nossa admiração maravilhada",[3] o que ganha ainda mais importância por meio da doutrina cristã da encarnação, que afirma que Deus não apenas criou este mundo, mas também entrou nele em Cristo para redimi-lo. Uma visão trinitária completa de Deus inspira tanto a adoração como a reflexão intelectual, especialmente na compreensão dos fios racionais, imaginativos e afetivos da ligação entre Deus e a ordem criada.

O termo "teologia natural", embora não seja em si mesmo bíblico, pode certamente ser usado com cautela para relatar certas linhas de pensamento completamente bíblicas, sobretudo no que diz respeito à capacidade da complexidade e imensidão da natureza em apontar para Deus. As tradições históricas e proféticas do Antigo Testamento apontam para a revelação de Deus tanto no grande ato de redenção — como o êxodo do Egito — como no de criação e em seus resultados. Na verdade, é possível considerar a teologia do Antigo Testamento como a proclamação dos atos de Deus — incluindo a criação — com suas inferências e consequências.[4]

---

[1] Vidal e Kleeberg, "Knowledge, Belief, and the Impulse to Natural Theology".
[2] Schreiner, *Theater of His Glory*.
[3] Rushdie, *Is Nothing Sacred?*, p. 8.
[4] C. Barth, *God with Us*, p. 5-6.

A literatura sapiencial do Antigo Testamento é particularmente importante ao destacar o papel da ordem criada na iluminação do caráter de Deus em relação à aliança de Israel.[5] Não se trata aqui de que a natureza "prove" a existência do Deus de Israel; há, no entanto, uma insistência constante de que aspectos da ordem natural podem iluminar e influenciar a busca humana pela sabedoria — e, portanto, em última análise, por Deus.[6] Em vários pontos, o Novo Testamento indica a capacidade do mundo visível de revelar ou apontar a existência de Deus — por exemplo, no capítulo inicial da carta de Paulo aos Romanos, ou no discurso de Paulo no Areópago em Atos 17.[7] Embora Romanos 1:19,20 seja amplamente interpretado como a demonstração da "conclusão incontestável e universalmente reconhecível da culpabilidade escatológica da humanidade",[8] essa conclusão não combina com as declarações de Paulo em outros momentos — como seu questionamento sobre a capacidade da sabedoria do mundo de nos informar sobre Deus (1 Coríntios 1:18-29). Há claramente algumas questões hermenêuticas que precisam ser resolvidas aqui.

As definições dos dicionários não conseguem fazer justiça à complexidade da teologia natural, não da maneira como esta tem sido compreendida e praticada na tradição cristã. Com frequência os artigos reduzem a teologia natural a um exercício clínico de dissecação intelectual, que não consegue dar uma explicação adequada acerca da beleza da natureza ou de nosso sentimento de admiração pela sua complexidade. Uma explicação puramente racional da teologia natural, assim como a encontrada em muitas obras de teologia sistemática, só pode fornecer uma representação superficial de sua profundidade conceitual. A hostilidade modernista em relação à imaginação ainda atinge a forma pela qual pensamos a teologia natural, que nos oferece tanto uma explicação racional de como Deus pode ser encontrado na natureza ou por meio dela, bem como uma estrutura imaginativa que nos permite ver e experimentar a natureza de uma nova maneira — o que poderíamos apresentar como "uma re-imaginação teológica da natureza".[9]

OS FUNDAMENTOS TEOLÓGICOS DA TEOLOGIA NATURAL

Como Emil Brunner observou corretamente na década de 1930, qualquer abordagem à teologia natural baseia-se, em última análise, em uma pressuposta

---

[5] J. Collins, "Biblical Precedent for Natural Theology". Para reflexões sobre a forma pela qual a literatura da Sabedoria se enquadra na abordagem dos "atos de Deus" à teologia do Antigo Testamento, veja Belcher, *Finding Favour in the Sight of God*, p. 1-15.
[6] Lefebure, "Wisdom Tradition in Recent Christian Theology"; J. Collins, "Natural Theology and Biblical Tradition"; Barr, *Biblical Faith and Natural Theology*, p. 58-79. O papel dos discursos divinos em Jó 38-42 é especialmente interessante; veja Clines, *Job 38–42*, p. 1039-242.
[7] Sobre isso, veja Campbell, "Natural Theology in Paul?"; Gärtner, *Areopagus Speech and Natural Revelation*; Barr, *Biblical Faith and Natural Theology*, 21-38.
[8] Campbell, "Natural Theology in Paul?", p. 234. Cf. Watson, *Text and Truth*, p. 256-262.
[9] Vidal, "Extraordinary Bodies and the Physicotheological Imagination". Exploro este tema em mais detalhes em McGrath, *Re-Imagining Nature*.

compreensão *teológica* explícita ou implícita acerca da natureza humana.[10] Para Brunner, uma compreensão cristã da natureza humana, especialmente a importante visão de que a humanidade é portadora da imagem de Deus, quando colocada ao lado da doutrina de Deus como Criador (de modo que a ordem criada tenha alguma "capacidade permanente de revelação"), produz a matriz intelectual da qual emerge o projeto clássico da teologia natural. Não existe uma explicação neutra da natureza humana; inevitavelmente, toda teoria da natureza humana incorpora certas suposições e crenças. O cristianismo fornece uma visão ampla e rica de nosso mundo e da humanidade, que cria espaço intelectual para o empreendimento descrito neste capítulo como "teologia natural", mostrando ser *natural* que os seres humanos queiram empreender a teologia natural.[11] A doutrina da *imago Dei* representa uma formulação teológica do que poderíamos chamar de "preparação" da humanidade para a revelação divina, efetivamente moldando nossa interpretação da natureza.[12] Uma vez que Deus é revelado mediante a ordem criada, que carrega a marca divina, uma teologia natural repousa sobre seres humanos que detêm alguma capacidade criada para reconhecer esse desvelamento limitado pelo que ele realmente é, seja por intermédio do treino ou disciplina de suas capacidades naturais, ou por meio da cura ou expansão dessas capacidades por meio da graça.[13]

Assim, uma estrutura teológica cristã clássica — articulada por escritores como Atanásio, Agostinho, Tomás de Aquino e João Calvino — permite-nos explicar a existência da atividade humana natural da busca por Deus dentro ou por meio do mundo da natureza. Para Atanásio, uma antropologia cristã conduz diretamente a uma teologia natural. Deus criou a humanidade como portadora da "imagem de Deus" para que Deus pudesse ser conhecido por meio das "obras da criação".[14] Calvino afirmou a importância da revelação por meio da natureza, ao mesmo tempo que enfatizou a importância das Escrituras no esclarecimento, interpretação e expansão dessa revelação limitada. "O conhecimento de Deus, claramente demonstrado na ordem do mundo e em todas as criaturas, é explicado de maneira ainda mais clara e familiar na Palavra."[15] Embora essa visão fundamental esteja profundamente enraizada na tradição teológica reformada,[16] é um tanto comum à maioria das tradições cristãs.

---

[10] Para o que segue, veja McGrath, *Emil Brunner*, p. 90-148.
[11] Veja especialmente a análise em Haldane, "Philosophy, the Restless Heart, and the Meaning of Theism".
[12] Sobre a importância da "imagem de Deus" nos debates recentes sobre a teologia natural, veja D. Robinson, *Understanding the "Imago Dei"*.
[13] Para este tema em Agostinho, veja Couenhoven, *Stricken by Sin, Cured by Christ*, p. 19-105.
[14] Atanásio, *De incarnatione* 3.12 [edição em português: *Santo Atanásio: a encarnação do verbo* (São Paulo: Paulus, 2002)].
[15] Calvino, *A instituição da religião cristã* 1.10.1. (São Paulo: Unesp, 2008). Veja adicionalmente Grabill, *Rediscovering the Natural Law*, p. 70-97.
[16] Para este tema em Calvino, veja Husbands, "Calvin on the Revelation of God"; E. Adams, "Calvin's View of Natural Knowledge of God".

Assim, a teologia cristã estabelece uma base geral para a teologia natural, tanto em termos das origens divinas da natureza como da humanidade que porta a "imagem de Deus"; contudo, ela não prescreve quais as formas específicas que deverá assumir. Por exemplo, será que essa teologia natural provoca um reconhecimento racional da realidade de Deus? Ou será que a resposta ao mundo natural é mais bem enquadrada no que se refere a um abraço imaginativo de Deus ou de um amor relacional de Deus? A teologia cristã nos fornece um ponto de partida para a coligação de nossa experiência do mundo e de Deus, ao mesmo tempo que nos deixa preencher os pequenos detalhes — um processo de enriquecimento moldado em grande medida pelo contexto no qual essa teologia natural é desenvolvida e pelas tarefas que ela realiza.

Alguns podem querer levantar uma questão neste momento. Não estaria sendo dado muito peso ao contexto no qual a teologia natural está localizada? Afinal, o Iluminismo tendia a pensar que a racionalidade era histórica e culturalmente invariável. O contexto intelectual no qual a teologia natural estava localizada era, portanto, uma constante. No entanto, sabe-se agora que os padrões humanos e as normas de raciocínio são moldados, pelo menos em parte, por forças culturais.[17] Alasdair MacIntyre argumenta que os escritores do Iluminismo acreditavam ser possível lidar com o mundo natural de uma forma empírica e sem pressupostos, de modo que uma teologia natural pudesse ser construída independentemente de "particularidades sociais e culturais". Esse projeto falhou, em parte porque adotou "um ideal de justificação racional que se revelou impossível de alcançar".[18] Assim, MacIntyre recorre ao reconhecimento do papel da tradição e das comunidades no discurso racional, argumentando que "não existe um ponto de partida, não existe lugar para a investigação, não há como se engajar nas práticas de propor, avaliar, aceitar e rejeitar argumentos fundamentados além daquele fornecido por uma ou outra tradição particular".[19] O cristianismo fornece um tipo de racionalidade mediada pela tradição que oferece um "ponto de partida" para a interpretação do mundo natural.[20]

TEOLOGIA NATURAL: O PROBLEMA DA DEFINIÇÃO

A definição padrão de teologia natural hoje, repetida acriticamente tanto nas abordagens populares como nas acadêmicas, é que ela designa o "ramo da filosofia que investiga o que a razão humana, sem o auxílio da revelação, pode nos dizer a

---

[17] Veja McGrath, *Territories of Human Reason*.
[18] MacIntyre, *Whose Justice?*, p. 6 [edição em português: *Justiça de quem? Qual racionalidade?* (São Paulo: Loyola, 1991)].
[19] MacIntyre, *Whose Justice?*, p. 350.
[20] Para uma defesa dessa abordagem, veja Seipel, "In Defense of the Rationality of Traditions".

respeito de Deus".²¹ Isso situa o empreendimento no âmbito da disciplina da filosofia e estabelece seu objetivo como essencialmente apologético. No entanto, um estudo do desenvolvimento histórico da teologia natural indica que essa é apenas uma das várias formas que ela assumiu durante sua trajetória.²² Essa compreensão específica da teologia natural data do final do século 17 e reflete o contexto cultural e intelectual daquele período, particularmente a sensação crescente de uma ruptura entre formas de pensar científicas e religiosas.²³

Alguns poderiam objetar aqui, notando a vasta literatura acadêmica que trata da "teologia natural" de Tomás de Aquino ou de outros escritores patrísticos ou medievais. Um bom exemplo é a abordagem informada e envolvente de Norman Kretzmann sobre a "teologia natural de base metafísica", conforme estabelecida na *Suma contra os Gentios*.²⁴ No entanto, a exploração de Kretzmann sobre a maneira de Tomás enquadrar a teologia natural levanta uma questão difícil, que em geral tem sido negligenciada nessas discussões: em qual lugar na *Suma contra os Gentios* Tomás aborda explicitamente a "teologia natural", *com esse nome*? O que Kretzmann realmente faz é oferecer uma perspectiva das ideias de Tomás sobre o que os filósofos da religião agora entendem por teologia natural — uma compreensão de "teologia natural" que não encontramos no próprio Tomás de Aquino.

Ao me preparar para escrever este artigo, reli a *Suma contra dos Gentios* no original em latim, o que foi muito proveitoso. Minha razão para fazer isso, contudo, foi confirmar que a frase latina *theologia naturalis* está visivelmente ausente do texto desta obra. Kretzmann, portanto, não consegue apresentar a própria definição de teologia natural de Tomás de Aquino, à medida que este, em comum com a tradição teológica ocidental nessa fase, simplesmente não utiliza esse termo. Em vez disso, Kretzmann usa Tomás de Aquino como parceiro de diálogo numa discussão retroativa da teologia natural, baseada na compreensão moderna do que poderia ser a "teologia natural", impondo assim uma estrutura interpretativa e avaliativa moderna a Aquino. Esse é um empreendimento valioso; no entanto, ele cria a impressão de que o teólogo medieval expõe uma compreensão da teologia natural idêntica àquela característica da filosofia da religião contemporânea.

Historicamente, é bastante fácil mostrar que o termo "teologia natural" (*theologia naturalis*) era conhecido pelos teólogos da antiguidade clássica tardia, como Agostinho de Hipona,²⁵ que se baseou em temas encontrados na "teologia tripar-

---

[21] Joyce, *Principles of Natural Theology*, p. 1.
[22] Note-se os comentários importantes sobre essa diversidade de abordagens em Re Manning, Brooke e Watts, *Oxford Handbook of Natural Theology*: "Um dos principais objetivos deste manual é realçar a rica diversidade de abordagens e definições da teologia natural" (p. 1).
[23] Para um estudo detalhado, veja Mandelbrote, "Uses of Natural Theology in Seventeenth-Century England".
[24] Kretzmann, *Metaphysics of Theism*, p. 23-29.
[25] Dihle, "Die Theologia tripertita bei Augustin". Os três elementos dessa teologia são *theologia naturalis*, *civilis*, et *mythica*.

tida" do filósofo Marco Terêncio Varrão (falecido em 27 a.C.).²⁶ No entanto, Agostinho não considerou a ideia de teologia natural, assim como Varrão a apresentou, particularmente útil, e fez pouco uso dela. Dada a elevada estima dada a Agostinho durante o Renascimento teológico da Idade Média,²⁷ essa falta de interesse na ideia de teologia natural parece ter sido transportada para o mundo do pensamento de seus sucessores medievais. Embora o termo latino *theologia naturalis* tenha sido usado no final da antiguidade clássica, ele não garantiu tração filosófica ou teológica no Ocidente até a época da Renascença, em grande parte mediante a influência do estudioso catalão do século 15, Raimundo de Sebonde (c. 1385-1436).

Como observou corretamente no início do século 20 o acadêmico de Oxford, C. C. J. Webb, os estudos históricos indicavam que o termo "teologia natural" raramente era usado durante os períodos patrístico e medieval, e só passou a ser mais amplamente utilizado no século 16, principalmente por causa de *O livro das criaturas* de Sebonde, que se acredita ter sido escrito nos dois últimos anos de sua vida.²⁸ Uma decisão editorial póstuma do século 16 levou ao acréscimo do subtítulo *seu theologia naturalis* (ou teologia natural) à segunda edição latina desta obra — e daí a adoção desse termo para descrever de modo geral o envolvimento teológico com a natureza que Sebonde elogiou. Esse trabalho foi amplamente imitado, com múltiplas publicações de editoras francesas e espanholas no século 16 desenvolvendo seu método e abordagem, moldando expectativas sobre o que seria uma "teologia natural", na teoria e na prática. A abordagem de Sebonde foi reconhecida como um clássico, apesar das preocupações de alguns setores quanto a sua ênfase na revelação por intermédio da criação.

A forma de teologia natural encontrada na obra de Sebonde, no entanto, tem pouca relação com a compreensão moderna do conceito, que surgiu dois séculos mais tarde.²⁹ Sebonde não interpreta a *theologia naturalis* em termos puramente cognitivos, mas entende-a como abarcando um envolvimento *afetivo* com a ordem natural, vista sob a perspectiva da fé. O tratado de Sebonde, embora inclua algumas seções catequéticas posteriores que tratam da teologia dogmática, é, na verdade, uma obra de espiritualidade, e não de teologia.

Décadas mais tarde, o filósofo renascentista Michel de Montaigne publicou uma influente tradução francesa da obra de Sebonde como *A Teologia Natural de Raymond Sebon* (1569), que muito contribuiu para popularizar a abordagem de Sebonde e o termo "teologia natural" no Renascimento tardio, particularmente como modo de afirmar a racionalidade intrínseca da fé. Embora o trabalho de

---

²⁶ Sobre a abordagem de Varro, veja van Nuffelen, "Varro's Divine Antiquities".
²⁷ Colish, "Sentence Collection and the Education of Professional Theologians".
²⁸ Webb, *Studies in the History of Natural Theology*, p. 1-83. Sobre a história e a influência da obra de Sebonde, veja Bujanda, "L'influence de Sebond en Espagne au XVI siècle".
²⁹ Para discussões adicionais, veja de Puig, *La filosofia de Ramon Sibiuda*.

Sebonde claramente não tenha sido escrito para fins apologéticos ou para combater o ceticismo ou a descrença, essa agenda influenciou a decisão de Montaigne, mais de um século depois, de traduzir o trabalho de Sebonde para o francês e anexar um ensaio sobre o significado mais amplo de Sebonde. A essa altura, as questões apologéticas estavam tornando-se cada vez mais importantes, levando Montaigne a notar a aplicação potencial da abordagem de Sebonde às críticas à crença teísta que então asseguravam uma audiência nos círculos humanistas franceses.[30]

Essa reflexão histórica deve dar-nos motivos para refletir sobre o que entendemos por "teologia natural" e sobre qual poderia ser sua forma "clássica". A maneira de Sebonde enquadrar a relação entre Deus e as criaturas tem uma forte pretensão de representar uma abordagem "clássica" da teologia natural; no entanto, sua abordagem tem pouca ligação com a compreensão da teologia natural reinante no século 21. Por essa razão, é provavelmente melhor utilizar a investigação histórica para explorar como o conceito foi entendido na tradição cristã, em vez de impor definições modernas (significativamente moldadas pelos debates culturais da modernidade) ao passado. A recuperação da rica compreensão cristã de uma *teologia* natural — em oposição a uma filosofia que afirma a racionalidade da crença em Deus — depende criticamente de permitir que os escritores do passado moldem nossa compreensão da ideia, e de não lhes impormos nossos pontos de vista. Por essa razão, passaremos a considerar o que a história revela sobre os entendimentos e aplicações passadas do conceito.

UMA ABORDAGEM GENEALÓGICA DA TEOLOGIA NATURAL

A ferramenta de pesquisa mais apropriada para descobrir o que a teologia cristã entendeu pelo termo "teologia natural" é uma descrição dos contextos nos quais esse empreendimento parece ter sido concebido e as maneiras como foi empreendido. É importante apreciar o contexto histórico na formação do caráter e dos objetivos das abordagens da teologia natural. O reconhecimento de que ideias como "natureza", "ciência" e "religião" são construções sociais historicamente situadas[31] sugere ser improvável que exista qualquer forma essencial predeterminada de "natureza" ou de "teologia natural"; esses termos estão, antes, abertos à revisão cultural e à reconstrução ideológica, refletindo a localização social e cultural na qual emergem, muitas vezes em resposta a uma necessidade percebida. Não podemos excluir a possibilidade de que novas formas de teologia natural se desenvolvam no futuro, por consequência de novas situações apologéticas que não podem ser atualmente determinadas.

---

[30] Para uma descrição detalhada, veja Habert, *Montaigne traducteur de la Théologie naturelle*.
[31] Por exemplo, veja Harrison, *Os territórios da ciência e da religião*, (Viçosa: Ultimato, 2017); Gerber, "Beyond Dualism."

Em uma situação tão fluida e complexa, oferecer definições *a priori* do que a teologia natural deveria ser restringe inutilmente (e potencialmente distorce) a ideia. É algo que exige ser *descrito* levando-se em consideração seu histórico de uso e aplicação. Essa abordagem genealógica é uma característica proeminente nos escritos de filósofos como Friedrich Nietzsche[32] e tem um claro potencial para aplicação teológica. Um estudo histórico cuidadoso revela múltiplas maneiras pelas quais a ideia de teologia natural foi entendida.[33] A seguir, consideramos quatro dessas abordagens que fazem parte dessa genealogia da teologia natural e refletem a ambiguidade do termo latino *theologia naturalis* como designando tanto "uma teologia natural" como "uma teologia da natureza".[34]

Em primeiro lugar, a teologia natural designa uma teologia que chega "naturalmente" à mente humana, e, portanto, sem o auxílio da revelação divina. Essa abordagem pode ser considerada uma demonstração da racionalidade intrínseca da fé cristã por meio do emprego de formas naturais de raciocínio. O chamado argumento ontológico de Anselmo para a existência de Deus é um bom exemplo dessa abordagem. Anselmo não recorre à revelação para justificar a racionalidade da fé no *Proslógio*, e não se envolve com o mundo natural, concentrando-se, em vez disso, nos padrões de raciocínio humano e indicando suas implicações.[35]

Em segundo lugar, a teologia natural refere-se a uma forma de raciocínio, independente da revelação, que reflete sobre as implicações teístas da beleza ou complexidade do mundo natural. Essa compreensão específica da teologia natural é normalmente chamada de "físico-teologia" (grego: *physikos*, "natural") e emergiu como uma presença intelectual significativa na Inglaterra do século 18.[36] A trajetória de pensamento proposta parte da observação do mundo natural até a inferência da existência de Deus, sem pressupor ou estabelecer uma relação de dependência com ideias reveladas. Graças a seu apelo ao mundo da natureza publicamente acessível, essa abordagem evita o "escândalo da particularidade",[37] que emerge da insistência moderna de que o conhecimento do divino deve ser universalmente acessível, em vez de historicamente localizado em algum momento específico (e agora passado) no tempo.

Ambas as abordagens da teologia natural que acabamos de esboçar relacionam o mundo da natureza a uma divindade genérica, que então requer correlação com o Deus cristão. No entanto, algumas abordagens da teologia natural são especificamente

---

[32] Lightbody, *Philosophical Genealogy*.
[33] Veja as diferentes listas em McGrath, *Re-Imagining Nature*, p. 18-33; Fergusson, "Types of Natural Theology".
[34] Veja o argumento em Padgett, "Theologia Naturalis".
[35] Schumacher, "Lost Legacy of Anselm's Argument".
[36] Zeitz, "Natural Theology, Rhetoric, and Revolution"; Harrison, "Physico-Theology and the Mixed Sciences".
[37] Embora essa ideia geral seja desenvolvida pelo escritor iluminista G. W. Lessing, o termo específico "Ärgernis der Einmaligkeit" parece ter sido cunhado pelo biblista Gerhard Kittel em 1930.

cristãs, originadas no seio da comunidade cristã de fé, e são informadas pelas suas crenças fundamentais. Consideraremos uma dessas abordagens a seguir.

Em terceiro lugar, a teologia natural deve ser entendida principalmente como uma "teologia da natureza", como uma forma especificamente cristã de ver ou compreender o mundo natural, refletindo os pressupostos centrais da fé cristã: isso deve ser contrastado ou oposto a perspectivas seculares ou naturalistas da natureza.[38] O movimento de pensamento aqui proposto parte da própria tradição cristã em direção à natureza, e não da natureza em direção à fé (como na segunda abordagem identificada acima). Essa abordagem pressupõe a revelação divina e reflete a compreensão específica da natureza que resulta quando esta é vista dessa perspectiva. Ela origina-se na tradição cristã e representa um modo especificamente cristão de ver a ordem natural.

Em quarto lugar, a teologia natural é o resultado intelectual da tendência natural da mente humana de desejar ou inclinar-se para Deus. Essa abordagem tradicionalmente recorre ao "desejo natural de ver Deus", desenvolvida por Tomás de Aquino e outros,[39] embora possa ser formulada de várias maneiras — como a afirmação de Bernard Lonergan de uma tendência inata do intelecto humano para compreender o ser.[40] Nessa abordagem, é natural que a mente humana procure Deus; a teologia natural é o resultado dessa busca, que está baseada em algum "instinto de retorno" intelectual ou imaginativo na humanidade.

É claro que outras abordagens podem ser discernidas na rica e complexa história da teologia cristã. Há certas vantagens em limitar o âmbito da teologia natural a uma ou mais destas em prol da clareza intelectual ou da precisão argumentativa. No entanto, essa organização conceitual é obtida às custas da exclusão de certas abordagens que a tradição teológica cristã considerou legítimas e úteis; ela empobrece desnecessariamente a gama de recursos que podemos utilizar na complexa questão da exploração e representação da relação entre o mundo natural e Deus, e como apresentamos isso na comunidade de fé e no diálogo com uma cultura mais ampla.

No entanto, embora essa abordagem genealógica da teologia natural maximize suas possibilidades intelectuais, ela também levanta questões difíceis, que não podem ser ignoradas. Estarão essas diferentes implementações ou conceitualizações da teologia natural essencialmente *desconectadas*, de modo que a tarefa é simplesmente identificá-las e apresentá-las para avaliação e aplicação individual? Ou existe alguma visão mais profunda ou mais rica da teologia natural que possa

---

[38] Morley, *John Macquarrie's Natural Theology*, p. 97-120; Gunton, "Trinity, Natural Theology, and a Theology of Nature", p. 98-103.
[39] Feingold, *Natural Desire to See God*; Kerr, *Immortal Longings*, p. 159-84.
[40] Lonergan, "General Character of the Natural Theology of Insight".

englobar todas elas em um único quadro teórico? Não existe um consenso firme sobre essa questão. Alguns argumentam que a diversidade da teologia natural é uma indicação de sua incoerência conceitual fundamental;[41] outros argumentam que uma metanarrativa cristã, fundamentada em uma visão trinitária de Deus, fornece uma visão mais ampla da realidade que mantém unidas essas múltiplas visões da teologia natural.[42]

UMA BREVE DESCRIÇÃO DA TEOLOGIA NATURAL

A complexidade da localização histórica e do uso da "teologia natural" torna impróprio oferecer uma definição precisa da ideia: isso limitaria e distorceria um amplo empreendimento de engajamento e reflexão com o mundo natural que, em última análise, é de caráter mais teológico do que filosófico. Nesta seção, ofereço uma breve descrição da teologia natural, respeitando suas raízes históricas e os múltiplos contextos nos quais foi praticada.[43] Essa teologia designa um empreendimento intelectual multifacetado, resistente a definições, mas rico em aplicações, que explora possíveis conexões entre o mundo da natureza e uma realidade transcendente, como o conceito cristão de Deus. Essas conexões são múltiplas e complexas. Tradicionalmente, centram a reflexão em Deus como uma explicação para a beleza e regularidade da natureza, usando modos de argumentação indutivos, abdutivos e dedutivos.[44] No entanto, outras abordagens devem ser notadas, particularmente a metáfora clássica da Renascença acerca dos "dois livros de Deus", cujas origens podem ser rastreadas até o início do período medieval.[45] Essa metáfora fortemente visual nos convida a ver Deus como o autor ou criador de dois "livros" distintos, embora relacionados, o Livro da Natureza e o Livro das Escrituras, e, assim, imagina a natureza como um texto legível que requer interpretação,[46] de uma maneira comparável à interpretação cristã da Bíblia.

Embora a teologia natural seja por vezes entendida como uma abordagem da natureza e da divindade baseada apenas na leitura do Livro da Natureza, é possível enquadrá-la em termos dos resultados obtidos a partir da leitura desses dois livros lado a lado, permitindo-lhes enriquecer e interpenetrar um ao outro. Mais recentemente, tem havido um movimento para desenvolver uma "semiótica natural", que considera a ordem natural como um sistema de signos incorporados, uma ordem

---

[41] Essa é a visão de Graham Oppy. Veja, por exemplo, Oppy, *Arguing about Gods*. Para discussões adicionais, veja Siniscalchi, "Atheist Criticism of Thomistic Natural Theology".
[42] Para essa última visão, veja McGrath, *Re-Imagining Nature*, p. 25-40.
[43] Para uma descrição "densa" da teologia natural, veja McGrath, *Re-Imagining Nature*, p. 22-25.
[44] McGrath, *Territories of Human Reason*, p. 154-81.
[45] Para suas raízes medievais, veja Mews, "World as Text". Para seu desenvolvimento posterior, veja Howell, *God's Two Books*.
[46] Neste tema, veja Blumenberg, *Die Lesbarkeit der Welt*.

que significa e aponta para além de si mesma e para Deus.[47] Em ambos os casos, a teologia natural pretende mostrar que uma estrutura imaginativa ou semiótica cristã consegue interpretar as complexidades de forma mais satisfatória do que suas alternativas seculares.

No entanto, esse empreendimento intelectual geral é conduzido em uma variedade de contextos e para diversos propósitos; esses contextos e propósitos moldam a forma que ele assume. A teologia natural é um processo bidirecional: ela pode designar o processo pelo qual se parte da reflexão sobre a natureza e se termina na crença em Deus; ou pode, igualmente, designar o processo pelo qual se começa com a crença em Deus e se termina com a reflexão sobre o mundo natural à luz dessa crença. Isso nos ajuda a compreender como a teologia natural pode assumir diferentes formas e por que é enganoso tratar qualquer uma delas como normativa ou característica.

Uma família de abordagens enfatiza a consonância ou congruência da visão da realidade articulada pela fé cristã com nossas observações ou experiência da natureza. A obra *Analogy of religion* [Analogia da religião], de Joseph Butler (1736), desenvolve uma forma de teologia natural destinada a abordar as questões suscitadas pelo surgimento de formas céticas de racionalismo no início do século 18. Sua abordagem básica é afirmar a "analogia" ou ressonância intelectual entre a experiência humana da natureza e a estrutura intelectual oferecida pelo evangelho cristão. Essa abordagem à teologia natural não procura provar a existência de Deus a partir de um apelo à natureza ou à razão, mas demonstrar uma coerência ou congruência entre as reivindicações específicas da fé cristã e um conhecimento do mundo derivado de outras disciplinas ou áreas da vida.

Da mesma forma, a *Teologia natural*, de William Paley (1802), se propôs a demonstrar como a ideia de Deus como um "artífice", alguém que projeta e constrói, se harmoniza com nossas observações do mundo, particularmente a complexidade do mundo biológico.[48] Uma abordagem semelhante é adotada nos *Tratatos de Bridgewater*, produzido em cerca de 1833.[49] O argumento, de novo, não tenta provar a existência necessária de Deus, mas procura mostrar como a fé cristã consegue acomodar ou "se encaixar" no que é realmente observado no mundo da natureza.

Essa família de teologias naturais é claramente bidirecional em sua abordagem. A intenção subjacente a todas as obras que acabamos de mencionar é dupla: primeiro, assegurar aos crentes religiosos que sua fé consegue dar sentido a seu mundo da experiência; e, segundo, afirmar a racionalidade da fé para aqueles que estão fora da igreja, neutralizando, ou pelo menos atenuando, algumas das críticas

---

[47] Veja, por exemplo, A. Robinson, *God and the World of Signs*.
[48] Sweet, "Paley, Whately, and 'Enlightenment Evidentialism'".
[49] Topham, "Biology in the Service of Natural Theology".

à incoerência intrínseca ou irracionalidade do evangelho que estavam começando a aparecer.[50] Isso nos ajuda a entender por que o rico espectro da teologia natural é implementado de diferentes maneiras de acordo com o público em vista.

Outras abordagens da teologia natural, no entanto, vão além da reflexão cognitiva ou analítica sobre a natureza e visam identificar e cultivar os aspectos afetivos e imaginativos de nosso envolvimento com o mundo natural.[51] Como o estudo da tradição teológica cristã deixa claro, há uma rica herança de correlação da doutrina com a imaginação que precisa ser aplicada à reflexão teológica sobre o mundo natural.[52] O teólogo puritano americano Jonathan Edwards desenvolveu uma abordagem à teologia natural que tanto salvaguardou como destacou os aspectos afetivos do encontro do crente com o mundo da natureza. Para Edwards, a regeneração do crente "estabelece uma nova visão, radicalmente diferente daquela da compreensão e visão naturais". Consequentemente, a natureza é vista de uma nova maneira, sendo sua beleza realçada e exibida pela nova visão da realidade resultante da conversão.[53] Isso é particularmente evidente em uma das descrições mais líricas da natureza por parte de Edwards:

> Quando nos deliciamos com prados floridos e suaves brisas de vento, podemos considerar que vemos apenas as emanações da doce benevolência de Jesus Cristo; quando contemplamos a rosa e o lírio perfumados, vemos seu amor e pureza. Assim, as árvores e os campos verdes, e o canto dos pássaros, são emanações de sua infinita alegria e benignidade; a facilidade e naturalidade das árvores e vinhas [são] sombras de sua infinita beleza e encanto; os rios cristalinos e riachos murmurantes têm as pegadas de sua doce graça e generosidade.[54]

A visão cristã da realidade permite-nos ver a natureza de forma que suas belezas, como continua Edwards, "são realmente emanações, ou sombras, das excelências do Filho de Deus".

TEOLOGIA NATURAL E APOLOGÉTICA

A abordagem abrangente da teologia natural esboçada neste capítulo é motivada pelo deleite intelectual e imaginativo.[55] Salmos 19:1 é assim entendido não como uma prova da existência de Deus, mas como uma afirmação da capacidade de

---

[50] Para uma reflexão sobre o significado cultural dessas críticas, veja Jager, "Mansfield Park and the End of Natural Theology".
[51] Smith, *Imagining the Kingdom*, p. 103-49 [edição em português: *Imaginando o reino* (São Paulo: Vida Nova, 2019)].
[52] Veja Zahl, "On the Affective Salience of Doctrines".
[53] Lane, "Jonathan Edwards on Beauty, Desire, and the Sensory World".
[54] Edwards, "Miscellanies, no. 108," in Edwards, *Works*, 13:279.
[55] Note-se a discussão sobre o "fascínio" da teologia natural em Bork, "Natural Theology in the Eighteenth Century".

nossa experiência do mundo natural, quando interpretado corretamente, para aumentar em imaginação e enriquecer em afeto nossa apreciação de Deus como Criador do mundo. Ao olhar para um universo complexo e maravilhoso por meio das lentes da fé cristã, a maioria encontra nossa visão de Deus enriquecida e ampliada pela reflexão sobre as obras de Deus. Esse é um tema amplamente explorado nos escritos de grandes teólogos medievais, como Boaventura, que enfatizam a capacidade do mundo natural, quando visto corretamente, de intensificar nosso sentimento de deleite e admiração pela sabedoria de Deus na criação.[56]

É em geral reconhecido que a crítica de Karl Barth à teologia natural ainda permanece potente na teologia protestante, a ponto de alguns agora considerarem a teologia natural como uma forma de heresia.[57] Para Barth, a teologia natural representa uma afirmação imprópria da autonomia humana, que procura encontrar e caracterizar Deus segundo os termos de nossa escolha.[58] Essa é uma preocupação importante, e Barth tem razão em abordá-la. No entanto, as objeções legítimas de Barth correlacionam-se, na verdade, apenas com uma região relativamente restrita do espectro de possíveis teologias naturais, sendo melhor entendidas como a identificação de possíveis riscos que acompanham o empreendimento da teologia natural, em vez de sistematicamente desacreditar a noção. O desacordo de 1934 entre Barth e Brunner diz respeito fundamentalmente à questão geral da relação entre natureza e graça, e não à noção específica de teologia natural.[59]

No entanto, as preocupações de Barth em relação à teologia natural também estão enredadas em uma suspeita mais profunda quanto ao propósito e ao lugar da apologética, o que se reflete em suas críticas à ideia de Brunner da "outra" tarefa da teologia, qual seja, o envolvimento crítico com a cultura. Embora críticas válidas possam ser feitas às tentativas de tentar provar a existência de Deus ou de contornar a autorrevelação de Deus, é inteiramente apropriado tentar mostrar a um público mais amplo, além do domínio da igreja, que o cristianismo é racionalmente plausível e merece uma consideração mais aprofundada.

A apologética sempre foi um aspecto essencial do ministério da igreja, particularmente quando o evangelho enfrentou desafios intelectuais — como, por exemplo, no período da igreja primitiva.[60] Existem, é claro, várias abordagens à apologética, incluindo aquelas que propõem demonstrar a racionalidade da fé por meio da argumentação direta.[61] No entanto, existem outras formas de apologética

---

[56] Cullen, *Bonaventure*, p. 119-29.
[57] Um aspeto sublinhado por Kock, *Natürliche Theologie*.
[58] Kock, *Natürliche Theologie*, p. 23-102.
[59] Para uma descrição crítica desse debate e um envolvimento pormenorizado com as fontes originais em língua alemã, veja McGrath, *Emil Brunner*, p. 90-132. Barth claramente não compreende Brunner em vários pontos importantes.
[60] Pelikan, *Christianity and Classical Culture*, p. 22-39.
[61] Dulles, *History of Apologetics*.

que não adotam essa abordagem, mas afirmam a consonância ou ressonância entre a fé cristã e o que é observado no mundo e experimentado em nós. O método apologético de C. S. Lewis, por exemplo, baseia-se principalmente na capacidade que o cristianismo tem de "encaixar" em nossa experiência e observações do mundo.[62] Alguns teólogos consideram a apologética ilegítima, argumentando que o necessário é meramente a proclamação do evangelho. Outros, no entanto, argumentam que a apologética é um método construtivo e apropriado para preparar o terreno ao evangelismo, em parte pela afirmação da confiabilidade do cristianismo, e em parte por ajudar os de fora a compreender algo da qualidade da representação cristã da realidade — inclusive do mundo natural. Isso é visto de forma particularmente clara no início do período moderno na Europa Ocidental, à medida que novos desafios à abrangência e à coerência do cristianismo foram levantados por meio da emergência de uma cultura científica.

É amplamente aceito que o surgimento da físico-teologia no século 18 reflete considerações apologéticas específicas daquele período histórico, especialmente na Inglaterra. Ela foi considerada um meio apologético de garantir que uma cultura religiosa permanecesse em contato com uma cultura cada vez mais científica durante um período de transição, permitindo que a vitalidade contínua das ideias religiosas tradicionais se afirmasse em uma cultura científica em ascensão, e que as abordagens científicas emergentes se afirmassem em uma cultura religiosa em curso.[63] No entanto, uma teologia natural como essa corria o risco de ficar aprisionada em seu contexto cultural. Dois pontos são de particular importância.

Primeiro, o "deus" revelado por essa teologia natural era essencialmente um criador que não tinha qualquer ligação necessária com o governo contínuo do mundo (uma ideia teológica tradicionalmente expressa com base na providência divina) ou com a redenção da humanidade. O deus da físico-teologia correspondia, de certa forma, à divindade um tanto impessoal e inativa proposta por várias formas de deísmo. Essa forma de teologia natural criou uma aliança viável entre ciência e religião no final do século 17 e início do século 18, permitindo-lhes coexistir em relativa harmonia; porém, ficava claro que era possível dispensar esse deus sem maiores dificuldades. No final do século 18, a teologia natural era vista pelos seus críticos como um incentivo a várias formas de ateísmo, por apresentar um conceito inadequado de Deus.[64]

Em segundo lugar, o racionalismo emergente daquele período reduziu a teologia natural a categorias racionais, principalmente por meio da supressão da imaginação. Essa forma de teologia natural enfatizou a importância da explicação

---

[62] McGrath, "Reason, Experience, and Imagination".
[63] Mandelbrote, "Uses of Natural Theology in Seventeenth-Century England".
[64] Odom, "Estrangement of Celestial Mechanics and Religion".

racional, mas, ao fazê-lo, não conseguiu captar os aspectos imaginativos e emotivos da fé religiosa, empobrecendo, assim, nossa visão acerca de um empreendimento ao mesmo tempo racional e imaginativo.[65] Não se pode permitir que nem a academia nem a igreja fiquem presas em uma conceituação restritiva de teologia natural que reflete a situação social e cultural específica do início do período moderno. No entanto, essas dificuldades podem ser resolvidas, não abandonando a teologia natural, mas assegurando que nem a teologia cristã nem a apologética sejam desnecessariamente restritas a essa implementação específica da prática da teologia natural.

Alguns podem argumentar que a abordagem ampla de uma teologia natural cristã brevemente esboçada aqui parece confundir o descritivo e o normativo, apresentando, na verdade, essa teologia natural tanto como uma abordagem apologética que deve ser testada quanto como uma forma estabelecida de pensamento que consegue testar e avaliar outras perspectivas e pontos de vista. Embora eu admita essa preocupação, é importante compreender que a pluralidade de contextos nos quais a teologia natural opera torna inevitável essa diversidade de funções. Como Ludwig Wittgenstein apontou, uma mesma proposição ou ideia pode ser tratada em um ponto como algo que deve *ser testado* e, em outro, como uma *regra de teste*.[66] Como enfatizei, a teologia natural é bidirecional, envolvendo o público dentro e além das igrejas. No entanto, o que pode parecer uma incoerência conceitual ou uma plasticidade inadequada de abordagem, é, na verdade, um reflexo da notável versatilidade da ideia ampla de teologia natural, afirmando sua capacidade de envolvimento em múltiplos diálogos e empreendimentos. Esses diálogos continuarão e provavelmente se tornarão mais importantes.

CIÊNCIA E RELIGIÃO: UM CATALISADOR PARA A TEOLOGIA NATURAL

Talvez a interface contemporânea mais significativa entre a teologia cristã e o mundo natural seja a ampla área designada pelo termo "ciência e religião". O crescente interesse cultural em abordar a natureza levou ao surgimento de três termos significativos nos séculos 17 e 18, cada um dos quais desenvolveu ressonâncias e associações bastante diferentes: "ciência natural", "teologia natural" e "filosofia natural".[67] O que os mantém unidos nesse contexto do início da modernidade é o pressuposto partilhado de que um envolvimento com o mundo natural é intelectualmente significativo, moralmente aperfeiçoador e religiosamente enriquecedor.[68] No devido tempo,

---

[65] Note os pontos apresentados em Caldecott, *Beauty for Truth's Sake*, p. 37-52.
[66] Wittgenstein, *On Certainty*, p. 98 [edição em português: *Sobre a certeza* (São Paulo: Fósforo, 2023)].
[67] Veja, por exemplo, Dear, "Reason and Common Culture in Early Modern Natural Philosophy".
[68] Isaac Newton é um excelente exemplo de um cientista que reúne essas três linhas de pensamento potencialmente díspares; veja Iliffe, *Priest of Nature*.

esses três conceitos tornaram-se carregados de vários pressupostos. No século 21, "ciência natural" é agora normalmente entendida como significando a investigação empírica da natureza, sem referência a pressupostos filosóficos ou teológicos; a "teologia natural" passou a ser vista como uma subdivisão da filosofia da religião; e a "filosofia natural" deixou, em linhas gerais, de ser utilizada.

Tanto as ciências naturais como a teologia cristã refletem um sentimento de admiração pelo mundo que nos rodeia e que está em nós,[69] uma compreensão de que nossas categorias conceituais são ao mesmo tempo ampliadas e enriquecidas pela vastidão da natureza, por um lado, e, por outro, pela imensidão de Deus — tantas vezes expressa usando a ideia de "glória". É bem sabido que existe uma importante ligação histórica entre o surgimento de certos tipos de teologia natural (especialmente a físico-teologia) e o papel cultural cada vez mais importante das ciências naturais no início do período moderno.[70]

A teologia natural criou uma ponte intelectual e imaginativa importante — embora muitas vezes concebida de forma vaga — entre uma cultura científica e uma cultura religiosa, particularmente na Inglaterra durante o final do século 17 e início do século 18. Vários fatores não científicos aparentemente ajudaram a moldar esse novo interesse pela teologia natural e pela ideia correlata de religião natural presentes naquela época na Inglaterra:[71]

1. O surgimento do criticismo bíblico pôs em xeque a confiabilidade ou a inteligibilidade das Escrituras e, por conseguinte, suscitou o interesse pelas capacidades revelatórias do mundo natural.
2. A crescente desconfiança em relação à autoridade eclesiástica levou alguns a explorar fontes de conhecimento que eram vistas como independentes do controle eclesiástico, assim como o apelo à razão ou à ordem natural.
3. A aversão à religião organizada e às doutrinas cristãs levou boa parte das pessoas a procurar uma "religião da natureza" mais simples, na qual a natureza era valorizada como fonte de revelação.

Esses fatores serviram para maximizar a plausibilidade da físico-teologia da época, permitindo que a descoberta científica da regularidade no universo fosse correlacionada com alguns temas centrais da teologia cristã.[72] As formas de teologia natural que emergiram da síntese newtoniana tendiam a enfatizar a regularidade da ordem natural. A existência de leis (ou princípios) da natureza era muitas

---

[69] Tallis, *In Defence of Wonder*, p. 1-22.
[70] Brooke, "Science and the Fortunes of Natural Theology"; Bork, "Natural Theology in the Eighteenth Century".
[71] Westfall, "Scientific Revolution of the Seventeenth Century".
[72] Para uma boa análise, veja Peterfreund, *Turning Points in Natural Theology*.

vezes considerada como indicativa, possivelmente até uma prova, da existência de um legislador —facilmente identificado com, ou assimilado por, a ideia cristã de Deus.[73] Embora ideias teleológicas pudessem ser incorporadas nessa matriz conceitual sem dificuldade, sua ênfase principal repousava na ordenação e racionalidade da natureza, e não nos propósitos para os quais essa ordenação e racionalidade poderiam ter sido concebidas. No entanto, a tendência crescente para pensar o universo em termos mecânicos tornou cada vez mais plausível argumentar propondo que a demonstração de um mecanismo cósmico levaria à afirmação e apreciação de seu projetista, ou *designer* — uma abordagem característica da físico-teologia inglesa.

Mais recentemente, o físico quântico e teólogo britânico John Polkinghorne defendeu tanto a renovação como a revisão da teologia natural, em resposta ao interesse crescente dos cientistas naturais em questões mais grandiosas, que estão além da capacidade de resposta do âmbito das ciências. Polkinghorne rejeita a ideia da teologia natural como forma de provar a existência de Deus, argumentando que a teologia natural pertence corretamente "ao grupo da investigação teológica geral", e que visa oferecer uma visão melhorada da estrutura, função e significado de nosso universo, complementando ou suplementando as ciências, em vez de procurar substituí-las.[74]

Polkinghorne desenvolve uma abordagem à teologia natural que não pretende *provar* a existência de Deus, mas visa oferecer uma explicação mais satisfatória da natureza do que suas alternativas ateístas. A teologia natural deve, portanto, ser vista como um complemento às ciências naturais, e não uma rival ou concorrente em matéria de explicação. Embora a própria ciência não pareça necessitar de qualquer suplementação teológica em seu domínio distintivo, ela levanta, no entanto, questões que ela mesma não pode responder mediante seus métodos de trabalho. "Existem metaquestões que surgem de nossa experiência e compreensão científica, mas que nos apontam para além daquilo sobre o qual a ciência, por si só, pode presumir falar."[75]

Então, quais "metaquestões" Polkinghorne tem em mente? Um bom exemplo é este: Por que o universo físico é tão racionalmente transparente para nós a ponto de podermos discernir seu padrão e estrutura, mesmo no mundo quântico, que tem pouca relação com nossa experiência cotidiana?[76] Por que alguns dos mais belos padrões propostos pelos matemáticos puros ocorrem na estrutura do mundo físico? A teologia natural oferece um quadro explicativo que complementa — em vez de substituir — o das ciências naturais, permitindo uma compreensão mais

---

[73] Para o desenvolvimento dessa ideia, veja Osler, *Divine Will and the Mechanical Philosophy*, p. 118-46.
[74] Polkinghorne, "New Natural Theology", p. 50.
[75] Polkinghorne, "New Natural Theology", p. 43.
[76] Polkinghorne, "New Natural Theology", p. 44.

completa e profunda de seu potencial e limites. Essa explicação da profunda inteligibilidade do universo que surge da teologia natural deve, portanto, ser vista mais como um *insight* do que como uma demonstração.

Como sugere Polkinghorne, a teologia natural tem um papel particularmente significativo a desempenhar no envolvimento teológico com as ciências naturais, fornecendo um desafio racional e imaginativo crível às explicações naturalistas ou materialistas da natureza. Uma das funções mais básicas e significativas de uma teologia natural cristã é estabelecer uma teologia da natureza: uma visão convincente, abrangente e fundamentalmente *religiosa* do mundo como criação de Deus que pode iluminar nossa mente e entusiasmar nosso coração,[77] qualidades que põem em xeque a adequação das abordagens seculares.

A famosa observação de Wittgenstein de que "uma *imagem* nos manteve cativos" destaca como nossa compreensão do mundo pode ser facilmente controlada por uma visão de mundo ou metanarrativa que, quer saibamos ou não, determinou o que percebemos neste mundo.[78] Essa "imagem" nos faz interpretar a experiência de certas maneiras, considerando-a natural ou autoevidencialmente correta, ao mesmo tempo que nos cega para formas alternativas de compreendê-la. Peter de Bolla, baseando-se nessa visão, observou como alguém que vê uma obra de arte pode ficar preso a "um conjunto de expectativas e crenças", de modo que a leitura dessa obra apenas reitere sua "ideologia basilar"[79] — nesse caso, o naturalismo materialista. A metáfora de Wittgenstein convida-nos a imaginar uma galeria de imagens de visões de mundo, entrando em cada uma delas e avaliando a qualidade de sua representação da textura de nosso mundo. Uma teologia natural cristã pode, portanto, ser vista como uma forma específica de contemplar e engajar a ordem natural, exibindo uma representação racional, imaginativa e afetiva da realidade que escapa às mitologias seculares e aos naturalismos materialistas. Uma teologia natural possibilita uma leitura cristã da natureza, enriquecendo uma narrativa científica ao evitar que se torne um "catálogo monótono de coisas comuns" (John Keats).[80]

CONCLUSÃO: O FUTURO DA TEOLOGIA NATURAL

Este capítulo apresentou uma visão abrangente da teologia natural como uma prática de exploração da interface entre a natureza e Deus, usando as faculdades

---

[77] Gunton, "Trinity, Natural Theology, and a Theology of Nature".
[78] Wittgenstein, *Investigações filosóficas*, §115 (São Paulo: Vozes, 2014).
[79] De Bolla, *Art Matters*, 97.
[80] Embora tenham sido dirigidas críticas intelectuais significativas contra uma "ateologia natural" — por exemplo, Sosa, "Natural Theology and Naturalist Atheology" — estas limitam-se muitas vezes a desafiar a sua profundidade e coerência racionais e não se ocupam da sua óbvia incapacidade do relacionamento significativo com a imaginação, os afetos e as emoções humanas. A frase de Keats é do seu poema "Lamia" (1819).

humanas da razão, imaginação e emoção. Ele reconhece e respeita a rica diversidade de abordagens e definições da teologia natural. Essa compreensão clássica da teologia natural envolve inevitável e necessariamente uma variedade de maneiras de encarar e concretizar uma correlação e conexão entre o mundo natural e Deus. Embora eu tenha levantado algumas preocupações sobre a ideia específica de teologia natural como "o empreendimento de oferecer suporte às crenças religiosas partindo de premissas que não são e nem pressupõem quaisquer crenças religiosas", minha preocupação aqui não é criticar essa abordagem específica: procuro apenas salientar que ela faz parte de um espectro de possibilidades e, portanto, não é a *única* abordagem da teologia natural nem sua forma normativa.[81]

Em todo o texto, deixei claro que não vejo lugar legítimo para uma visão da teologia natural que busque subverter a revelação ou oferecer uma prova demonstrativa da existência de Deus. No entanto, permanece um papel apologético legítimo para a teologia natural, à medida que ela exibe a distinta racionalidade intrínseca da fé àqueles que estão fora da igreja, preparando, assim, o caminho para um encontro mais profundo e transformador com o próprio evangelho. Também continua a ser importante que os cristãos tenham a certeza da resiliência intelectual de sua posição, particularmente em culturas que privilegiam os métodos e resultados das ciências naturais.

Todo o empreendimento da teologia natural baseia-se em uma crença *teológica* fundamental de que o Deus que criou o mundo é também aquele revelado na e por meio da Bíblia cristã, inserido em um conjunto de crenças igualmente teológicas relativas ao impacto transformador da graça e a natureza da revelação. Sem essa suposição subjacente e informativa, Deus e a natureza são entidades desconectadas. A viabilidade da gama de teologias naturais é estabelecida e salvaguardada pela suposição teológica cristã de um Deus Criador, revelado nas Escrituras, cuja marca está incorporada no mundo natural. Uma teologia natural baseia-se na crença central de que o mundo natural é, na verdade, uma ordem criada. Embora este capítulo apresente o argumento para reconhecer e desenvolver uma gama rica e profundamente satisfatória de entendimentos da teologia natural, talvez ele seja mais bem visto como um apelo para redescobrir a teologia natural como uma prática autêntica e caracteristicamente *teológica*, e não meramente como um aspecto da filosofia da religião.

---

[81] Alston, *Perceiving God*, p. 289 [edição em português: *Percebendo Deus: a experiência religiosa justificada* (Natal: Carisma, 2020)].

Resposta contemporânea

Charles Taliaferro

Alister McGrath já realizou excelentes contribuições para a relação entre ciência e religião. Não é uma surpresa, portanto, a alta qualidade de seu capítulo sobre teologia natural. Se alguma coisa pudesse ser surpreendente, seria uma resposta brilhante oferecida por mim à sua "visão clássica". Sem nenhuma pretensão de brilhantismo, usarei este espaço para reforçar a compreensão da teologia natural, como acredito que seja em geral entendida pelos filósofos hoje. Convido-nos, assim, a considerar se todas as formas de teologia natural devem assumir (pressupor) algum tipo de antropologia teológica. Por fim, que tipo de contexto cultural e social é propício na promoção da prática da teologia natural?

Presumo que a obra *The Blackwell Companion to Natural Theology*, editada por William Lane Craig e J. P. Moreland, seja respeitável; ela recebeu boas críticas e é endossada por Quentin Smith, John Haught e Justin Barrett. Na obra estão incluídos capítulos sobre os argumentos cosmológico leibniziano, cosmológico *kalam*, teleológico, da consciência, da razão, ontológico e moral. Como observei em meu capítulo, embora a teologia natural não seja habitualmente vista assumindo a autoridade da revelação, ela agora é considerada como parte dos argumentos teístas da experiência religiosa, de modo que o *Companion* inclui um capítulo notável, "O Argumento da Experiência Religiosa", por Kai-Man Kwan. Afirmo que a "teologia natural" hoje abrange (pelo menos) os argumentos desse *Companion*.

Algum dos argumentos do *Companion* pressupõe desde o início uma antropologia teológica? Penso que nenhum dos capítulos pede aos leitores que assumam, por exemplo, que os humanos são criados à imagem de Deus, ou que a teologia natural pode ou deve apenas (ou principalmente) ser feita no contexto da crença e prática cristãs. Isso não é de todo um problema em meu capítulo dessa obra, intitulado de "O projeto da teologia natural". Nele, respondo à crítica da teologia natural atribuída a Kant, Hume e outros. Falando de forma autobiográfica, minha jornada rumo à fé cristã foi como a de C. S. Lewis: primeiro tornei-me um teísta baseado em argumentos (para mim foi uma combinação de um argumento amplamente teleológico e da razão). Não se tratava de começar com a Bíblia, de me juntar a uma comunidade religiosa ou estudar teologia alemã. Quando se tratou de me tornar um cristão professo, essa foi uma questão de experiência religiosa e defesa da ressurreição.[82]

Alguns anos depois de minha conversão, convenci-me de um argumento cosmológico teísta baseado na versão defendida por Richard Taylor em seu livro *Metaphysics*. Talvez o fato de ser teísta tenha influenciado a aceitação desse argumento (desde então refinado por William Rowe, Bruce Reichenbach, T. O'Connor e R. Koons), mas não há premissas ou afirmações de natureza religiosa no argumento de Taylor. Ele ficaria horrorizado se houvesse, já que Taylor pensava que todas as religiões são baseadas na superstição e no medo.

Surge uma pergunta: se o argumento cosmológico teísta é tão impressionante, por que mais pessoas não o endossam? Para começar, o argumento não é o tipo de coisa que a maioria dos adultos instruídos encontra por acaso. E mesmo adultos com formação filosófica podem não ser expostos a ele. Além disso, embora as estatísticas sobre essas questões sejam um pouco nebulosas, posso informar que aqueles que são filósofos profissionais nem sempre são os melhores guias para a vida; durante muitos anos, um de meus professores (Peter Unger) argumentou que ele não existia. Hoje é raro qualquer filósofo afirmar ter uma prova para alguma posição; em vez disso, referimo-nos a argumentos que são bons ou ruins, persuasivos ou não convincentes, e assim por diante. De meu ponto de vista, o argumento cosmológico teísta está no mesmo nível de outros argumentos que aceito: um argumento fenomenológico contra o fisicalismo, uma defesa do realismo moral, razões para aceitar uma visão platônica de objetos abstratos.[83]

E quanto ao contexto cultural e social da teologia natural? Provavelmente, seria pouco provável que a teologia natural florescesse em comunidades que se encontram em extrema pobreza, ou naquelas sujeitas a pandemias e violência, em sociedades totalitárias seculares que censuram a teologia filosófica, e assim por diante. Um cenário melhor seria aquilo a que Karl Popper se referiu como uma sociedade aberta: um local que proporcione liberdade de pensamento e expressão, ocasiões para argumentos e objeções respeitosas, e tempo para debater e mudar de ideias sem ser ridicularizado.[84] E talvez até tempo para ler e discutir com amigos os pontos de vista e respostas encontrados neste livro.

---

[82] Incidentalmente, o *Companion* conclui com um excelente capítulo sobre a ressurreição: T. McGrew and L. McGrew, "Argument from Miracles".
[83] Para uma excelente análise crítica sobre a forma pela qual os filósofos contemporâneos avaliam as provas de suas teses, veja Lycan, *On Evidence in Philosophy*.
[84] Veja Popper, *Open Society*.

Resposta católica

Padre Andrew Pinsent

O capítulo de Alister McGrath acerca de uma visão clássica da teologia natural oferece uma perspectiva excepcionalmente rica e abrangente desse campo. O foco principal de seu capítulo é o problema da definição da teologia natural e a necessidade de investigação histórica para evitar a imposição retrospectiva e, muitas vezes, distorcida de uma perspectiva exclusivamente moderna. Ele salienta, por exemplo, que embora "teologia natural" não seja um termo bíblico, a expressão pode apresentar uma variedade de linhas de pensamento bíblicas. Um exemplo é a literatura sapiencial do Antigo Testamento, particularmente importante para realçar o papel da ordem criada na iluminação do caráter da aliança de Israel com Deus. Outro exemplo é a forma pela qual o Novo Testamento indica a capacidade do mundo visível na revelação ou implicação da existência de Deus (Romanos 1:18-20). McGrath explica ainda como uma ampla estrutura teológica clássica — articulada, por exemplo, por Atanásio, Agostinho, Tomás de Aquino e João Calvino — foi construída sobre esses fundamentos.

Um tema que emerge dessa pesquisa é a necessidade e o valor de uma compreensão ampla da teologia natural para abranger a bidirecionalidade, do Deus da revelação ao mundo, bem como do mundo a Deus. Em outras palavras, na visão de McGrath, a teologia natural deveria incluir a teologia da natureza, oferecendo uma leitura cristã da natureza, bem como o que é muitas vezes entendido pela teologia natural no sentido moderno: oferecer provas ou sugestões da existência de Deus a partir apenas da natureza. Outros temas que emergem incluem o papel da imaginação e do contexto, o valor do envolvimento afetivo e cognitivo, e a teologia natural como uma ponte imaginativa vagamente concebida entre uma cultura científica e religiosa no final do século 17 até o início do século 18. Essa última observação introduz seu tema final: o campo da ciência e da religião como catalisador da teologia natural.

Dada a riqueza de informações valiosas deste capítulo, parece-me quase grosseiro fazer qualquer crítica, mas há um aspecto que gostaria de ver ampliado. McGrath menciona brevemente a negatividade de Barth em relação à teologia natural, uma atitude, pelo menos em parte, fundamentada na teologia reformada de Barth. Essa fundamentação é um dos tópicos do capítulo de John McDowell.

No entanto, alguns autores católicos também têm sido, pelo menos em parte, um pouco negativos em relação à teologia natural. Um exemplo é Agostinho, cuja negatividade é mencionada, mas não examinada, no capítulo de McGrath. Outro exemplo, não mencionado por McGrath, é o do recém-nomeado santo católico John Henry Newman, que alertou, com efeito, sobre as limitações da teologia natural na seguinte citação, com a qual concluo meu capítulo: "A religião, tem sido bem observado, é algo *relativo a nós*; um sistema de mandamentos e promessas de Deus *para* nós. Mas como devemos nos preocupar com o Sol, a Lua e as estrelas? Ou com as leis do universo? ... Eles não se dirigem de modo algum aos pecadores. Eles foram criados antes da queda de Adão. Eles 'declaram a glória de Deus', mas não sua vontade."[85] Como observei anteriormente, Newman adverte aqui que o estudo do sol, da lua, das estrelas e das leis do universo, embora mostre a obra de Deus, não pode nos habilitar para conhecermos os propósitos ou a vontade de Deus e, muito menos, para preencher a lacuna impensável entre Deus e nós mesmos. Mas, na ausência de revelação e graça, qual é exatamente o caráter de nossa separação de Deus?

Esse problema é articulado com a maior eloquência em um dos textos mais importantes do que poderia ser chamado de teologia natural na Bíblia, Jó 38–41, que começa assim:

Então o Senhor respondeu a Jó do meio da tempestade. Disse ele:

Quem é esse que obscurece o meu conselho com palavras sem conhecimento?
    Prepare-se como simples homem; vou fazer-lhe perguntas, e você
        me responderá.
Onde você estava quando lancei os alicerces da terra? Responda-me, se é que você
    sabe tanto.
Quem marcou os limites de suas dimensões? Vai ver que você sabe! (Jó 38:1-5)

À primeira vista, a questão principal destes e dos versículos seguintes é a ignorância de Jó, mas eu os leio de forma diferente, um ponto de diferença destacado nas palavras: "Onde você estava?" Essas palavras parecem ser paralelas a Gênesis 3:9, quando o Senhor Deus pergunta: "Onde estás?"[86] Em ambos os casos, as perguntas parecem, na melhor das hipóteses, retóricas, uma vez que Deus

---

[85] Veja Newman, "Sermon XXIV."
[86] A pergunta de Deus a Adão, em hebraico, em Gênesis 3:9, consiste na palavra única *'ayyekkah*? A forma exata da construção é um *hapax legomenon* na Bíblia hebraica. A frase não é propriamente "Onde estás?", mas "Onde existes?" ou "No que te tornaste?" ou "Qual é o teu estado espiritual?". O que é claro é a perda da relação com a humanidade na perspectiva de Deus. Sou grato ao Rabino Shabtai Rappaport, da Universidade Bar-Ilan em Tel Aviv, pelas discussões sobre esses pontos.

conhece as respostas, mas seu significado é realçado pelo restante de Jó 38—41, que inclui versos como estes:

> E as suas bases, sobre o que foram postas? E quem colocou sua pedra de esquina, enquanto as estrelas matutinas juntas cantavam e todos os anjos se regozijavam? (38:6-7)

> Acaso a chuva tem pai? Quem é o pai das gotas de orvalho? De que ventre materno vem o gelo? E quem dá à luz a geada que cai dos céus? (38:28-29)

> Você é capaz de levantar a voz até às nuvens e cobrir-se com uma inundação? É você que envia os relâmpagos, e eles lhe dizem: "Aqui estamos"? (38:34-35)

A impressão que tenho desse trecho da Escritura é que Deus tem uma intimidade — quase poderíamos chamar isso de divertimento — com sua criação, na qual as estrelas cantam; na qual é sugerido que Deus gera chuva, orvalho, gelo e geada; e na qual o raio conversa com Deus. Na verdade, o cenário parece quase um baile ou uma festa, mas falta um dos convidados, Jó, que também pode representar a humanidade em geral. Mais especificamente, como está implícito em Gênesis 3:9 e Jó 38:4, bem como em minha análise da perspectiva de Tomás de Aquino sobre a vida da graça (veja meu capítulo), o que falta é o relacionamento de segunda pessoa com Deus. A perda desse relacionamento, por causa do pecado, é uma ruptura que também separa a humanidade da intimidade com a criação. Nessas circunstâncias, não é surpreendente que os humanos possam ver a criação apenas como algo morto a ser manipulado.

Essas considerações sublinham as limitações da teologia natural sem a graça, mas também enfatizam o valor de uma teologia da natureza a partir da perspectiva da graça, na linha da abordagem de McGrath. Além disso, a referência a uma espécie de brincadeira solene entre Deus e a criação em Jó 38—41 sugere outro tipo de brincadeira solene que tem feito parte da experiência cristã em diversas culturas e história, qual seja, a liturgia e todos os tipos de disciplinas associadas, assim como a arte, a arquitetura e a música. Em vez de a criação ser algo morto, na liturgia todos os tipos de seres criados são direta ou indiretamente envolvidos no ato de oferecer louvor a Deus. Como exemplos, citamos as flores para os altares, as abelhas que fazem a cera para as velas, obras de arte que evocam o sobrenatural de forma concreta, a música e a arquitetura inspiradoras. Essas questões, que vão muito além do que a maioria das pessoas consideraria teologia natural, ilustram o extraordinário potencial de uma compreensão ampla deste campo.

Resposta deflacionária

Paul K. Moser

Alister McGrath oferece uma taxonomia histórica da teologia natural, iluminando assim alguns dos motivos proeminentes por trás da teologia natural na história. Não discordo de sua taxonomia, mas afirmo que deveríamos ser mais sinceros sobre as limitações da teologia natural em seu valor persuasivo.

AS PROPOSTAS DE MCGRATH

McGrath reconhece corretamente que a literatura sapiencial das Escrituras judaicas não utiliza uma teologia natural para defender a existência de Deus. Ele comenta:

> Não se trata aqui de que a natureza "prove" a existência do Deus de Israel; há, no entanto, uma insistência constante de que aspectos da ordem natural podem iluminar e influenciar a busca humana pela sabedoria — e, portanto, em última análise, por Deus Em vários pontos, o Novo Testamento indica a capacidade do mundo visível de revelar ou apontar para a existência de Deus — por exemplo, no capítulo inicial da carta de Paulo aos Romanos, ou no discurso de Paulo no Areópago em Atos 17.

Mesmo que partes do Novo Testamento apontem para "a capacidade do mundo visível de revelar ou apontar para a existência de Deus", podemos colocar algumas questões prementes a boa parte dos inquiridores da teologia natural. (1) Se partes do Novo Testamento apontam nessa direção, será que sua indicação é *precisa* e não enganosa? (2) *Como* exatamente o mundo visível "revela ou intima a existência de Deus", *se é* que o faz? (3) O mundo visível não está muito misturado com o mal e o bem para merecer o *status* honorífico de revelar ou intimar a existência de Deus? Se Deus é perfeitamente bom, o mundo visível moralmente misto não parece estar à altura da tarefa. Talvez *Deus* pudesse revelar Deus por meio da natureza de alguma forma, mas isso seria um tópico separado.

McGrath pretende acomodar um papel para a imaginação humana na teologia natural. Ele comenta assim: "A hostilidade modernista em relação à imaginação ainda atinge a forma pela qual pensamos a teologia natural, que nos oferece tanto uma explicação racional de como Deus pode ser encontrado na natureza ou por meio dela, bem como uma estrutura imaginativa que nos permite ver e experimentar a natureza de uma nova maneira — o que poderíamos apresentar como 'uma re-imaginação teológica da natureza'." Essa "re-imaginação da natureza" é uma opção viável como uma perspectiva *coerente*. Ela deveria ser aceitável como coerente mesmo para agnósticos e ateus, desde que evite reivindicações contestadas sobre a verdade ou o conhecimento da realidade. A imaginação é uma coisa; evidência da realidade, outra. Se mantivermos essa distinção sólida, poderemos permitir a teologia natural como algo imaginado de forma coerente, sem nenhuma ameaça ao razoável ou fundamentado em evidências no que diz respeito à realidade.

McGrath acrescenta: "O cristianismo fornece uma visão ampla e rica de nosso mundo e da humanidade, que cria espaço intelectual para o empreendimento descrito neste capítulo como 'teologia natural', mostrando ser *natural* que os seres humanos queiram empreender a teologia natural". Não está claro como ela é "natural", se realmente é, para os humanos buscarem a teologia natural. Mesmo assim, podemos conceder a afirmação por uma questão de argumentação. O que se ganha se a afirmação for verdadeira? Talvez possamos dizer que deveríamos ter esperado o que é uma realidade: boa parte dos humanos seguem a teologia natural, independente da taxa de sucesso em sua defesa adequada do teísmo. Nossa evidência empírica apoia esta última afirmação, mas é simplesmente uma afirmação evidentemente verdadeira feita pela sociologia. Disso não se segue, contudo, que a *teologia natural* que se busca seja verdadeira ou evidentemente verdadeira. Assim, a questão cognitiva ou evidencial por trás da teologia natural não está resolvida.

McGrath vai além da sociologia com a seguinte afirmação: "Uma vez que Deus é revelado por intermédio da ordem criada, que carrega a marca divina, uma teologia natural repousa sobre seres humanos que detêm alguma capacidade criada para reconhecer esse desvelamento limitado pelo que ele realmente é, seja por meio do treino ou disciplina de suas capacidades naturais, ou por meio da cura ou expansão dessas capacidades por meio da graça." Não estaremos mais no domínio da mera "imaginação" se aceitarmos a afirmação de McGrath de que "Deus é revelado mediante a ordem criada, que carrega a marca divina".

A afirmação de McGrath é uma afirmação de verdade sobre a *realidade*, para além do domínio da "imaginação". Os inquiridores cuidadosos perguntarão: que provas, se houver, apoiam a *verdade* (além da imaginação) da afirmação sobre a revelação e a marca divinas? Além disso, essa evidência está disponível a todos os inquiridores, e pode ser afirmada sem responder a perguntas-chave de agnósticos, ateus e outros inquiridores dissidentes? Se não, qual é a lição sobre a razoabilidade epistêmica da crença de que Deus existe? Uma teologia natural deveria atender a essas questões urgentes. Sem respostas convincentes, podemos, com razão, suspeitar da teologia natural oferecida.

McGrath pergunta de forma apropriada:

> Por exemplo, será que essa teologia natural provoca um reconhecimento racional da realidade de Deus? Ou será que a resposta ao mundo natural é mais bem enquadrada tendo em vista um abraço imaginativo de Deus ou de um amor relacional de Deus? A teologia cristã nos fornece um ponto de partida para a coligação de nossa experiência do mundo e de Deus, ao mesmo tempo que nos deixa preencher os pequenos detalhes — um processo de enriquecimento moldado em grande medida pelo contexto no qual essa teologia natural é desenvolvida e pelas tarefas que ela realiza."

Um retrocesso de "um reconhecimento racional da realidade de Deus" para "um abraço imaginativo de Deus, ou um amor relacional por Deus", seria preocupante do ponto de vista cognitivo. Se "um abraço imaginativo de Deus" for um abraço genuíno de *Deus*, precisaremos enfrentar uma questão direta: nosso "abraço imaginativo de Deus" (quaisquer que sejam os detalhes ou a fenomenologia) é um abraço *real* de Deus, em vez de uma falsificação?

A imaginação, como sabemos, muitas vezes nos deixa em desacordo com a realidade, ou pelo menos em dúvida sobre a realidade. Recentemente, enquanto estava meio adormecido, imaginei com o devido pesar que havia contraído o COVID-19, mas reconheci, rápida e alegremente, que minha imaginação havia me enganado. Minha imaginação não correspondia à realidade: ia contra a esmagadora evidência em contrário. Uma consideração relacionada surge ao falar de "um amor relacional por Deus". Seria este um *verdadeiro* amor por *Deus*, em vez de uma falsificação? A imaginação não resolverá esse assunto. Podemos aceitar a imaginação e até considerá-la "enriquecedora" em certo sentido mas, como inquiridores responsáveis, precisamos de provas relevantes para as afirmações de relevantes verdade. Precisamos de algum tipo de indicador de verdade para fundamentar nossa imaginação quanto à *precisão* que ela tem em relação à realidade. Assim, na verdade não nos esquivamos das preocupações acerca de "um reconhecimento racional da realidade de Deus". Mesmo uma teologia natural imaginativa deve enfrentar essas preocupações.

McGrath observa que "a intenção subjacente a todas as obras [da teologia natural de Butler e Paley] que acabamos de referir é dupla: primeiro, assegurar aos crentes religiosos que sua fé consegue dar sentido a seu mundo da experiência; e segundo, afirmar a racionalidade da fé para aqueles que estão fora da igreja, neutralizando, ou pelo menos atenuando, algumas das críticas à incoerência intrínseca ou irracionalidade do evangelho que começavam a aparecer". Isso parece-me certo, independente do sucesso de suas intenções. Existem "críticas" relevantes e questões desafiadoras em circulação sobre a crença teísta, e uma resposta meramente dogmática parecerá arbitrária tendo em vista posições que competem com a teologia favorita de alguém.

Minha resposta a John C. McDowell neste livro identifica alguns problemas sérios com a abordagem dogmática da teologia de Karl Barth. Por consequência, não encontro benefício na seguinte afirmação de McGrath: "É em geral reconhecido que a crítica de Karl Barth à teologia natural ainda permanece potente na teologia protestante, a ponto de alguns agora considerarem a teologia natural como uma forma de heresia. Para Barth, a teologia natural representa uma afirmação imprópria da autonomia humana, que procura encontrar e caracterizar Deus segundo os termos de nossa escolha. Essa é uma preocupação importante, e Barth tem razão em abordá-la." Em minha resposta a McDowell, observei que não temos motivos para supor que a teologia natural deva basear-se em uma "afirmação imprópria da autonomia humana". Identifico uma preocupação apropriada da teologia natural em desenvolver uma fundamentação para a crença teísta, considerando o apoio probatório, evitando o máximo possível de petição de princípio em resposta a investigações divergentes. Barth não percebe a importância dessa preocupação; assim, ele nos deixa com um dogmatismo pouco convincente na teologia.

McGrath defende a teologia natural como "um empreendimento ao mesmo tempo racional e imaginativo", e a recomenda contra "uma conceituação restritiva de teologia natural que reflete a situação social e cultural específica do início do período moderno". Podemos admitir isso, mas ainda precisamos nos perguntar como o lado "racional" da teologia natural deveria proceder. McGrath considera essa teologia como um complemento à ciência, seguindo uma sugestão de John Polkinghorne a respeito de certas "metaquestões" à ciência. Ele explica:

> Então, quais "metaquestões" Polkinghorne tem em mente? Um bom exemplo é este: Por que o universo físico é tão racionalmente transparente para nós a ponto de podermos discernir seu padrão e estrutura, mesmo no mundo quântico, que tem pouca relação com nossa experiência cotidiana? Por que alguns dos mais belos padrões propostos pelos matemáticos puros ocorrem na estrutura do mundo físico? A teologia natural oferece um quadro explicativo que complementa — em vez de substituir — o das ciências naturais, permitindo uma compreensão mais completa e profunda de seu potencial e limites. Essa explicação da profunda inteligibilidade do universo que surge da teologia natural deve, portanto, ser vista mais como um *insight* do que como uma demonstração.

É sensato da parte de McGrath negar uma "demonstração" aqui, visto que parece que não temos nenhuma disponível. Quanto ao recuo para "um *insight*" sobre "a profunda inteligibilidade do universo", a trama se complica. Será que esse alegado *insight* se baseia em provas que apoiam uma *fonte inteligente* de "inteligibilidade profunda"? Se assim for, essa evidência pode ser afirmada sem pressupor respostas a questões importantes apresentadas por inquiridores que discordam do teísmo? Caso contrário, nossa teologia natural pode acabar simplesmente pregando para convertidos. Se, no entanto, existirem essas evidências, precisamos afirmá-las de forma convincente. McGrath não cumpriu essa última função.

Podemos colocar a questão relevante da seguinte forma: existe realmente a "inteligibilidade profunda do universo" alegada por McGrath? Não ganharíamos nada sugerindo, sob a influência de Barth, que a crença nisso é "axiomática". Isso seria simplesmente uma petição de princípio contra inquiridores dissidentes, incluindo boa parte dos cientistas. É pelo menos logicamente coerente negar que existe uma "inteligibilidade profunda" que requer uma fonte divina de inteligência, e boa parte dos cientistas recusam julgar se essa inteligibilidade realmente existe. Se uma teologia natural endossa essa inteligibilidade e sua fonte divina, ela deve nos apresentar uma razão para seu endosso, se quiser ser convincente. Essa lógica não servirá de forma adequada se simplesmente suscitar questões legítimas sobre o assunto. Aqui, com a necessidade dessa fundamentação, temos uma tarefa não cumprida para a abordagem de McGrath à teologia natural.

McGrath não se afasta de seu componente "racional" da teologia natural: "Uma teologia natural cristã pode, portanto, ser vista como uma forma específica de contemplar e engajar a ordem natural, exibindo uma representação racional, imaginativa e afetiva da realidade que escapa às mitologias seculares e aos naturalismos materialistas. Uma teologia natural possibilita uma leitura cristã da natureza, enriquecendo uma narrativa científica ao evitar que ela se torne um 'catálogo monótono de coisas comuns' (John Keats)". Mesmo que "uma teologia natural possibilite uma leitura cristã da natureza", a racionalidade não se contenta com o que é "possível". Ela exige o que *é adequadamente apoiado do ponto de vista probatório*. O suporte probatório adequado não pode deixar a "leitura cristã" como meramente "possível", como axiomática, ou às familiares petições de princípio relativas à verdade, fidedignidade e confiabilidade.

McGrath explica:

> Deixei claro que não vejo lugar legítimo para uma visão da teologia natural que busque subverter a revelação ou oferecer uma prova demonstrativa da existência de Deus. No entanto, permanece um papel apologético legítimo para a teologia natural, à medida que ela exibe a distinta racionalidade intrínseca da fé àqueles que estão fora da igreja, preparando, assim, o caminho para um encontro mais profundo e transformador com o próprio evangelho. Também continua a ser importante que os cristãos tenham a

certeza da resiliência intelectual de sua posição, particularmente em culturas que privilegiam os métodos e resultados das ciências naturais.

A questão principal agora diz respeito ao que consiste na alegada "distinta racionalidade intrínseca da fé". Uma vez obtida uma resposta a essa questão, podemos perguntar se a fé cristã realmente tem o suporte dessa racionalidade. Na ausência de uma resposta, deveríamos abster-nos de julgar, e estamos agora nessa posição. Uma coisa é recomendar a "distinta racionalidade intrínseca da fé" de modo geral; outra coisa — algo mais difícil — é explicar o que é essa racionalidade e como ela surge para a fé cristã. Uma questão importante é se a alegada racionalidade é "intrínseca". Uma questão anterior diz respeito ao que esse termo significa neste contexto. Somos deixados sem resposta.

McGrath conclui: "Todo o empreendimento da teologia natural baseia-se em uma crença *teológica* fundamental de que o Deus que criou o mundo é também o Deus revelado na e por meio da Bíblia cristã, inserido em um conjunto de crenças igualmente teológicas relativas ao impacto transformador da graça e a natureza da revelação. [...] Uma teologia natural baseia-se na crença central de que o mundo natural é, na verdade, uma ordem criada." Essa conclusão é enganosa de duas maneiras. Primeiro, a teologia natural não precisa estar ligada à "Bíblia cristã". Pode ser deísta, judaica, islâmica ou hindu, sem ligação com "a Bíblia cristã". Considerando a história real da teologia natural, não temos nenhuma boa razão para conectá-la à "Bíblia cristã" em geral. Em segundo lugar, a teologia natural não se baseia "na crença central de que o mundo natural é, na verdade, uma ordem criada". Ela pode *conferir suporte* a essa crença, mas não "apoia-se" nela. Uma teologia natural poderia, por exemplo, ser (neo-) platônica ao apoiar um projetista que forma o material do mundo de algum modo, mas não o cria. Faremos bem, então, em não casar a teologia natural em geral com a teologia cristã.

PARA ONDE VAI A EXPERIÊNCIA RELIGIOSA?

Sabemos que Barth e Emil Brunner reagiram de maneira exagerada a Friedrich Schleiermacher em relação à experiência religiosa subjetiva; assim, de modo geral, eles negligenciaram o valor da experiência religiosa na teologia. Em uma obra posterior, Brunner comentou: "A fé [em Deus] depende real e exclusivamente da Palavra [de Deus] que, contra toda a realidade empírica, não apoiada por nenhuma experiência, é por si só suficiente; a Palavra só deve ser apreendida no acontecimento no qual essa afirmação é proferida."[87] A linguagem enganosa é esta: "não apoiada por

---

[87] Brunner, *Christian Doctrine of the Church*, p. 201.

nenhuma experiência". Isso decorre do tipo de contraste exclusivo de Barth entre a Palavra de Deus e a experiência humana. O resultado é um divórcio entre a investigação religiosa e a experiência humana, como se essa experiência fosse irrelevante.

A reação exagerada de Barth e Brunner a Schleiermacher desvaloriza a experiência humana e a psicologia de uma forma que as torna negligenciáveis pela investigação e o compromisso religioso. Assim, não se enquadra em grande parte da investigação e da vida religiosa, abrindo a porta a um tipo enganador de dogmatismo. A posição completa de Brunner, incluindo sua visão do papel do Espírito de Deus na experiência humana, não se enquadra nessa posição extrema. No entanto, ele fez algumas afirmações problemáticas sobre a experiência, que decorrem do medo equivocado de Barth de dar à experiência humana um papel na investigação e no compromisso religioso. Uma teologia robusta, incluindo qualquer teologia natural robusta, terá de corrigir essa reação exagerada de Barth e Brunner.

McGrath nos deixa pensando sobre o papel da experiência religiosa em sua abordagem da teologia natural. Seu silêncio não ajuda a defender a abordagem, que poderia se beneficiar da atenção dada pelo apóstolo Paulo à experiência religiosa. Em minha resposta a John McDowell neste livro, observo a preocupação de Paulo em evitar decepções, incluindo as cognitivas, na esperança e na fé em Deus. Sugiro que Paulo identifica uma base para distinguir a esperança e a fé *fundamentadas* em Deus da "decepção" do pensamento infundado e desejoso: "E a esperança (em Deus) não nos decepciona, porque Deus derramou seu amor [*agapē*] em nossos corações, por meio do Espírito Santo que ele nos concedeu" (Romanos 5:5). Proponho que Paulo tem em mente o desapontamento evidencial que surge da esperança infundada, deixando-nos com pensamentos ilusórios. Sugiro, com base em Romanos 5:1, que o pensamento de Paulo aqui se baseia tanto na fé como na esperança em Deus.

Se uma pessoa experimentou o tipo de *agapē* justo mencionado por Paulo, podemos perguntar o que melhor explica essa experiência. Ao fazer isso, podemos perguntar sobre o papel da influência causal de Deus nessa experiência. Paulo pensava nisso como incluindo a condução intencional de Deus, e essa característica emerge em sua observação de que "todos os que são guiados pelo Espírito de Deus são filhos de Deus" (Romanos 8:14). Essa condução depende de uma experiência religiosa do caráter distintivo de Deus, o *agapē* justo. Essa experiência, segundo Paulo, é um adiantamento atual de uma promessa divina de redenção total. Assim, ela salva os cristãos do mero dogmatismo, do pensamento ilusório ou da confiança duvidosa na teologia como "axiomática" ou "independente da experiência". Salva-nos também da reação exagerada prejudicial de Barth e Brunner a Schleiermacher acerca da experiência religiosa.[88]

---

[88] Para o desenvolvimento desse tipo de visão, veja Moser, *God Relationship*; Moser, *Understanding Religious Experience*.

A abordagem geral do apóstolo Paulo à esperança e fé fundamentadas em Deus permite-nos falar de uma base evidencial para essa esperança e fé. Essa base fundamenta-se em uma experiência religiosa diferente que exige uma melhor explicação. Não consigo encontrar uma base correspondente nas abordagens de Barth, Brunner ou McGrath. Portanto, recomendo focar a atenção em Paulo para um aperfeiçoamento necessário. Estou confiante de que não ficaremos desapontados, cognitivamente ou não.

Resposta barthiana

John C. McDowell

Na *Oração* 28, composta em meados do século 4, Gregório, o Teólogo, fornece uma imagem impressionante da tarefa teológica.[89] Ele compara alusivamente sua busca por Deus à subida de Moisés ao Monte Sinai. Essa ideia de ascensão funciona de modo metafórico para mostrar o tipo de processo purificador rigoroso pelo qual o discípulo que busca a Deus precisa passar. Na montanha, contudo, como Êxodo 33:20-23 deixa claro, à pessoa que sobe é negada a visão de Deus e, assim, uma forma de contemplação que olha para Deus sem qualquer impedimento. A essência de Deus é *completamente* incompreensível. Uma das imagens usadas por Gregório é de Deus como a luz brilhante demais para o olhar da criatura. A tarefa não é a de apresentar a essência de Deus, o que é simplesmente impossível de ser feito, uma vez que Deus é a luz mais elevada, inacessível e inefável. Em vez disso, na iluminação esclarecedora de Deus e por intermédio desta, ou do poder de compreender, Deus é conhecido nas criaturas de Deus e por meio delas. Em outras palavras, o resultado não é uma atividade limitada a identificar e relatar a natureza divina, uma vez que *todas as coisas* são de Deus. O alcance do que deve ser conhecido e compreendido, então, limita-se a tudo o que existe. Poderíamos dizer que a tarefa epistêmica é hermenêutica, oferecendo uma maneira de olhar para tudo em relação a Deus. Nesse sentido, Sergius Bulgakov, por exemplo, argumenta que "a criação do mundo só pode ser um objeto de fé".[90] Nas palavras de Rowan Williams, "a teologia deveria equipar-nos para o reconhecimento do parabólico no mundo".[91]

Consequentemente, é preciso tomar cuidado para não dar muita importância à pequena palavra conjuntiva "e" em uma frase como "teologia revelada e teologia natural" (ou mesmo "teologia e as ciências"). Para Gregório, essas não seriam propriamente atividades distintas que pudessem ser definidas umas contra as outras de modo que exija reflexão sobre a união delas em algum tipo de envolvimento. Ambas as atividades humanas operam mediante a graça iluminadora de Deus e necessitam de uma purificação apropriadamente transfigurativa para que possam refletir a luz de Deus.

---

[89] Norris, *Faith Gives Fullness to Reasoning*.
[90] Bulgakov, *Bride of the Lamb*, p. 8.
[91] Williams, *On Christian Theology*, p. 42.

A forma pela qual Gregório usa teologicamente a natureza e a cultura aqui, ou melhor, a condição de criaturidade e as atividades criaturais, sugere tanto os aspectos louváveis da abordagem de Alister McGrath quanto aqueles que precisariam de uma revisão considerável. O material de abertura acerca do testemunho "clássico" da criatura não humana que significa Deus, de alguma forma, não é teologicamente interessante. A questão importante surge na busca do que é essa *qualidade* vestigial.

Primeiro, a *leitura teológica* que Gregório faz de todas as coisas estrutura o contexto interpretativo. Deus ilumina para que tudo possa ser visto como é, segundo sua natureza. É aqui que a indicação de McGrath das múltiplas formas e propósitos para os quais a teologia natural opera é útil para que as críticas à teologia natural não contornem seus alvos. Como McGrath afirma em outro lugar: "A teologia natural é, portanto, um empreendimento de discernimento, enxergando a natureza de certa maneira, por intermédio de um conjunto particular e específico de lentes".[92] A imagem de um auxílio perceptivo é desenvolvida pela abordagem de João Calvino sobre o papel das Escrituras. O que o Reformador faz quando fala especificamente da "primeira evidência na ordem da natureza" é sugerir um contexto para a compreensão em termos da influência da fé na teleologia. Ele está "consciente de que, para onde quer que olhemos, todas as coisas que encontramos são obras de Deus e, ao mesmo tempo, ponderamos com meditação piedosa para que fim Deus as criou".[93]

Em segundo lugar, certamente é verdade que Gregório considera as criaturas como reveladoras de Deus, mesmo que seja apenas uma nota menor em seu trabalho, uma vez que seu foco está em outro lugar, isto é, em explicar o que vemos quando o mundo é iluminado por Deus — algo que, segundo a crítica de Gregório, os eunomianos não poderiam fazer tendo em vista a separação que traçavam entre o mistério de Deus e a criatividade do Logos. Isso destaca o contexto interpretativo necessário para eliminar *leituras distorcidas*. Nem todos os contextos de leitura ou leituras são iguais. A esse respeito, e de forma mais interessante, McGrath refere-se com aprovação à afirmação de Jonathan Edwards de que a leitura apropriada da natureza requer uma visão regenerada.

A esse respeito, seria útil se McGrath tivesse fornecido uma ideia mais desenvolvida acerca de como e por que é importante notar as diferenças entre as versões da teologia natural que ele identifica. Afinal de contas, apesar de tentar indicar que a ignorância relativa a Deus seja indesculpável, Calvino rapidamente se move para delinear a maneira pela qual os *ídolos* são gerados, fornecendo então as condições para futuros atos de privação que exigem vivificação para a consciência

---

[92] McGrath, *Open Secret*, p. 3 [edição em português: *Teologia natural: uma nova abordagem* (São Paulo: Vida Nova, 2019)].
[93] Calvin, *A instituição da religião cristã* 1.14.1

agora mortificada. Por um lado, ele pode apresentar o "piedoso deleite nas obras de Deus abertas e manifestadas neste belíssimo teatro".[94] No entanto, por outro lado, ele declara: "Essa é nossa fraqueza [que], a menos que as Escrituras nos guiem, ao buscar a Deus, ficamos imediatamente confusos."[95] No que diz respeito ao significado das mudanças nas abordagens adotadas por diversas trajetórias nas modernidades, Michael Buckley critica os teísmos modernos e suas rejeições ateístas como questões *teologicamente* significativas.[96] A crítica no capítulo de McGrath, em vez disso, reduz as preocupações ao que ele chama, em outro lugar, de "atenuação" do "escopo" da teologia natural da Era da Razão.[97]

Além disso, não é útil falar de seres humanos como estando *adequadamente* preparados para a revelação divina. Será que essa linguagem realiza algum trabalho teórico-racional interessante além, na melhor das hipóteses, do que pode ser afirmado sobre o compromisso divino de amar a criatura? Ou ela desvia a atenção do modo pelo qual a própria adequação da criatura é uma informação adquirida, algo que é mal direcionado *post lapsum* e que a demanda por uma reeducação na percepção é adequada?

É certamente possível argumentar que seja *natural* que as criaturas leiam todas as coisas como vestigiais em sua condição de criatura. No entanto, a linguagem de McGrath sobre a "marca divina" é demasiado plana e estática para mostrar o que se passa aqui. Afinal, para quem ama alguém, a fotografia da pessoa amada não é uma captura momentânea, ou uma impressão imobilizadora da imagem da pessoa amada, uma forma estacionária de presença. Em vez disso, é um sinal comemorativo e provocativo, algo que gera uma série de imagens, acontecimentos, sentimentos etc., de uma história conjunta. Além disso, a imagem da "impressão" é externa, como imprimir o polegar numa pintura ou marcá-la, colocar o nome no manuscrito de um livro, e assim por diante. Após a produção, o artefato passa a ter uma presença própria, e a impressão é tanto um sinal de ausência quanto de presença. Certamente não é isso que uma teologia apofática entende pelo mistério divino: não é a escuridão da ausência atenuada apenas por momentos de presença esclarecedora, mas, em vez disso, uma indicação do excesso absoluto da plenitude divina na profundidade da presença de Deus, que só pode ser recebida como uma escuridão de luz esmagadora. Não é que a "revelação" seja "limitada" nos signos e por meio dos signos da criatura, como sugere a adaptação brunneriana de McGrath, mas, sim, que o próprio signo é limitado para iconizar a plenitude do ser de Deus na presença autorreveladora de Deus.

---

[94] Calvin, *A instituição da religião cristã* 1.14.20.
[95] Calvin, *A instituição da religião cristã* 1.14.1.
[96] Buckley, *At the Origins of Modern Atheism*. McGrath fala de "modernismo" em vez de "modernidades", mas esse termo é normalmente reservado para um período *artístico*.
[97] McGrath, *Open Secret*, p. 6.

Falar de "capacidade criada", ou da *imago Dei* como "'preparação' da humanidade para a revelação divina", destina-se a retratar a natureza da consciência humana como interpretativa, isto é, que consiga perceber, ler e agir adequadamente à luz do fim determinante do existente criado. No entanto, mais uma vez, isso pode distorcer realidades complexas, uma vez que sua proposta se refere a algo que os seres humanos, enquanto criaturas, supostamente *possuem* como agentes. A linguagem, mesmo quando vem com um reconhecimento de que Deus está continuamente dando as condições para conhecê-lo, não lida bem, ou pelo menos não sem qualificação significativa, com a presença contínua da ação divina em e mediante todas as coisas como um *concursus* e resposta da criatura como aquela que envolve percepção divinamente *iluminada*. Segundo Vladimir Lossky, "sou como me foi dado ser", e é somente por meio da "aderência participativa à presença d'Aquele que se revela" que surge o pensamento da fé que "nos dá a verdadeira inteligência".[98] Lossky argumenta que "é uma questão de reconstrução interna de nossas faculdades de conhecimento, condicionadas pela presença do Espírito Santo em nós".[99] Mencionar a natureza, quando bem lida, dando testemunho de Deus é fundamentar a afirmação na dependência absoluta da prevenção da agência divina como ação doadora, como uma agência que fornece os termos para a natureza de todas as coisas serem criaturas amadas, e para seu fim próprio na comunicatividade de Deus.

No entanto, falta algo no capítulo que é mais substantivo: este é o terceiro ponto que pode ser desenvolvido de forma ampla a partir do teólogo semelhante ao Moisés proposto por Gregório. O texto fonte do Pentateuco subjacente à ascensão teológica de Gregório não apenas nega a Moisés qualquer visão de Deus, mas também o força a descer a montanha por causa do povo da aliança (Êxodo 19:20,21) para destruir seu ídolo e reparar sua vida na lei da aliança (32:7,8). Em outras palavras, o texto afasta a adoração do tipo de olhar contemplativo distraído da responsabilidade social dos fiéis, da fuga ao envolvimento com o florescimento comunitário.[100]

As categorias de McGrath são epistêmicas (compreensão) e estéticas (maravilhamento). Por exemplo, o diálogo entre as ciências e a teologia é formulado em termos das contribuições suplementares dos teólogos para ajudar na "compreensão de que nossas categorias conceituais são... ampliadas e enriquecidas pela... imensidão de Deus" e, portanto, oferecer "uma explicação mais satisfatória da natureza do que suas alternativas ateístas... que pode iluminar nossa mente e entusiasmar nosso coração". Os acadêmicos que manifestam seu desprezo são encorajados a serem provocados pelo esplendor natural ao choque e ao espanto do maravilhamento como um testemunho de Deus. Usando a descrição lírica de Edwards da

---

[98] Lossky, *Orthodox Theology*, p. 16.
[99] Lossky, *Orthodox Theology*, p. 17.
[100] Veja McDowell, "Ascent of Theological Reading".

excelência de "prados floridos e suaves brisas de vento", McGrath tenta restaurar a imaginação ao modo pelo qual a teologia natural funciona.[101] A questão de qual diferença Deus faz aqui retorna à lacuna entre a imaginação e a afetividade que ela pode preencher esteticamente.

Falar de uma abordagem "clássica" (de novo, como observei em meu capítulo, a singularidade disso organizada demais) da natureza, ou o *esse*, da criatura oferece uma oportunidade para uma reflexão não trivial sobre a racionalidade instrumental das modernidades, para usar o conceito de Max Horkheimer, e o processo de objetivação que ocorreu com o desencanto do mundo. Isso está relacionado com questões sérias relativas ao envolvimento, abuso e reparação ambiental responsiva — projetos científicos moldados pelo valor público que podem contribuir, e têm contribuído, para formas que danificam ou reparam, distraem ou reorientam, as condições globais para florescermos juntos.

Seria problemático sugerir que McGrath não simpatiza com essas preocupações políticas/éticas, ou que, em outra ocasião, estas permaneceriam ausentes de seu trabalho.[102] Afinal, ele fala em outro lugar sobre "a capacidade da fé cristã de provocar uma mudança radical na forma pela qual entendemos e *habitamos* o mundo."[103] Mas a necessidade de recusar a compartimentalização e resistir a separar as considerações da criatura enquanto criatura das considerações da hamartiologia e da redenção da agência pneumática de Deus em Cristo interrompe o humor estético como sua necessidade transfiguradora. O fato de o capítulo, refletindo as preocupações do livro *Re-Imagining Nature* [Natureza reimaginada] de McGrath, não perder tempo com esses assuntos, deslocando-os com a ascensão da compreensão e afetividade, exige um questionamento sobre a formação temática possível a partir deste trabalho. O desafio, então, reside em avaliar o que é deixado de fora tanto quanto o que é dito.

Para insistir nessa questão, vale a pena contrastar a ascensão purgativa de Gregório com outra forma de ascensão. No desenvolvimento da sensibilidade romântica moderna, caminhar e escalar montanhas tornaram-se atividades de uma *classe caracterizada pelo lazer*. Um temperamento romântico residual foi a base para o tipo de esplendor e admiração sentidos profundamente nas afeições interiorizadas dos "eus" burgueses modernos. O olhar contemplativo e maravilhado dos românticos no ato de ascender e a visão do cume refletem o desenvolvimento de uma tendência crescente que o filósofo político italiano Giorgio Agamben identifica como ocorrendo "no decurso longo dos séculos 17 e 18".[104] Foi nesse contexto que "os auto-

---

[101] Edwards, "Miscellanies, no. 108," in Edwards, *Works*, 13:279.
[102] Por exemplo, veja McGrath, *Reenchantment of Nature*.
[103] McGrath, *Open Secret*, p. 4.
[104] Agamben, *Taste*, p. 4.

res começaram a distinguir uma faculdade que proclamava o julgamento e a fruição do belo como sua preocupação específica".[105] Ele afirma que nesse momento a ideia de "gosto" se transformou, deixando de estar firmemente alicerçada na inteligência racional, sendo o juízo estético disciplinado por hábitos desenvolvidos a partir da aprendizagem do discernimento da verdade. Autores dos séculos 17 e 18 começaram a identificar o "gosto" como a faculdade especificamente preocupada com a fruição do belo. O que emergiu foi uma forma de julgamento que acompanhava, mas se desvinculava de outras formas de conhecimento. A estética, argumenta Agamben, nasceu como um modo diferente de percepção. "Do início ao fim, o gosto apresenta-se assim como um 'outro conhecimento.'"[106] Na verdade, para Gottfried Wilhelm Leibniz, por exemplo, o gosto como julgamento estético "é algo próximo de um instinto".[107] O sentido do estético, e do gosto como modo de apreciação, é um excesso que aparece como um imediato transcendental. Assim, a *Crítica da faculdade de julgar*, de Immanuel Kant, funciona como um suplemento estético à sua *Crítica da razão pura* e à *Crítica da razão prática* apenas por meio de um *paralelo* entre elas. Aqui, observa Agamben, está "o prazer estético como um excesso de representação sobre o conhecimento".[108] Seu transcendentalismo tem o reflexo teológico na vazia sublimidade divina de Rudolf Otto e em seu sentido do numinoso, seu gosto pelo infinito.

Essa não é uma questão teologicamente inocente. O contexto para o redesenvolvimento estético da fase inicial da modernidade, e do gosto como condição primária para o julgamento estético, parece ser político. Segundo Terry Eagleton, a estética desenvolve-se a partir da fracassada luta política burguesa, assegurando uma esfera de pura autonomia e intuição. Entre as várias vítimas desse movimento está a função social genuína do artista *como artista*, e a arte perde assim sua capacidade de contribuir para uma linguagem social mais interessante e significativa do que gostaria, uma redução a questões de preferência e afeto privados.[109] Eagleton afirma: "A construção da ideia moderna de artefato estético é... inseparável da construção das formas ideológicas dominantes da sociedade de classes moderna e, na verdade, de toda uma nova forma de subjetividade humana apropriada a essa ordem social."[110] Isso significa, continua Eagleton, que "a estética é... um conceito burguês no sentido histórico mais literal, nascido e nutrido no Iluminismo."[111]

No mínimo, há uma questão acerca da possibilidade da redução da "teologia natural" à afetividade estética funcionar como um modo de distração. Segundo

---

[105] Agamben, *Taste*, p. 5.
[106] Agamben, *Taste*, p. 6 [edição em português: *Gosto* (Belo Horizonte: Autêntica, 2017)].
[107] Leibniz, citado em Agamben, *Taste*, p. 27.
[108] Agamben, *Taste*, p. 40.
[109] Eagleton, *Ideology of the Aesthetic*, p. 93, 96 [edição em português: *Ideologia da estética* (Rio de Janeiro: Zahar, 1993)].
[110] Eagleton, *Ideology of the Aesthetic*, p. 3.
[111] Eagleton, *Ideology of the Aesthetic*, p. 8.

Grace Jantzen, certas atividades são burguesas e politicamente cordiais. Inserindo isso em sua crítica à filosofia moderna da religião, ela queixa-se do "privilégio cego dos filósofos da religião ocidentais", e deveríamos acrescentar boa parte dos teólogos a isso. Em contraste, "há muitos milhões de pessoas para quem apenas conseguir o suficiente para comer é uma preocupação muito mais premente."[112] Da mesma forma, e de modo mais incisivo, James Cone argumenta: "Uma vez que a maioria dos teólogos profissionais são descendentes da classe favorecida e, portanto, muitas vezes representam a consciência da classe, é difícil não concluir que suas teologias são, por sinal, um exercício burguês de masturbação intelectual."[113] Assim, ele explica: "Tendo em vista que os teólogos brancos [em particular] são bem alimentados e falam para um povo que controla os meios de produção, o problema da fome não é teológico para eles. É por isso que passam mais tempo debatendo a relação entre o Jesus da história e o Cristo da fé do que investigando as profundezas da ordem de Jesus para alimentar os pobres."[114] Voltando à análise de Eagleton, conseguir olhar afetivamente com admiração o esplendor do divino tende a "tornar-se um enclave isolado no qual a ordem social dominante pode encontrar refúgio de seus valores de competitividade, exploração e possessividade material."[115] Afinal, "a força vinculativa última da ordem social burguesa, em contraste com os hábitos sociais coercitivos do absolutismo, serão hábitos, devoções, sentimentos e afeições. E isso equivale a dizer que o poder nessa ordem tornou-se *estetizado*."[116]

Há uma questão que resulta dessa linha de questionamento e que pode ser aguçada pela reflexão sobre a crítica de David Hume ao argumento do *design*. Ele postulou que esse argumento teísta é seletivo de maneira problemática. O que aconteceria ao argumento se ele fosse expandido para incluir fenômenos menos evidentemente complexos (provavelmente não concebidos), ou mesmo suficientemente pouco conducentes para falar de *design* (caos, catástrofe etc.)? O que aconteceria com a produção transcendental de admiração se o belo sol e os campos de flores não fossem considerados casos simples para reflexão teológica, mas, em vez disso, lidos no contexto de observações sobre a relativa inabitabilidade de ambientes particularmente quentes e secos; ou nos cercamentos de terras comuns e na pressão sobre os meios de subsistência das pessoas; ou na colheita de plantas para o comércio de drogas; ou na devastação de florestas tropicais com o objetivo de minar o processamento de madeira pelos concorrentes da indústria. A questão aqui, como Hume deixa evidente, é que os exemplos não são isentos de valores e

---

[112] Jantzen, *Becoming Divine*, p. 79.
[113] Cone, *God of the Oppressed*, p. 47 [edição em português: *O Deus dos oprimidos* (São Paulo: Recriar, 2020)].
[114] Cone, *God of the Oppressed*, p. 52.
[115] Eagleton, *Ideology of the Aesthetic*, p. 9.
[116] Eagleton, *Ideology of the Aesthetic*, p. 20.

inocentes, mas desempenham um papel em um ato interpretativo que seleciona alguns exemplos para fins específicos e desmarca outros. Embora um jardim privado possa proporcionar alívio emocional a uma pessoa, para outra pode ser uma demonstração de opulência por parte de um proprietário de terras que condena os inquilinos a condições precárias e insalubres.

Se alguém responder que o estético, o imaginativo, é apenas uma dimensão do natural, então o apelo à parcialidade deverá, por sua vez, produzir a questão: por que essa parte? A seletividade sob esse aspecto parece estar indevidamente ligada ao temperamento burguês. Assim, a imagem de Calvino sobre o mundo como um "teatro" da glória divina é útil para indicar condições que permitem o desempenho da vida. Poderia ser acrescentado que o mundo não reflete Deus como um momento de contemplação, mas fornece a própria ecologia para um florescimento conjunto sustentável. "Um Deus procurado, celebrado ou obedecido *em outros locais* que não o cotidiano (na religião, por exemplo) é uma invenção de nossa imaginação, destrutiva de nossa humanidade comum, e, portanto, destrutiva de nossas relações com Deus."[117] Nicholas Lash, consequentemente, engaja-se de modo teológico "em negar que existam quaisquer distritos, lugares ou tempos específicos, nos quais é mais provável que Deus seja encontrado do que em quaisquer outros."[118] A importância *política* da estética não é um suplemento ao valor estético de entretenimento ou prazer da apreciação da natureza que pode ser expressa afetivamente como deslumbramento. Não se trata de uma terceira via transcendentalista somada às sensibilidades epistêmicas e estéticas desistoricizadas. Em vez disso, funciona como um contexto hermenêutico teo-materialista que permite que o clima celebrativo do discurso seja consistentemente disciplinado e dialeticamente ordenado com o humor interrogativo. Portanto, Lash argumenta: "Uma explicação cristã das 'experiências que mais importam' deve derivar de uma consideração das maneiras pelas quais Jesus passou a assumir a responsabilidade de sua missão e, especialmente, de como isso aconteceu com ele no Getsêmani".[119] A *theologia gloriae* parece consideravelmente diferente quando examinada pela disciplina estigmática da *theologia crucis*. Se a teologia pretende educar uma atenção responsável ao parabólico no mundo, o fará como a ciência teológica da *vida*: que a vida é distorcida, mas *feita de novo* em Cristo por intermédio da presença redentora do Espírito de Deus. A questão é se o capítulo de McGrath está sintonizado de maneira suficiente com isso ou se poderia encorajar a formação de um sujeito social diferente e despolitizado. Para reconfigurar a famosa crítica de Karl Marx aos hegelianos de direita

---

[117] Lash, *Easter in Ordinary*, p. 181.
[118] Lash, *Easter in Ordinary*, p. 251.
[119] Lash, *Easter in Ordinary*, p. 251.

em suas "Teses sobre Feuerbach", somos chamados não a interpretar ou a sentir deslumbramento pelo mundo, mas a mudá-lo.

Uma tréplica clássica

Alister E. McGrath

Sou muito grato a meus colegas por suas respostas atenciosas às minhas reflexões sobre teologia natural. Meu pensamento sobre essa questão continua a se desenvolver, e isso se deve, em grande parte, ao fato de outros envolverem-se em minhas ideias e oferecerem críticas que claramente levam a seu refinamento e melhoria.

Deixe-me começar com Andrew Pinsent, que oferece uma crítica muito focada e perspicaz de minha abordagem, destacando corretamente a importância da avaliação crítica da teologia natural feita por John Henry Newman. A seção do sermão de Newman que Pinsent oferece em apoio à sua preocupação representa as ansiedades de Newman sobre a teologia natural, que são expressas em vários pontos, incluindo o importante texto "Idea of a University" [A ideia de uma universidade].[120] Ao ler a crítica de Newman à teologia natural, sinto um paralelo com Barth, à medida que as preocupações de Newman parecem relacionar-se com uma forma específica de teologia natural, exemplificada na *Teologia Natural* de William Paley (1802), que foi altamente influente na Inglaterra em meados do século 19.[121] As preocupações dele sobre essa obra têm como alvo a excessiva racionalização da fé, desatenta à importância do mistério e carecendo de envolvimento com a imaginação humana.[122] Newman discerniu corretamente que a divindade emaciada de Paley não evocaria a adoração nem capturaria a imaginação, mas reduziria Deus à irrelevância. Newman disse a famosa frase: "Acredito no *design* porque acredito em Deus, não em Deus porque acredito no *design*."[123]

Aqui, entendo que Newman oferece uma crítica a uma versão culturalmente dominante da teologia natural; ele faz algumas críticas significativas que considero persuasivas. Felizmente, estão disponíveis outras formas de teologia natural que remediam as insuficiências e deficiências de Paley. Newman, como sugere Pinsent, é um crítico perspicaz das abordagens problemáticas da teologia natural, e suas preocupações precisam ser levadas a sério. Muitas vezes me pergunto como

---

[120] Fletcher, "Newman and Natural Theology".
[121] Fyfe, "Publishing and the Classics".
[122] Mongrain, "Eyes of Faith"; Dive, *John Henry Newman and the Imagination*.
[123] Newman, "Letter to William Robert Brownlow", 25:97.

Newman responderia às formas afetiva e imaginativamente ricas de teologia natural que encontramos nas obras de Hans Urs von Balthasar, ou à ideia de *theōria physikē* que encontramos em Máximo, o Confessor.[124]

Isso leva-me claramente à resposta de John McDowell a meu artigo, que abre com algumas reflexões sobre Gregório de Nazianzo, por quem claramente partilhamos uma admiração. Gregório aponta corretamente para a importância de uma leitura teológica da ordem criada, que ajuda a definir o que a tradição ocidental passou a conhecer como "teologia natural" em uma perspectiva útil e informativa. Teria sido excelente se eu tivesse espaço para desenvolver esse ponto em meu artigo: essa tradição é claramente muito importante para reflexões sobre a natureza, o alcance e os aspectos afetivos da teologia natural. Eu acrescentaria que a importante recuperação, por parte de Hans-Georg Gadamer, da ideia aristotélica de *theōria* no sentido de abranger o que hoje seria denominado tanto "teoria" como "prática", abre o caminho para a criação de práticas que incorporam essa visão da natureza.

Tenho certeza de que poderiam ser feitas críticas à minha ênfase na importância tanto da "compreensão" quanto da "afetividade" em relação à ordem natural. McDowell está correto ao apontar que muito mais poderia ser dito sobre a relação entre a teologia natural e a cultura burguesa. Contudo, minha análise precisa ser enquadrada em relação a uma preocupação teológica mais ampla sobre abordagens excessivamente objetivas da teologia, que continuam a dominar muitas discussões sobre teologia natural. Minha preocupação aqui é restaurar a consciência da necessidade, e na verdade da adequação, de uma abordagem *afetiva* da teologia cristã, com base nas excelentes explicações de Simeon Zahl sobre a necessidade de reconhecer a "saliência afetiva" da doutrina.[125] Isso é importante para corrigir a excessiva objetividade de algumas explicações do mundo natural, como de suas paisagens, com sua importância percebida. Meu interesse no ensaio para a presente obra reside, em parte, em garantir que os aspectos afetivos de uma leitura teológica do mundo natural sejam notados e respeitados, dadas as tendências preocupantes em relação à atitude desapegada de um espectador em relação à teologia natural que permanecem influentes.

McDowell observa, com razão, que não incluo preocupações políticas e éticas em meu ensaio, e felizmente fornece uma generosa lista de escritores que remediaram essa deficiência. Essa é uma preocupação justa, que abordei em minha recente monografia sobre filosofia natural: ali enfatizo a importância de aprender sobre a natureza, bem como a partir da natureza, usando o "Elogio da Teoria" de Gadamer para oferecer uma ponte intelectual entre reflexão, contemplação e ação em relação

---

[124] Para uma boa descrição do mesmo, veja Wirzba, "Christian Theoria Physike".
[125] Veja especialmente o seu trabalho inicial, Zahl, "On the Affective Salience of Doctrines". Para minhas reflexões sobre esse tema, veja McGrath, "Place, History, and Incarnation".

à natureza.[126] No entanto, embora possa ver a importância da análise política nesse contexto, outros parceiros de diálogo são claramente apropriados. Por exemplo, posso ver a importância da poesia na manutenção de um equilíbrio e abrangência adequados em qualquer perspectiva da resposta humana à natureza.[127]

A resposta de Paul Moser a meu artigo apresenta alguns pontos interessantes, particularmente em relação às suas preocupações sobre a abordagem de Karl Barth à teologia natural. Embora partilhe algumas das dúvidas de Moser, posso, no entanto, ver a força das preocupações políticas de Barth durante a década de 1930 sobre como uma teologia natural poderia ser abusada ou explorada por aqueles com agendas ideológicas. No entanto, me concentrarei em algumas preocupações específicas que Moser observa sobre minha abordagem, uma vez que esperamos que esta conduza a uma discussão interessante. Moser está preocupado com meu uso de termos como "racional" e "racionalidade", e com suas implicações na forma pela qual enquadro a teologia natural. A racionalidade, sugere Moser, "exige o que é *adequadamente apoiado do ponto de vista probatório*".

Entendo o que ele quer dizer e reconheço seu ponto, mas não considero que isso seja uma grande preocupação. Os termos "racional" e "racionalidade" são usados em diferentes comunidades de discurso com entendimentos bastante distintos do que significa ser "racional". Quando estava trabalhando em minha monografia sobre as diversidades empiricamente observáveis de conceitos de racionalidade e sua implementação entre disciplinas,[128] me deparei com o programa "Beyond Rationality" (Além da Racionalidade) estabelecido pelo Centro de Filosofia das Ciências Naturais e Sociais da London School of Economics. Essa tentativa de mapear práticas e discursos relativos ao domínio da racionalidade torna claro que precisamos falar de racionalidades *no plural*. Temos de aprender a viver com a existência de uma razão humana genérica, mas com muitas racionalidades.[129]

Minha abordagem à teologia natural pode ser vista como uma tentativa de identificar quais padrões de razão podem ser considerados normativos ou como "melhores práticas" nas comunidades cristãs, e de que maneira isso permite que as várias formas de teologia natural que surgiram no cristianismo se correlacionem com outras instanciações de racionalidade. É verdade que algumas dessas abordagens racionais começam com evidências e prosseguem para a formulação de teorias; outras, porém, começam com a proposta de teorias, que são depois julgadas em virtude de sua capacidade de interpretar as observações, antes de conduzirem ao desenvolvimento de programas de investigação para ampliar essa análise.

---

[126] McGrath, *Natural Philosophy*.
[127] Estou particularmente impressionado com a análise de McLeish, *Poetry and Music of Science*. Para uma abordagem mais filosófica, veja Midgley, *Science and Poetry*.
[128] McGrath, *Territories of Human Reason*.
[129] Esse é o tema explorado em Apel e Kettner, *Die eine Vernunft und die vielen Rationalitäten*.

Moser também levanta questões sobre minha afirmação de que "todo o empreendimento natural baseia-se em uma crença *teológica* fundamental de que o Deus que criou o mundo é também o Deus revelado na e por meio da Bíblia cristã". Ele argumenta que a teologia natural "pode ser deísta, judaica, islâmica ou hindu, sem ligação com a 'Bíblia cristã'". No entanto, o termo "teologia natural" está aberto a muitas interpretações, e minha concepção de teologia natural, sobre a qual me pediram para escrever, está enraizada nas especificidades da fé cristã. Talvez Moser não partilhe dessa compreensão do termo, mas é uma das muitas formas legítimas de estruturar a questão, pois abordava uma forma especificamente cristã de formular e aplicar a ideia. Essa incerteza sobre a terminologia é uma das razões pelas quais mudei agora o quadro de minha discussão mais recente da "teologia natural" para a "filosofia natural", o que me permite explorar abordagens cristãs, judaicas, islâmicas e confucionistas da filosofia natural[130] — que, devo acrescentar, é um tema fascinante. Meu livro *Natural philosophy* [Filosofia natural] surgiu de discussões anteriores com colegas, o que me ajudou a ver como alguns dos temas da teologia natural poderiam talvez ser acomodados e desenvolvidos de forma mais adequada por meio do reavivamento da tradição moderna da filosofia natural.

Uma questão semelhante surge na generosa resposta de Taliaferro a meu artigo, que sugere que o *The Blackwell companion to natural theology* (2009), editado por William Lane Craig e J. P. Moreland, pode ser visto como uma formulação exemplar da teologia natural. Compartilho sua estima por esse trabalho, tendo incentivado regularmente meus alunos a recorrerem a seus ricos recursos. Contudo, trata-se de um exemplo de uma abordagem específica da teologia natural, localizada em uma tradição disciplinar específica, que pode ser utilmente contrastada com *The Oxford handbook of natural theology* (2013), editado por Russell Re Manning, John Hedley Brooke e Fraser Watts, cujo capítulo de abertura enfatiza a diversidade e a pluriformidade da "teologia natural" e adverte contra qualquer tentativa de fechar taxativamente a definição de teologia natural. Mais uma vez, encontramos a difícil questão de determinar o que significa esse termo, quando há pouco acordo sobre os critérios a serem usados nesse julgamento.

No entanto, embora existam divergências de interpretação e variedades de implementação entre os cinco pontos de vista reunidos nesta obra, elas indicam claramente a importância contínua da teologia natural na discussão filosófica e teológica. Foi um prazer interagir com meus colegas e, espero, abrir uma discussão mais ampla sobre as questões, incluindo a necessidade de conviver com uma pluralidade de entendimentos da teologia natural ou a imposição de uma definição preferida.

---

[130] McGrath, *Natural Philosophy*, p. 36-38, 150-53.

Capítulo 4

Uma visão deflacionária

Paul K. Moser

INTRODUÇÃO

Como os humanos obtêm conhecimento de Deus, se é que obtêm? As respostas propostas são inúmeras, mas algumas são mais defensáveis do que outras. Ter uma resposta correta é importante, pois, se Deus existe, o conhecimento dele é importante. Deus seria uma fonte de valor para os humanos, de uma forma que tornaria valioso o conhecimento humano acerca dele.

Alguns filósofos e teólogos questionam se os humanos podem obter conhecimento de Deus com base em premissas justificadas que seriam "naturais", em vez de sobrenaturais, no que diz respeito a seu conteúdo. Essas premissas não afirmariam ou pressuporiam que Deus existe, mas permitiriam concluir, com a devida convicção, que Deus existe. Quais premissas são essas é uma questão controversa, assim como a discussão sobre que tipo de inferência permitiria chegar de forma convincente à conclusão de que Deus existe. Na verdade, nenhuma instanciação particular dessa teologia natural goza de ampla aceitação entre filósofos e teólogos. O mesmo se aplica ao empreendimento geral da teologia natural baseada em premissas naturais: ela não consegue suscitar algo próximo do apoio consensual. Usarei "teologia natural" no sentido de incluir os vários argumentos ontológicos, bem como argumentos familiares para a existência de Deus a partir do *design* e ajuste fino, da causalidade e primeira causa, da singularidade histórica (por exemplo, ressurreição), da fatualidade moral, e da consciência (moral) humana.

William James comenta sem rodeios acerca dos argumentos tradicionais da teologia natural: "O simples fato de todos os idealistas desde Kant acharem que tinham direito de os explorar ou de os negligenciar mostra que eles não são suficientemente sólidos para servirem como fundamento totalmente suficiente da religião. Razões absolutamente impessoais teriam o dever de demonstrar uma convicção mais geral. Elas não provam nada em termos rigorosos. Apenas corroboram nossas parcialidades preexistentes".[1] Será que James está correto acerca do que a teologia natural corrobora? Apenas "parcialidades preexistentes"?

Alguns filósofos permanecem indiferentes aos tipos de dúvidas compartilhadas por James. Eles oferecem argumentos de teologia natural, para fins apologéticos, e esperam que os inquiridores razoáveis concordem com seus argumentos. Meu objetivo é esvaziar as pretensões da teologia natural, pelo menos se nosso interesse for por um Deus digno de adoração. Afirmo que a disputa sobre a teologia natural se reduz à questão do *tipo de Deus* que se tem em vista. Se tivermos em mente um Deus digno de adoração, particularmente o Deus de Abraão, Isaque, Jacó e Jesus, então não podemos chegar lá a partir das premissas de uma teologia natural. Se, contudo, tivermos em mente um deus menor, a disputa pode continuar, mas a teologia natural não conduz nem fundamenta a existência de um Deus digno de adoração. Consequentemente, concluo que a teologia natural carece de valor conclusivo, ou mesmo confirmatório, em relação a esse Deus. Contudo, admito seu valor *interrogatório* ao suscitar questões sobre Deus, mas isso fica aquém do que afirmam os defensores da teologia natural. Por consequência, minha abordagem é deflacionária em relação à teologia natural. Também ofereço os contornos de uma alternativa baseada na experiência moral.

ARGUMENTOS REPRESENTATIVOS

Os defensores da teologia natural apresentaram uma abundância de argumentos a favor da existência de Deus, mas o grande número não auxilia sua causa. A quantidade de argumentos, é claro, não corresponde à força racional dos argumentos: esta última exige solidez e credibilidade racional para qualquer agente que tenha as provas relevantes e a inteligência necessária. Uma questão fundamental é se as premissas naturais podem fornecer um argumento que produza de modo convincente a conclusão de que existe um Deus digno de adoração. Normalmente, o diabo está nos detalhes dos argumentos da teologia natural, mas não apenas nos detalhes, como veremos. Assim, para os propósitos atuais, não precisamos nos perder nesses detalhes. Voltemos nossa atenção para algumas falhas comuns da teologia natural.

Argumentos ontológicos
Não existe "o" argumento ontológico. Há diversos argumentos ontológicos em circulação, como o de Anselmo, Descartes, passando por Leibniz e vários filósofos e teólogos contemporâneos. É difícil identificar o que os argumentos têm em comum para que se tornem argumentos "ontológicos", se é que há algo que os torne

---

[1] James, *Varieties of Religious Experience*, p. 428,29.

assim. De qualquer maneira, não podemos avaliar a gama de argumentos ontológicos em um único capítulo. A título de ilustração, identificaremos um problema comum em um dos argumentos de Anselmo. Pode parecer que seus argumentos são promissores para produzir um Deus digno de adoração por estarem preocupados com a perfeição máxima, incluindo a perfeição moral. Veremos, porém, que a expectativa inicial não se cumpre.

O argumento em questão infere, apenas pelo fato de termos um *conceito* de um ser maximamente perfeito, que esse ser perfeito *realmente existe*. A base oferecida é que, sem a existência real de seu objeto representado, esse conceito não seria genuinamente o de um ser *maximamente perfeito*. Supostamente, a falta de existência do objeto representado impediria o conceito de representar um objeto maximamente perfeito. Alguns filósofos e teólogos oferecem esse argumento para a existência de um ser digno de adoração, e não apenas de um ser adequado para explicar alguma característica empírica ou moral do mundo.

Dúvidas plausíveis, no entanto, surgem e permanecem. Deveríamos distinguir (a) um conceito *afirmador-da-existência* de um ser maximamente perfeito e (b) um conceito *garantidor-da-existência* desse ser. Um conceito afirmador-da-existência de um ser maximamente perfeito inclui, ainda que por implicação, a afirmação *correta* ou *incorreta* acerca da existência desse ser. Contudo, ele não garante, por si só, a existência desse ser. Poderíamos, assim, ter o conceito enquanto o ser perfeito representado não existe. Por exemplo, um mundo perfeito representado não precisa existir e, como sabemos, não existe.[2]

Um conceito garantidor-da-existência de um ser maximamente perfeito excluiria, logicamente, a afirmação *incorreta* acerca da existência desse ser. Ele garantiria, assim, a existência desse ser. Um conceito de um ser pode afirmar, mesmo que por implicação, a existência deste, mas essa afirmação pode estar incorreta. Nesse caso, o conceito é enganoso no que afirma. Um conceito garantidor-da-existência, pelo contrário, não seria enganador nesse sentido. A questão principal é se existe esse conceito correspondente a Deus. Uma consideração relevante é que, aparentemente, podemos imaginar de forma coerente que Deus não existe. O ateísmo e o agnosticismo não parecem se basear em erros conceituais, mesmo que por vezes enfrentem problemas epistêmicos.

Podemos imaginar um argumento ontológico que inclua um conceito afirmador-da-existência de um ser maximamente perfeito. Uma questão imediata é se sua afirmação da existência desse ser está correta. Perguntamos, assim, se a realidade é de um tipo que inclui o ser maximamente perfeito em questão. Podemos imaginar

---

[2] Meu discurso sobre a "afirmação" por um conceito permite que nosso conceito de X afirme a realidade de X mesmo que *nós* não o façamos.

UMA VISÃO DEFLACIONÁRIA

que a realidade não inclui esse ser, apesar do conceito afirmar sua existência. Portanto, um conceito afirmador-da-existência de um ser maximamente perfeito não resolve a questão sobre saber se Deus existe. Assim, não temos aqui um passo conclusivo do conceito de um objeto maximamente perfeito para sua existência.

Talvez um conceito garantidor-da-existência possa salvar um argumento ontológico. Suponha que esse argumento inclua um suposto conceito que garante a existência de um ser maximamente perfeito. A suposta base seria que, se o objeto representado do conceito não existir, então o conceito não é genuinamente o de um objeto *maximamente perfeito*. Precisamos agora perguntar se temos um conceito de um ser maximamente perfeito que garanta a existência desse ser. Devemos perguntar se, dado o conceito, a realidade inclui necessariamente um ser maximamente perfeito. Isso levanta a questão sobre o conceito ser *afirmador*-da-existência, mas não *garantidor*-da-existência em relação ao ser em questão. Podemos admitir que o conceito seja afirmador-da-existência, mas isso deixa em aberto a questão sobre a possibilidade de um ser maximamente perfeito existir realmente.

Um conceito normalmente não assegura a realidade de um objeto cuja existência ele afirma. Uma afirmação por um conceito normalmente não faz isso: muitas vezes é uma *mera* afirmação, sem a realidade correspondente de um objeto afirmado. Isso é verdade mesmo para um conceito que afirma a realidade de um objeto maximamente perfeito. Sua afirmação não precisa ser bem-sucedida, pois a realidade não precisa corresponder a ela. Como resultado, o argumento ontológico em consideração é questionável.

Seria uma petição de princípio assumir que a afirmação de um conceito da existência de um ser maximamente perfeito é correta apenas em virtude dessa afirmação. Um conceito pode estar incorreto em sua afirmação da existência de um ser maximamente perfeito, mesmo que essa afirmação seja essencial para o conceito. Nesse caso, teríamos um conceito de ser maximamente perfeito sem um objeto real correspondente. Essa separação conceito-objeto desafia um suposto conceito garantidor-da-existência de um ser maximamente perfeito. É duvidoso, então, que tenhamos um conceito de um ser maximamente perfeito que garanta a existência desse ser. Assim, um alegado conceito garantidor-da-existência de um ser maximamente perfeito não resolve a questão sobre saber se Deus existe. A realidade de um ser divino maximamente perfeito não é garantida por um conceito da maneira alegada.

Argumentos ontológicos não se ajustam bem ao tipo de elusividade evidencial que caracteriza o Deus judaico-cristão. Esse Deus fornece *e retira* a presença divina e a evidência relativa aos humanos em vários momentos para propósitos redentores. A evidência que consiste no conteúdo de um conceito de Deus, conforme oferecido em argumentos ontológicos, é estática de uma forma que a evidência pessoalmente interativa da presença e da realidade do Deus judaico-cristão não o é. A evidência proposta, que consiste no conteúdo de um conceito, não é pessoalmente variável com referência à vontade dos humanos em relação a Deus. Assim, a evidência oferecida nos argumentos ontológicos entra em conflito com a autorrevelação divina de intermitente ocultação e busca na relação com os humanos. A autorrevelação de Deus teria como objetivo a transformação dos humanos em direção ao caráter moral de Deus e, portanto, seria pessoalmente variável e interativa de uma forma que o conteúdo de um conceito de Deus não o é. Assim, a evidência oferecida nos argumentos ontológicos está em desacordo com o Deus pessoal e evidencialmente dinâmico do teísmo judaico-cristão. Essa deficiência aplica-se aos argumentos ontológicos em geral, não apenas aos de Anselmo.[3]

Argumentos do design e do ajuste fino

Alguns observadores inferem o *design* e o ajuste fino do mundo a partir de partes do mundo que são aparentemente ordenadas. Eles também inferem um Projetista [*Designer*] ou Ajustador [*Fine-Tuner*] para explicar a ordem aparente em questão. Qualquer que seja a ideia de Projetista ou Ajustador que se prefira, ela precisa de evidências especiais para conduzir a um Deus digno de adoração, caracterizado pela perfeição moral.

Argumentos *a posteriori* baseados no *design* ou ajuste fino aparente no mundo confirmam, no máximo, a existência de causas *suficientemente adequadas* para produzir esse *design* ou ajuste fino aparente. Essas causas adequadas, contudo, não conseguem confirmar a existência de um agente pessoal que seja digno de adoração e que, portanto, tenha um caráter moralmente perfeito. Alguns defensores dos teólogos naturais admitiram isso, mas recuaram para argumentos a favor de algo inferior a um Deus digno de adoração. Se a conclusão desejada é produzir um Deus pessoal digno de adoração, então os argumentos *a posteriori* baseados no *design* aparente ou no ajuste fino falham, tanto individual quanto coletivamente. Esses argumentos também precisam de alguma explicação acerca da aparente *desordem* na natureza que não implique desordem no caráter de Deus.

O problema em questão surge em conexão com os argumentos teleológicos de Tomás de Aquino na *Suma Teológica*[4] e na *Suma contra os Gentios*.[5] A causa suficientemente adequada em questão (como acontece com certas estruturas complexas e aparentemente ordenadas na natureza) não fornece o Deus judeu-cristão moralmente perfeito, um agente pessoal digno de adoração. Podemos admitir, por

---

[3] Para a variedade desses argumentos e suas várias deficiências, veja Oppy, *Ontological Arguments*.
[4] Tomás de Aquino, *Summa Theologiae* I.2.3 7 [edição em português: *Suma teológica* (São Paulo: Loyola, 2001)].
[5] Tomás de Aquino, *Summa contra Gentiles* 1.13.35 [edição em português: *Suma contra os gentios* (São Paulo: Loyola, 2015)].

uma questão de argumentação, a evidência de Tomás de Aquino a partir de um *design* aparente, mas isso não representaria nenhum desafio a uma fonte moralmente indiferente dessa evidência. Assim, Tomás de Aquino não tinha uma base adequada em sua teologia natural para atribuir o título "Deus" a seu alegado criador. Da mesma forma, variações recentes do argumento teológico de Tomás de Aquino não podem escapar desse problema, permanecendo na teologia natural e evitando a revelação sobrenatural. A atribuição bem fundamentada do título perfeccionista "Deus" a um agente requer evidência de um agente pessoal moralmente perfeito. Uma tentativa de fazer com que a teologia natural inclua *um chamado divino* aos humanos vai, além da teologia natural, à *teologia sobrenatural*.

Os argumentos teleológicos não podem evitar o problema da elusividade divina que desafia o argumento cosmológico de Tomás de Aquino. Consistindo em certas estruturas aparentemente ordenadas na natureza, a evidência de Tomás é estática de uma forma que a evidência da presença e da realidade do Deus judaico-cristão não é. Sua evidência proveniente da natureza não é pessoalmente variável referente à vontade dos agentes humanos em relação a Deus. Assim, sua evidência não se enquadra no modo pelo qual Deus se oculta e busca sua redenção em relação aos humanos. Ao procurar transformar moralmente os humanos, a autorrevelação divina seria pessoalmente variável e interativa de uma forma que as estruturas complexas da natureza não são. Assim, a evidência oferecida no argumento teleológico de Tomás não se ajusta ao Deus judaico-cristão pessoal e cognitivamente interativo.

Argumentos da causa primeira

Os argumentos a favor de uma causa primeira, em nome da confirmação da existência de Deus, enfrentam versões diretas dos problemas em questão. Considere-se, por exemplo, o argumento cosmológico de Tomás de Aquino na *Suma teológica*.[6] O argumento identifica uma ordem de causalidade eficiente no mundo sensorial, depois afirma que nada é causa eficiente de si mesmo ou parte de uma cadeia causal infinita, e conclui ser necessário reconhecer "uma causa primeira eficiente, a que todos dão o nome de Deus".[7] Por uma questão de argumentação, podemos aceitar a inferência de Tomás de que existe uma causa *primeira* eficiente, apesar da controvérsia filosófica suscitada por essa inferência.

Um problema que Tomás enfrenta é que sua inferência nos fornece, no máximo, uma causa primeira *suficientemente adequada* para as cadeias causais observadas. Essa causa primeira, no entanto, fica muito aquém de um Deus pessoal

---

[6] Tomás de Aquino, *Summa Theologiae* I.2.3.
[7] Tomás de Aquino, *Summa Theologiae* I.2.3.

vivo que seja digno de adoração e, portanto, moralmente perfeito. Não temos razão para atribuir perfeição moral à causa primeira inferida; essa causa não oferece qualquer desafio à indiferença moral em si ou em qualquer outro lugar. Além disso, não temos motivos para atribuir *agência pessoal* que busca redenção a essa causa primeira. Essa agência pessoal não é necessária para acomodar os dados sensoriais relativos às cadeias causais. Esses dados não oferecem nenhuma indicação definitiva de um agente pessoal, muito menos de um agente pessoal digno de adoração. P. T. Forsyth parece defender esse ponto ao observar que "a natureza não contém sua teleologia [moral]".[8] Além disso, a causa primeira em questão, até onde nossas evidências indicam, poderia ter deixado de existir há muito tempo.

Tomás de Aquino não consegue convencer ao referir-se a "uma causa primeira eficiente, à qual *todos dão o nome de Deus*".[9] Os céticos recusam, com razão, essa referência a Deus, e nós também deveríamos, considerando as elevadas exigências de uma agência pessoal moralmente perfeita para merecer o título de "Deus". Se um argumento não apoia a afirmação da existência de um agente intencional moralmente perfeito, então esse argumento não confirma que *Deus* existe. Os argumentos da teologia natural muitas vezes entram em conflito com esse fato e deixam alguém sem evidências acerca da existência de *Deus*.

Um segundo problema surge da elusividade da presença e da evidência do Deus judaico-cristão. A evidência de Tomás, que consiste na causalidade eficiente no mundo sensorial, é estática de uma forma que a evidência do Deus judaico-cristão não é. A evidência envolvendo causalidade eficiente não é variável em relação às tendências volitivas dos agentes humanos em relação a Deus. Assim, a evidência em questão não consegue acomodar o caráter pessoalmente interativo da autorrevelação de Deus que emerge do ocultamento e da busca intermitente de Deus em relação aos humanos. Buscando a redenção humana, deveria esperar-se que a autorrevelação de Deus fosse pessoalmente interativa, variável e intermitente de uma forma que a mera causalidade eficiente no mundo sensorial não o é. Assim, a evidência proposta por Tomás de Aquino no argumento cosmológico não é adequada ao Deus evidencialmente elusivo e pessoalmente dinâmico do teísmo judaico-cristão.

Argumentos históricos
Os argumentos históricos da teologia natural recorrem a alguma característica da história, livre de descrição sobrenatural, como base para concluir que Deus existe. Por exemplo, as aparições de Jesus a seus discípulos após sua morte figuram em

---

[8] Forsyth, "Revelation and the Person of Christ", p. 100.
[9] Uma referência igualmente dúbia em relação a Deus ocorre no argumento correlato de Tomás de Aquino, *Summa contra Gentiles* 1.13.35.

alguns desses argumentos históricos. Estes muitas vezes envolvem relatos sobre o túmulo vazio de Jesus e os destinatários das aparições do Jesus ressurreto.

Não temos nenhum argumento meramente histórico convincente para Deus haver ressuscitado Jesus, como Emil Brunner,[10] Helmut Thielicke,[11] e outros argumentaram. A mensagem do Novo Testamento não é que Jesus sobreviveu à crucificação; em vez disso, é que *Deus o ressuscitou* da morte, em vindicação a Jesus. Assim, qualquer argumento meramente histórico teria de confirmar a existência de Deus, e esse requisito não foi cumprido. Além disso, até onde as evidências meramente históricas indicam, Jesus poderia ter ressuscitado e depois morrido. Isso não se enquadraria, contudo, na mensagem do Novo Testamento, de que Jesus está vivo agora como Senhor ressurreto.

A defesa do apóstolo Paulo a favor da ressurreição divina de Jesus vai além do fato meramente histórico, alcançando a atuação do Espírito de Deus. Como Paulo diz: "Ninguém pode dizer: 'Jesus é Senhor', a não ser pelo Espírito Santo" (1 Coríntios 12:3). Assim, ele não oferece uma defesa apenas com base no testemunho humano a respeito das aparências. Qualquer testemunho humano bem fundamentado precisa de base na experiência humana; precisa ser mais do que um mero relatório. Paulo acomoda esse ponto em Romanos 5:5, apresentando um papel experiencial para o Espírito interveniente de Deus: "E a esperança [em Deus] não nos decepciona, porque Deus derramou seu amor em nossos corações, por meio do Espírito Santo que ele nos concedeu" (veja tb. 8:15,16; 2 Coríntios 5:14,15). Ele identificaria a mesma base evidencial para a fé em Deus. Essa é uma evidência interpessoal da automanifestação divina irredutível a um argumento; ela não precisa de um argumento para ser uma evidência genuína da realidade de Deus. Deveríamos esperar que Deus, como *sui generis*, se autoevidencie e autoautentique para os seres humanos dessa forma. Os argumentos historicistas e outros argumentos da teologia natural não conseguem nos aproximar da obra automanifestadora e convincente do Espírito de Deus.

Se Jesus *é* Senhor (*agora*), então ele não está morto e, portanto, não morreu após a ressurreição. Seguindo 1 Coríntios 15, podemos reconhecer a evidência testemunhal, mas a questão principal diz respeito ao tipo de experiência que a fundamenta. No caso da ressurreição de Jesus, foi a experiência do Jesus ressurreto (e não apenas de seu corpo). Seguindo Paulo, deveríamos considerar a afirmação de que podemos continuar a encontrar (o Espírito do) Jesus ressurreto. Seu Espírito orienta o tipo de convicção moral vivenciada que será esclarecida a seguir. Paulo sustenta que todos os que "*são guiados pelo Espírito de Deus* são filhos de Deus"

---

[10] Veja Brunner, "Risen and Exalted Lord."
[11] Veja Thielicke, "Rose Again from the Dead"; Thielicke, "Resurrection of Christ."

(Romanos 8:14, ênfase adicionada). Veremos que essa experiência de ser guiado, incluindo a convicção moral, é central para nossa evidência da realidade de Deus, embora seja negligenciada pelos argumentos da teologia natural.

A evidência visual das aparições de Jesus após sua morte é insuficiente para uma crença fundamentada de que Deus ressuscitou Jesus. Essas aparições precisam ser acompanhadas por uma experiência do Espírito de Deus. O apelo de Paulo aos testemunhos de aparições em 1 Coríntios 15 não deve, portanto, ser isolado da experiência da intervenção do Espírito de Deus. Consequentemente, a simples evidência empírica é inadequada para subscrever a afirmação de Tomé: "Senhor meu e Deus meu!" (João 20:28). Não vemos Deus ou o Jesus ressurreto como Senhor na simples evidência empírica, pois nem Deus nem o Jesus ressurreto são um simples objeto empírico. Assim, argumentos meramente históricos a partir das aparições de Jesus após a crucificação não salvam a teologia natural.

Argumentos da moralidade e da consciência

Alguns defensores da teologia natural invocam fatos morais (objetivos ou não relativistas) como base para uma inferência sobre a existência de Deus. Da mesma forma, alguns defensores citam a consciência (moral) humana como base para essa inferência. Nenhuma das estratégias evita o problema recorrente da teologia natural. A existência de fatos morais (objetivos ou não relativistas) não confirma a perfeição moral de um agente moral intencional. Considere os ensinamentos sobre a retidão moral e a bondade oferecidos por qualquer grupo moralmente responsável que não incorpore a teologia nesses ensinamentos. Podemos supor, para efeitos de argumentação, que estes expressam fatos morais. Mesmo assim, esses fatos não dão qualquer indicação de um agente intencional com um caráter moralmente perfeito. Essa indicação iria muito além do que esses fatos confirmam em relação à retidão e à bondade morais. Certamente não implicam, de maneira lógica, um agente moralmente perfeito e não oferecem qualquer desafio à inexistência desse agente. Assim, os fatos morais relevantes não confirmam a existência de um Deus digno de adoração. O domínio familiar dos fatos morais não fornece provas desse Deus, a menos que insiramos a teologia sobrenatural nos fatos morais. Inserir essa teologia nas evidências, contudo, vai além de qualquer argumento de teologia *natural*.

Um argumento a favor de Deus a partir da consciência (moral) humana encontra o mesmo destino que um argumento a partir dos fatos morais. Ele não consegue confirmar a existência de um agente intencional com um caráter moralmente perfeito. A consciência humana, embora notável, não dá nenhuma indicação da realidade desse agente. Ele não exige, por inferência lógica, um agente moralmente perfeito e não desafia a inexistência do agente. Assim, a existência da consciência humana não confirma a realidade de um Deus digno de adoração. Se inserirmos a teologia sobrenatural nos fatos da consciência humana, poderemos obter um resultado diferente. Nesse caso, porém, não temos mais um argumento da teologia *natural*.

Os argumentos da teologia natural baseados em fatos morais e na consciência humana não se adaptam bem ao tema bíblico da elusividade divina em relação aos humanos. Qualquer evidência proveniente de fatos morais e da consciência humana não indica um agente intencional que, em alguns momentos, se oculta de alguns humanos para fins redentores. A esse respeito, essa evidência é estática em comparação à evidência de Deus reconhecida por vários escritores bíblicos. Por consequência, não encontramos aqui evidências adequadas ao retrato bíblico de um Deus digno de adoração e, portanto, perfeitamente moral e redentor.

O PROBLEMA PERSISTENTE

A questão principal torna-se clara: *Que* deus temos em vista quando se apresenta um argumento da teologia natural? O deus de alguns filósofos? Ou, em vez disso, o Deus de Jesus, que é digno de adoração e, portanto, moralmente perfeito? Chegar a um deus moralmente imperfeito não aproximará ninguém, no que se refere a evidências exigidas, de um Deus digno de adoração. A evidência de um deus moralmente imperfeito autoriza a ausência de evidência de um Deus moralmente perfeito. Além disso, se recuarmos para a afirmação de que a teologia natural produz não um Deus digno de adoração, mas algum deus moralmente inferior, surge um problema persistente. Como alguém razoavelmente passa do deus menor para o Deus da perfeição moral? Não podemos chegar lá com base na teologia natural. Se, no entanto, tentarmos chegar lá por meios *sobre*naturais (digamos, a automanifestação divina aos humanos), a suposta base da teologia natural será evidentemente supérflua e dispensável.

Sugiro que um Deus moralmente perfeito não precisaria nem confiaria na contribuição duvidosa dos argumentos familiares da teologia natural. Em vez disso, esse Deus confiaria em algo mais direto e marcante.[12] Paulo confirma isso em Romanos 10:20, e observa em Romanos 1 que *Deus* nos revela Deus, mesmo que por vezes a natureza seja um meio para isso. Ao contrário de alguns defensores da teologia natural, Paulo *não* diz nem implica que a natureza por si só (como um fato puramente natural) nos mostra Deus ou fundamenta um argumento a favor da realidade de Deus.

Sendo *sui generis*, somente Deus poderia fornecer aos humanos evidências da realidade de Deus, por meio da autorrevelação na automanifestação aos humanos.

---

[12] A saber, a automanifestação divina direta aos seres humanos no momento oportuno de Deus.

Essa é uma implicação do tema bíblico de que Deus jura por si mesmo, por causa da ausência de alguém que consiga realizar a tarefa (veja Gênesis 22:16; Hebreus 6:13). Uma fonte desprovida de caráter moralmente perfeito não terá recursos, por si só, para indicar a realidade desse caráter. Essa é a queda dos argumentos familiares da teologia natural. Eles negligenciam a necessidade do papel distintivo de Deus na evidência da realidade do próprio Deus. Em particular, eles negligenciam que só Deus poderia ser uma base adequada para a evidência da realidade dele mesmo.

Alguns defensores da teologia natural procuram alívio ao distinguir dois sentidos de "conhecimento de Deus": o conhecimento da *realidade de Deus*, isto é, mera realidade; e conhecimento de Deus *como um agente pessoal de familiaridade direta*. Podemos conceder a distinção, por uma questão de argumentação, mas note-se aqui sua ineficácia. O problema recorrente diz respeito à evidência inadequada na teologia natural da realidade de um Deus digno de adoração. O problema não depende da exigência do conhecimento de Deus como um agente pessoal passível de familiaridade direta. Portanto, não encontramos aqui alívio para a teologia natural. A escassez de sua evidência, relativa a um Deus digno de adoração, é seu problema fatal.

O problema em questão não está nos argumentos em si. O problema é que os argumentos familiares da teologia natural, em termos das provas que fornecem, são inadequados como base razoável para reconhecer um Deus digno de adoração. Assim, tenho proposto que um Deus moralmente perfeito se basearia em algo mais direto e marcante do que os argumentos da teologia natural. Esses argumentos não só falham mas também tendem a desviar a atenção das evidências diretas disponíveis de Deus, como aquelas presentes em uma experiência direta Eu-Tu entre um ser humano e Deus. Paulo tem esse último tipo de evidência em mente quando, seguindo Isaías, ele representa Deus dizendo: "Fui achado por aqueles que não me procuravam; revelei-me àqueles que não perguntavam por mim" (Romanos 10:20; cf. Isaías 65:1). Essa evidência também aparece na seguinte interação de Jesus com Deus no Getsêmani: "Aba, Pai, tudo te é possível. Afasta de mim este cálice; contudo, não seja o que eu quero, mas sim o que tu queres" (Marcos 14:36). O caráter moral único de Deus é apresentado a uma pessoa nesse tipo de interação direta.

Os defensores da teologia natural costumam insistir em evidências *públicas* a favor de Deus nos argumentos. Ao fazê-lo, eles muitas vezes ignoram ou desviam a atenção da evidência não pública de um encontro direto Eu-Tu entre um ser humano e Deus. Isso resulta na negligência da evidência necessária da autorrevelação divina na automanifestação do caráter moral de Deus a uma pessoa. Essa evidência figura no fato de alguém conhecer a Deus como seu Senhor e Deus. Ela contrasta, portanto, com a evidência relativamente escassa oferecida pela teologia natural, que falha em aproximar alguém de um Deus que primeiro se aproxima de uma pessoa com interesse moral. Seria cognitivamente presunçoso assumir que Deus deve fornecer provas públicas do tipo pressuposto pela teologia natural.[13]

A teologia natural deveria nos levar a fazer uma pergunta simples, mas vital: O que valorizamos mais? Conhecer Deus ou conhecer um argumento sobre a existência de Deus? A teologia natural parece favorecer este último, dada a ênfase nos argumentos, e isso é uma distorção de valor em relação a Deus. Talvez nosso compromisso com o valor relativo aqui tenha relação com nossa receptividade às evidências relevantes. Um foco equivocado nas evidências não pessoais presentes nos argumentos pode dificultar nossa consciência das evidências na automanifestação interpessoal, como aquela encontrada às vezes na convicção moral na consciência. Um foco mais promissor atende à evidência interpessoal, por meio da qual Deus fornece autoevidência diretamente, para convencer alguém em sua consciência. Essa evidência é atribuída à intervenção do Espírito de Deus por Paulo (Romanos 8:15,16) e João (João 16:8). Voltaremos a essa alternativa à teologia natural.

Boa parte dos filósofos cristãos não consegue abdicar da ideia de que a teologia natural desempenha um papel no aumento da probabilidade do teísmo. Eles sustentam que a realidade do *design* aparente na natureza, de uma causa primeira, ou da agência moral humana aumenta a probabilidade do teísmo, mesmo que não confirme a existência de um Deus digno de adoração. A questão é complexificada, contudo, por questões acerca da natureza das probabilidades relevantes e sobre como estas devem ser atribuídas. Seriam essas probabilidades subjetivas, determinadas pelos graus de confiança subjetiva de uma pessoa? Se assim for, elas variam entre as pessoas e não conseguirão subscrever o tipo amplo de convicção racional tipicamente buscado pelos defensores da teologia natural. Se elas não são subjetivas, como poderão ser medidas sem vieses ou petições de princípio? Seria uma petição de princípio a questão referente a algumas das supostas probabilidades serem inescrutáveis? De qualquer maneira, a evidência a partir de um *design* aparente, de uma causa primeira ou de uma agência moral não aumentam a probabilidade de um Deus digno de adoração. Essa evidência não desafia a inexistência de um agente moralmente perfeito. Além disso, nossa evidência empírica é altamente confusa acerca da realidade desse agente.

Podemos oferecer suporte à apologética cristã sem os argumentos familiares da teologia natural. Mas, isso ocorrerá apenas se ela atender ao tipo certo de evidência. Esse seria o tipo de evidência experiencial mobilizado por Paulo, João e outros escritores do Novo Testamento. Não precisamos dos argumentos duvidosos com

---

[13] Veja Moser e Neptune, "Is Traditional Natural Theology Cognitively Presumptuous?".

os quais estamos familiarizados a partir da teologia natural para oferecer suporte à apologética cristã. Em vez disso, deveríamos nos concentrar no tipo de evidência inerente ao caráter moral único de Deus, como fazem vários escritores do Novo Testamento. O foco deve estar na evidência moralmente relevante por meio da qual alguém encontra Deus na experiência interpessoal, e não nas considerações que nos deixem com uma base tênue para a crença de que existe um deus moralmente questionável. Estas últimas considerações não são um caminho confiável para a evidência que inclui o encontro com Deus na experiência. Consequentemente, os escritores do Novo Testamento não confiam nessas considerações inadequadas.

Os argumentos da teologia natural normalmente não levam a um compromisso orientador de vida com um Deus digno de adoração. Em vez disso, eles em geral conduzem apenas a compromissos intelectuais (provisórios) sobre o que existe, e a uma tensão aparentemente interminável acerca desses compromissos. Por consequência, a teologia natural muitas vezes ignora ou obscurece a evidência experiencial vital de Deus identificada por Paulo, por exemplo, em 1 Coríntios 1–2 e Romanos 5–8. É mais promissor iniciarmos com a evidência experiencial robusta que indique a realidade de um Deus digno de adoração.

O encontro experiencial de Deus não fornece automaticamente crenças corretas sobre Deus. Ainda se poderia ter crenças mais adequadas a um deus que não é digno de adoração. O principal problema em relação à teologia natural, contudo, não é a crença de uma pessoa em relação a um deus menor. Em vez disso, o problema diz respeito à evidência proposta que produz, no máximo, um deus menor. A evidência experiencial *de re* da automanifestação divina é um Deus digno de adoração, graças à *auto*manifestação de *Deus*, e não apenas a evidência de um deus menor e moralmente inferior.

A evidência de um criador do universo pode ficar aquém da evidência de um Deus digno de adoração. Deveríamos compreender a evidência de um criador em termos do que é inerente a ser um criador. Se a agência intencional for inerente, nossa evidência será um convite à disputa, pois a evidência global é, na melhor das hipóteses, confusa, como até alguns teístas reconhecem. Partes do universo exibem desordem aparente (considere vários efeitos da entropia), e essa desordem não exige nem recomenda uma fonte em uma agência intencional. Mesmo que de alguma forma chegássemos a um criador por meio da teologia natural, ainda assim teríamos uma tarefa igualmente grande: chegar a um criador bom e equilibrado por meio da teologia natural. Nossa evidência "natural" real, por mais confusa que seja, não nos permite cumprir essa tarefa com firmeza. Ela deixa-nos, na melhor das hipóteses, com suposições provisórias e propostas controversas sobre o que é globalmente provável. Um observador imparcial, consciente da complexidade das condições iniciais, sugeriria plausivelmente que muitas das probabilidades atribuídas são, na verdade, inescrutáveis a partir de nossa perspectiva limitada. Portanto, faríamos melhor se deixássemos que a evidência relevante da realidade de Deus viesse da automanifestação do próprio caráter de Deus na experiência humana.

Em um encontro direto Eu-Tu com Deus, uma pessoa chega ao próprio Deus por intermédio da própria automanifestação de Deus para essa pessoa. Isso deixa a pessoa com uma tarefa de interpretação *de dicto* da experiência de conhecimento. O que exatamente a experiência inclui? O Sujeito interveniente (o objeto da experiência da pessoa) é *deste* tipo particular e não *daquele* tipo? Essa experiência é apenas uma ilusão? É compartilhada por outras pessoas? E assim por diante. Se a experiência for partilhada por outros, devemos esperar certa discordância sobre as características relevantes. Esse Sujeito interveniente existe necessariamente? Esse Sujeito é autolimitante no conhecimento ao se manifestar aos humanos? E assim por diante. Uma vez que Deus está envolvido como Sujeito na experiência humana, podemos perguntar sobre a disponibilidade do testemunho divino em alguns casos, desde que a evidência indique esse testemunho.

O encontro direto em questão leva-nos às propriedades *de re* automanifestadas de Deus, mas os argumentos da teologia natural não. Assim como não conhecemos um autor *de re* apenas pela leitura de seu livro, também não conhecemos Deus *de re* apenas por uma experiência dos efeitos dele como criador na natureza. Podemos nem saber que o autor do livro existe; ele pode ter morrido anos atrás. Portanto, há uma diferença relevante entre os dois casos. Um Deus perfeitamente redentor gostaria que os humanos cooperativos conhecessem a *Deus*, por meio do conhecimento da vontade de Deus, e isso seria diferente de saber que Deus existe.

Um problema perdura enquanto a teologia natural carecer de evidências do encontro direto de Deus. A teologia natural falha então em nos conduzir a um Deus digno de adoração. Essa é a fonte do problema persistente para os argumentos familiares da teologia natural. As deficiências observadas nos argumentos representativos da teologia natural indicam seu fracasso. A melhor explicação disponível para esse fracasso é que só podemos chegar a um Deus digno de adoração por meio da autorrevelação divina na automanifestação *de re*. Podemos levantar o desafio para que a teologia natural nos leve a esse Deus em seus termos, mesmo que apenas para evitar, no momento, a petição de princípio. Contudo, dadas as dúvidas anteriores e o problema persistente, deveríamos ser céticos quanto ao sucesso da teologia natural. Examinaremos um pouco mais de perto uma alternativa aos argumentos familiares da teologia natural e, em um segundo momento, identificaremos onde a teologia natural poderia servir a um propósito de questionamento menos presunçoso do que seu objetivo típico.

EVIDÊNCIA EU-TU PARA DEUS

Os defensores da teologia natural, como sugerido, normalmente buscam a universalidade da força racional em suas propostas de evidência para Deus. Oferecem, assim, razões públicas e não pessoais, em contraste com razões pessoais, não públicas, e querem que suas razões sejam convincentes para todos os inquiridores racionais. É uma opção viável, contudo, que Deus prefira oferecer evidências pessoais e não públicas que se concentrem, por razões redentoras, em uma perspectiva de primeira pessoa. Essa evidência teria um componente *de re* experiencial inerentemente interpessoal entre Deus e uma pessoa, e não seria generalizável para outras pessoas além desse componente. Indiscutivelmente, Deus estabeleceu esse tipo de limitação para dar à vontade divina um lugar central na interação com os humanos, e para esvaziar o orgulho intelectual quando encararmos diretamente a vontade santa e justa de Deus. Consideraremos brevemente essa alternativa à teologia natural típica.

A evidência oferecida pelo apóstolo Paulo a favor do Deus judaico-cristão serve como uma alternativa ao que é encontrado nos argumentos familiares da teologia natural. Seguindo Jesus, Paulo considera Deus digno de adoração e, portanto, moralmente perfeito de forma intrínseca. Ele, portanto, considera que Deus é perfeitamente amoroso com todas as pessoas, até mesmo com os inimigos de Deus. Ele também sustenta que os humanos podem rejeitar qualquer oferta divina para que se reconciliem com Deus em um relacionamento cooperativo. Deus, então, não coage a cooperação humana com ele; nem Deus coage o reconhecimento humano da realidade ou bondade dele. Ao evitar essa coerção, Deus preserva o arbítrio e a responsabilidade humana em nossa decisão da maneira pela qual nos relacionamos com ele. Isso permite o amor intencional dos humanos em relação a Deus.

Conforme observado anteriormente, Paulo representa Deus como sendo automanifestado ou autoapresentado a alguns humanos em alguns momentos, e ele atribui a seguinte declaração a Deus: "Revelei-me [*emphanēs egenomēn*] àqueles que não perguntavam por mim" (Romanos 10:20; cf. Isaías 65:1). Paulo pensa nessa automanifestação divina como uma apresentação *de re* do caráter moral de Deus a alguns humanos para que sejam reconciliados com ele. Ao atrair a atenção de uma pessoa *de re*, essa automanifestação figura de forma central na evidência fundamental da realidade e do caráter de Deus, e na experiência religiosa orientadora para essa pessoa. Ela fornece a autoevidência e a autoautenticação de Deus aos humanos receptivos, no que diz respeito à realidade e ao caráter moral de Deus. Este, como agente intencional, é autoevidente e autoautenticador da realidade e do caráter moral de Deus para esses humanos. Portanto, essa não é a autoautenticação de uma afirmação proposicional ou de uma experiência subjetiva.

Paulo afirma que "todos os que são guiados pelo Espírito de Deus são filhos de Deus" (Romanos 8:14). Levando-se em consideração todas as circunstâncias, Deus como *Senhor* perfeitamente amoroso tentaria *conduzir* as pessoas da maneira que fosse melhor para elas. O senhorio moralmente perfeito oferece uma condução moralmente eficaz, para o bem de todos os envolvidos. Deveríamos perguntar qual seria o objetivo dessa condução pretendida por Deus. Qual seria seu objetivo — ou objetivos —, visto que seria intencional ou proposital? Paulo fala de ser "guiado pelo Espírito" de Deus em conexão com o amor aos outros, entre outros "frutos" do Espírito de Deus (Gálatas 5:18). Considerando todas as circunstâncias, um Deus perfeitamente bom que busca "filhos de Deus" obedientes, portanto, gostaria que esses filhos fossem guiados pelo Espírito de Deus em direção à *imitatio Dei* como algo central para o que é melhor para eles.

Paulo esclarece o objetivo divino de *condução* em algumas de suas orações. Por exemplo: "Que o Senhor faça crescer e transbordar o amor que vocês têm uns para com os outros e para com todos..." (1 Tessalonicenses 3:12). Além disso: "Esta é a minha oração: que o amor de vocês aumente cada vez mais em conhecimento e em toda a percepção, para discernirem o que é melhor..." (Filipenses 1:9-10). Considerando todas as circunstâncias, o amor (*agapē*) em questão, tanto divino quanto humano, incluiria um componente volitivo de *desejar* o que é melhor para os outros. Então, isso não seria apenas um componente emocional. Também seria uma base para a experiência humana e o reconhecimento do caráter moral e da vontade de Deus. O propósito redentor de Deus da *imitatio Dei* seria promover esse amor, fazendo-o figurar no acesso humano à vontade divina e ao caráter moral.

Como observamos, Paulo reconhece o significado probatório da experiência do *agapē* em conexão com uma dádiva de Deus aos humanos cooperativos: "E a esperança [em Deus] não nos decepciona, porque Deus derramou seu amor em nossos corações, por meio do Espírito Santo que ele nos concedeu" (Romanos 5:5). A base evidencial para a esperança e a fé em Deus é algo a ser recebido cooperativamente de Deus, na experiência humana. O que deve ser recebido é algo integrante do caráter moral de Deus: o *agapē* divino. Paulo nega, assim, o desapontamento evidencial em relação a Deus. A esperança e a fé nele não decepcionam evidencialmente as pessoas que detêm essa esperança e fé, pois Deus lhes deu a evidência necessária na automanifestação do *agapē* divino. Dessa forma, ele evidencia e autoautentica a realidade e o caráter de Deus.[14]

O *agapē* divino é moral e volitivamente robusto, porque é amor *justo* (isto é, santo).[15] Ele é, portanto, moralmente *convencedor* em relação ao amor altruísta na

---

[14] Para mais explicações sobre a epistemologia de Paulo, veja Moser, *Severity of God*, p. 138-66; Moser, *God Relationship*, p. 210-27, p. 288-300; Moser, "Paul the Apostle".

[15] Veja Forsyth, *Holy Father and the Living Christ*; Bradley e Forsyth, *Man and His Work*, p. 113-38.

consciência de um humano cooperativo, pois desafia uma vontade humana egoísta. A realidade experiencial de ser assim convencido é uma evidência da realidade de Deus, e recebe atenção no Evangelho de João: "Quando [o Espírito de Deus] vier, convencerá [*elenxei*] o mundo do pecado, da justiça e do juízo" (João 16:8). Uma ideia correlata surge em Apocalipse 3:19: "Convenço [*elenchō*] e disciplino [*paideuō*] aqueles que eu amo" (tradução minha).

O convencimento pode ser um desafio de uma pessoa *contra* o pecado, mas também pode ser um desafio de uma pessoa *em direção* ao amor justo. Esse convencimento não precisa ser simplesmente negativo; ele pode ter uma meta moral e interpessoal positiva pela qual a pessoa é desafiada. Além disso, a convicção de uma pessoa a amar os outros pode aumentar com o tempo. Esse aumento levaria a pessoa a tornar-se *cada vez mais* amorosa em relação aos outros, até mesmo seus inimigos. Isso é central para as duas orações de Paulo mencionadas anteriormente e concorda com os principais mandamentos de amor de Jesus (Marcos 12:30,31; cf. João 21:15-19).

O fato de alguém ser convencido e conduzido por Deus em direção a um *agapē* direcionado a todas as pessoas não pode ser reduzido a uma crença. A crença não precisa incluir uma intrusão de pressão volitiva sobre um agente em direção ao *agapē* que pareça não ser obra do próprio agente. Essa pressão não coercitiva em relação ao amor ao inimigo contraria as tendências naturais da pessoa e de seus pares. Ela envolve a experiência de uma vontade, e não uma mera crença. A vontade experienciada em questão é um poder intencional além de qualquer crença, e sua automanifestação pode fornecer evidência experiencial a uma pessoa. Uma crença poderia surgir para alguém sem que alguém estivesse experiencialmente envolvido por uma automanifestação divina da maneira não coercitiva sugerida. Assim, ser convencido por Deus não se reduz a uma crença. O aumento da convicção de amar os outros como Deus o faz seria fundamental para a consciência de ser conduzido por ele de maneira *intencional*.

O convencimento divino de uma pessoa em amar os outros não terminaria com um destinatário do amor dessa pessoa. Eventualmente, esse convencimento se estenderia a *todos* os destinatários disponíveis desse amor. Seria um processo contínuo que moveria uma pessoa, de forma não coercitiva, em *direção a um objetivo*, tornando-o assim intencional e conduzido pela pessoa, não aleatório ou impessoal. Ao ser convencida, uma pessoa teria, assim, provas de um *agente intencional* (e não um mero processo físico) motivando essa pessoa a ser convencida a amar os outros. Isso levaria alguém além da mera causalidade eficiente para uma experiência da intenção ou propósito de um agente amoroso em ação. A ausência de defeito moral no agente indicaria um agente moralmente perfeito em ação, talvez até mesmo um agente digno de adoração.[16]

O objetivo final buscado por um Deus moralmente perfeito seria a comunhão divino-humana, ou *koinōnia*, em prol do que é melhor a todos os envolvidos. Esse objetivo seria crucial para uma comunidade florescente e duradoura a todos os envolvidos, sob a orientação divina. Ele incluiria uma relação Eu-Tu com Deus, irredutível a uma relação Eu-Isso. A esse respeito, a relação *koinōnia* procurada por Deus seria *interpessoal* e, portanto, irredutível a qualquer relação com um objeto não intencional. Assim, ele seria diferente do conhecimento científico típico de um objeto e de qualquer conhecimento meramente *de dicto* de que algo exista. Podemos pensar nisso como um conhecimento *filial*, por meio do qual um pai atrai um filho para um relacionamento moralmente robusto de companheirismo benevolente sob a autoridade parental.

Deus poderia ocultar a automanifestação divina das pessoas que se oponham ou sejam indiferentes a ela a fim de evitar que se tornem ainda mais alienadas de Deus. Um Deus redentor aguardaria o momento oportuno para essa intervenção na experiência humana. Assim, Deus não precisa disponibilizar publicamente a evidência da realidade de Deus a todos os inquiridores. Boa parte dos defensores da teologia natural, entre outras pessoas, presumem o contrário e, assim, evitam uma questão crucial sobre a autoevidência divina.[17]

Se a evidência experiencial de alguém, ao parecer ser convencido e guiado por Deus em direção a uma *koinōnia* moralmente robusta, não enfrenta nenhum anulador, essa evidência sustentará uma crença bem fundamentada e epistemicamente razoável em Deus para essa pessoa. O fato de que algumas outras pessoas sustentam crenças em conflito com a crença de alguém em Deus não será um anulador para essa pessoa, porque uma crença conflitante não gera automaticamente evidência contra a própria crença. Um anulador surgirá para alguém apenas se a própria evidência apoiar esse anulador, e isso normalmente será, em última instância, uma função do que a experiência geral dessa pessoa indica sobre o que é o caso. A evidência é algum tipo de indicador de verdade ou fatualidade, e meras crenças conflitantes ficam aquém desse *status*.[18] Portanto, não se pode minar a crença bem fundamentada de uma pessoa em Deus apenas apelando às crenças conflitantes sustentadas por algumas outras pessoas. A posição apresentada é uma versão do evidencialismo, que contrasta com o que é chamado de "epistemologia reformada".[19]

---

[16] Para uma discussão adicional sobre ser convencido e guiado por Deus, em conexão com a consciência humana, veja Moser, *God Relationship*, p. 313-23; Moser, "Convictional Knowledge"; Moser, "Divine Hiddenness"; veja também Forsyth, *Principle of Authority*; N. Robinson, *Christ and Conscience*, p. 76-80.

[17] Para uma discussão relevante sobre o ocultamento divino, veja Moser, *God Relationship*, p. 161-90; em conexão com a teodiceia divina, veja Moser, "Theodicy, Christology, and Divine Hiding".

[18] Para detalhes, veja Moser, *Knowledge and Evidence*.

[19] Para problemas com essa visão, veja Moser, "Doxastic Foundations".

A crença relevante em Deus pode ser *de re*, relacionando-se diretamente com ele, com conteúdo mínimo *de dicto*. Isso é importante porque permite que alguém seja convencido e guiado divinamente sem ter uma compreensão conceitual de Deus como Deus. Também permite que diferentes pessoas conduzidas por Deus possam ter diferentes entendimentos dele e até mesmo conhecer Deus por nomes diferentes. Esse tipo de diversidade não prejudicaria ou, de outra forma, ameaçaria o fundamento da crença em Deus. Enquanto a base experiencial *de re* estiver estabelecida, na ausência de anuladores, a crença de alguém em Deus pode ser epistemicamente razoável para ele.

Podemos oferecer um novo argumento a partir da experiência moral para a realidade de Deus com base em um tipo diferente de convicção-*agapē* na consciência. Esse não é um "argumento moral para a existência de Deus" com base em meros "fatos morais objetivos", pois atribui um papel central à *agência intencional* na experiência moral de convencimento.

1. Necessariamente, se uma pessoa está diretamente familiarizada, na convicção moral da consciência, com um personagem condutor de perfeita bondade moral em direção ao *agapē* perfeito, isso resulta do poder moralmente autoritativo de um agente intencional de perfeita bondade moral.
2. Estou diretamente familiarizado, na convicção moral da consciência, com o personagem condutor mencionado na premissa 1.
3. Logo, um agente intencional de perfeita bondade moral existe.
4. Necessariamente, se um agente intencional de perfeita bondade moral existe e é digno de adoração, então Deus existe.
5. O personagem orientador do agente intencional perfeitamente bom da premissa 2 é digno de adoração.
6. Logo, Deus existe.

O argumento não pressupõe que seja uma verdade lógica ou conceitualmente necessária que Deus exista.

As premissas 2 e 5 obtêm seu suporte probatório em bases abdutivas e explicativas. Em relação à premissa 2, a melhor explicação disponível para mim, sem um anulador não refutado, para minha convicção moral relevante de consciência é que um agente intencional de perfeita bondade moral está me guiando (ainda que, por vezes, com minha resistência). Em relação à premissa 5, a melhor explicação disponível para mim, sem possibilidade de um anulador relativo à premissa 2, é que um Deus digno de adoração exemplifica o caráter condutor da perfeita bondade moral.[20]

---

[20] Não precisamos exigir onipotência, onisciência, imutabilidade ou eternidade (atemporal) de um agente intencional digno de adoração, ao contrário de uma tradição de longa data entre os monoteístas; para uma

Suponhamos que o caráter do agente intencional de bondade moral perfeita seja melhor explicado como tendo uma bondade moral perfeita de forma *inerente*, sem depender de outro agente. Nesse caso, temos um candidato principal para um Deus digno de adoração. Qualquer ser criado que seja perfeitamente bom moralmente dependeria do Criador para ser assim e, portanto, não teria uma bondade moral perfeita de forma inerente. Se alguém puder ter evidências de um agente intencional que inerentemente tem uma bondade moral perfeita, poderá ter evidências de um Deus digno de adoração. Essas provas poderiam surgir, por exemplo, de depoimentos fundamentados do agente em questão, e poderiam surgir na ausência de um anulador não refutado por outras evidências. Além disso, essas evidências poderiam surgir na história da experiência de alguém em relação ao agente intencional da perfeita bondade moral. Elas não precisam surgir em um único momento.

Minha evidência baseada nas premissas 2 e 5 pode refletir minha experiência atual, e pode ser histórica, como um complemento à minha evidência experiencial. Isso é ilustrado por duas declarações de Paulo. Primeiro, pode ser uma questão de nossa experiência atual, ou pelo menos da melhor explicação disponível, que "quando clamamos: 'Aba, Pai' [...] o próprio Espírito [de Deus] testemunha ao nosso espírito que somos filhos de Deus" (Romanos 8:15-16). Deus teria a opção de dar testemunho *de re*, na automanifestação do caráter moral; e *de dicto*, com conteúdo proposicional transmitido a uma pessoa. Um resultado notável poderia ser a renovação ou regeneração de uma pessoa à imagem moral ou ao caráter de Deus.[21] Em segundo lugar, podemos ter em conta considerações históricas sobre as ações redentoras de Deus na história, assim como esta: "Deus demonstra seu amor [*agapē*] por nós: Cristo morreu em nosso favor quando ainda éramos pecadores" (Romanos 5:8). Não podemos usar apenas o acontecimento histórico da crucificação de Cristo para confirmar a existência de Deus, mas ele pode contribuir para a evidência relevante em conjunto com a evidência mais interpessoal da premissa 2. Portanto, tendo em vista o argumento em questão, não há necessidade de desconsiderar a evidência histórica, incluindo aquelas que se desenvolvem ao longo do tempo.

O argumento apresentado diz respeito à *minha* experiência, a partir de *minha* perspectiva de primeira pessoa. Ele pode ou não depender da experiência de outra pessoa. Assim, não deveríamos sugerir que tenha uma força de convicção racional universal. Uma pessoa precisará ter a experiência relevante de orientação intencional para que o argumento seja racionalmente convincente para si mesmo.

---

discussão relevante, veja Moser, "Attributes of God".
[21] Veja Forsyth, *Person and Place of Jesus Christ*, p. 195-210; Hubbard, *New Creation in Paul's Letters*.

Essa consideração não prejudica nem desafia o argumento. Ela simplesmente identifica que a convicção racional pode variar entre as pessoas em relação às suas experiências reais. A evidência normalmente tem essa característica e, portanto, contrasta com a verdade. Se Deus procura relacionar-se com uma pessoa em uma base individual (o que não implica *apenas* uma base individual), não deveríamos impedir o papel de evidências não públicas e não universais. Assim, não deveríamos, em princípio, rejeitar o agnosticismo razoável para pessoas que carecem das evidências necessárias.

Minha evidência experiencial pode não ser acompanhada de anuladores, que podem surgir direta ou indiretamente. Um anulador *direto* da evidência inicial consiste em evidências adicionais (não confundir com meras crenças) que desafiam o *suporte* da evidência inicial para uma afirmação em questão. Por exemplo, minha evidência visual inicial indica que há uma vara dobrada submersa até a metade em uma bacia com água. O suporte oferecido por essa evidência pode ser anulado pela minha evidência visual adicional, indicando que esta falha, quando unida à evidência adicional, em indicar que há uma vara torta na água. Em contraste, um anulador *indireto* de evidências consiste em evidências que desafiam a *(reivindicação de) verdade indicada* por essas evidências. Por exemplo, minha evidência visual indicando que há uma mesa diante de mim pode ser anulada pela minha evidência visual e tátil adicional indicando que apenas uma imagem holográfica de uma mesa está diante de mim.

Em relação à premissa 2, eu *poderia* ter um anulador fornecido pela minha experiência (por exemplo, uma indicação de alucinação ou sonho). Na verdade, porém, não tenho nenhum, dentro ou fora das ciências, e esse fato é evidentemente importante. Não deveríamos desconsiderar esse fato ou obscurecê-lo com meras possibilidades do que poderia ser o caso.[22] Um desafio cético para mim teria de fornecer um anulador de minha evidência que tivesse uma base na evidência disponível para mim. Não poderia ser uma mera crença de outra pessoa; os anuladores não surgem de uma maneira tão fácil e livre de evidências. Não sugiro, contudo, que minha melhor explicação disponível, baseada nas premissas 2 e 5, produza uma explicação satisfatória de nosso mundo em geral. Por exemplo, não temos uma explicação satisfatória para o sofrimento injusto no mundo em geral. Além disso, duvido que devamos razoavelmente esperar ter essa explicação.[23] Portanto, não estou apelando à abdução como suporte a uma cosmovisão teísta satisfatória. Esse apelo seria ultrapassar nossa evidência real e desviar a atenção da evidência principal da realidade de Deus na experiência moral.

---

[22] Para uma abordagem relevante, veja Moser, *God Relationship*, p. 256-330; Wiebe, *God and Other Spirits*.
[23] Para a influência dessa consideração na filosofia cristã e na teodiceia, veja Moser, "Theodicy, Christology, and Divine Hiding"; Moser, "Christian Philosophy and Christ Crucified".

O argumento 1-6 (acima) é um exemplo de teologia natural? Duvido que a resposta importe muito, considerando que falar sobre a ideia de "natural" é muitas vezes incerto e variável. A resposta dependerá se o entendimento da "dignidade de adoração" na premissa 5 se ajusta ao que é "natural". Não vou me desviar do assunto, porque duvido que tenha grande importância. A evidência principal da realidade de Deus, em qualquer caso, não consiste em um argumento. Em vez disso, reside na autoevidência divina no processo de automanifestação aos humanos, nos momentos escolhidos por Deus. A esse respeito, a evidência é interpessoal e irredutível. Assim, ela não é abstrata e especulativa da maneira familiar às abordagens filosóficas de Deus. Nossa evidência engajadora da realidade de Deus não pode ser como um espetáculo esportivo para nós. Ela incide sobre nossa resposta a uma oferta de convicção moral em relação ao caráter moralmente perfeito de Deus. Portanto, se relaciona com quem somos e decidimos ser, como agentes moralmente responsáveis diante de Deus.

HÁ VALOR NA TEOLOGIA NATURAL?

Tendo deflacionado o valor probatório dos argumentos representativos da teologia natural, deveríamos perguntar se a teologia natural tem algum valor. Argumentei que ela não tem valor conclusivo ou mesmo confirmatório relativo à existência de um Deus digno de adoração. Também sugeri que ela não serve como um passo preliminar ou inicial eficaz para um compromisso razoável com um Deus digno de adoração. Mesmo assim, admito que alguma teologia natural pode ter um valor mais modesto, a saber, um *valor interrogatório* ao suscitar questões sobre Deus e evidências a favor de Deus. Suas afirmações e argumentos podem sugerir questões que iluminam o caráter e as inclinações de Deus. Por exemplo, um argumento da teologia natural pode convidar-nos a perguntar que tipo de evidência devemos esperar de Deus: não pessoal ou interpessoal, pública ou privada, experiencial ou especulativa.

O valor interrogatório da teologia natural é, em grande parte, conceitual e intelectual. Ela normalmente não nos conduz a um desafio existencial, como aquele encontrado na convicção moral na consciência. Nesse aspecto, ela é moralmente frágil. Além disso, não é diretamente redentora como um desafio que conduz alguém à reconciliação com Deus, incluindo a comunhão contínua com Deus. Temos um nítido contraste com a evidência Eu-Tu de Deus delineada acima e nos escritos de Paulo e João no Novo Testamento. Essa evidência produz uma lição crucial: à medida que negligenciamos ou resistimos à convicção-*agapē* na consciência, negligenciamos ou resistimos à evidência da realidade de Deus. Mais tragicamente, negligenciamos ou resistimos a *Deus*.

É possível ficar confuso ou estar enganado acerca da evidência da realidade de Deus, e é o caso de muitas pessoas. Mesmo assim, somos moralmente responsáveis perante Deus pela forma como respondemos ao desafio da convicção-*agapē* na consciência. Nós a ignoramos, suprimimos, banalizamos, examinamos ou valorizamos? A evidência relevante não toma a decisão por nós; nem qualquer outra coisa. *Nós* decidimos diante de nossos desafios de consciência, e alguns desses desafios podem sinalizar a face de Deus. Mesmo que algumas convicções da consciência sejam enganosas, Deus ainda pode buscar familiaridade dos humanos por meio da convicção-*agapē* na consciência. O caráter moral de Deus pode emergir aí e desafiar-nos à renovação diante de Deus. Isso seria uma evidência redentora, o tipo de evidência adequada a um Deus digno de adoração. A questão que resta é se estamos dispostos a procurar essas evidências e, se encontradas, conferir-lhes a autoridade divina que merecem. Esse é um desafio contínuo para todas as pessoas, sejam teístas, ateus ou agnósticos. Na verdade, é de importância primordial para a vida humana, dentro e fora da filosofia e da teologia.

Resposta contemporânea

Charles Taliaferro

Vemos no capítulo de Paul Moser um choque entre a teologia natural (*theologia naturalis*) e o encontro Eu-Tu envolvendo a revelação de Deus e a orientação moral amorosa (*testimonium internum spiritus sancti*). Ele admite que a teologia natural pode desempenhar um papel interrogativo, levantando questões sobre Deus, mas não é eficaz para nos levar ao Deus digno de adoração. Moser escreve com paixão e zelo, com perspicácia crítica e habilidade construtiva.

Começo esta resposta abordando o argumento ontológico, com algumas observações sobre seu funcionamento em nossas reflexões morais, e depois ofereço algumas observações positivas sobre outros argumentos teístas. Em seguida, ofereço algumas reflexões acerca da adoração. Concluo com algumas observações especulativas sobre diferentes maneiras de conhecer uns aos outros e a Deus.

Acerca do argumento ontológico: na versão que defendo, é apresentado o conceito anselmiano de Deus como maximamente excelente. A investigação inicia perguntando que tipo de ser seria máxima ou insuperavelmente excelente. Esse ser teria o maior conjunto admissível de propriedades. Acredito que a maioria (ou muitos) identificaria essas propriedades como onipotência, onisciência, bondade (ou talvez a ideia de Moser de bondade moral perfeita) e existência necessária (não contingente). Muito trabalho precisa ser feito para esclarecer essas propriedades (ou atributos), defendendo sua coerência e compatibilidade. Por exemplo, alguns críticos propuseram que a onipotência é incoerente ou incompatível com a onisciência. Acredito que essas críticas podem ser respondidas e é defensável a coerência desses atributos divinos. A próxima etapa do argumento é observar que, ou um ser ostensivamente necessário existe necessariamente, ou ele é impossível. Por exemplo, a proposição 1 + 1 = 2 não pode ser apenas contingencialmente verdadeira; ela é necessariamente verdadeira ou impossível (necessariamente não possível). A próxima etapa é argumentar que esse ser maximamente excelente é possível. Se o ser (ou a existência de um ser maximamente excelente) for possível, então ele não é impossível. Se não for impossível, é possível e, portanto, o ser maximamente excelente existe necessariamente.

Considere algumas objeções:

Necessariamente existente não é uma propriedade. Resposta: certamente parece ser. Alguns estados de coisas parecem existir necessariamente (1 + 1 = 2). E parece que estamos preparados para julgar quando estados de coisas são impossíveis (1 + 1 = 3). Como platônico, acredito que há boas razões para pensar que existem incontáveis objetos abstratos necessariamente existentes.

O argumento pode ser revertido, argumentando que é possível que o ser maximamente excelente não exista, sendo, portanto, impossível que esse ser exista. Acredito que essa seja uma objeção séria, mas malsucedida. Uma coisa é não conceber a existência do ser maximamente excelente, mas outra é realmente conceber esse ser e afirmar uma possibilidade real que ele não exista. Indiscutivelmente, isso equivaleria a perceber que esse ser é impossível. Podemos identificar razões pelas quais 1 + 1 = 3 é impossível (isso viola a lei da identidade); o que torna impossível o ser maximamente excelente? Existe uma incoerência entre as propriedades producentes-de-grandeza? Isso pode (e é) discutido, e sugiro que os argumentos a favor da coerência são mais fortes do que os argumentos a favor da incoerência.[24]

O argumento ontológico não pode ser usado para defender que a existência de uma ilha maximamente excelente seja uma evidente absurdidade? Tenho duas respostas. A primeira é a resposta habitual, de que o conceito de uma ilha maximamente perfeita é incoerente. A segunda é mais dramática: se admitirmos (para fins de argumentação) que possa existir uma ilha maximamente perfeita, que tipo de atributos ela teria? Não seria onisciente? E a onipotência? Bondade? Existência necessária? Essa "ilha" acabaria por ser uma metáfora para o ser maximamente excelente (assim como Deus foi descrito como uma fonte, uma poderosa fortaleza, um leão, e assim por diante).

Por que deveríamos confiar em nossas intuições sobre o que é possível, necessário ou impossível? Penso que realmente confiamos nesses julgamentos e que nossa consciência de nós mesmos no mundo falharia completamente se não pudéssemos confiar nesses julgamentos. Qualquer julgamento de que você está lendo um livro agora depende da suposição de que esse ato é possível, e não impossível. Em outro lugar defendi um princípio segundo o qual, se algum estado de coisas lhe parece concebível, imaginável, consistentemente descritível como válido, então (na ausência de razões independentes para pensar que o estado de coisas seja impossível) é razoável que possa acreditar que o estado de coisas é possível.[25]

Objeções e respostas podem receber mais atenção em outro lugar, mas consideremos aqui a objeção específica de Moser, de que o argumento ontológico é de tipo estático e não deixa espaço para a elusividade da evidência para Deus. Na verdade,

---

[24] A defesa mais sistemática de coerência é Swinburne, *Coherence of Theism*.
[25] Veja, por exemplo, Taliaferro, "Sensibilia and Possibilia".

ele pode abrir espaço para evidências elusivas. Se a melhor evidência de Deus vem na forma de um encontro Eu-Tu, isso é evidência de que Deus é real. Qualquer evidência de que Deus é real é uma evidência de que Deus é possível e de que os críticos do argumento ontológico que argumentam que Deus é impossível estão enganados.

Que utilidade poderá ter o argumento ontológico para nossas outras crenças, por exemplo, aquelas sobre a Bíblia? Se acreditamos (como eu acredito) que Deus é maximamente excelente e que esse Deus é revelado na Bíblia e por meio dela, então temos razões para interpretar partes da Bíblia como falhas por causa das limitações humanas quando ela retrata Deus como não sendo moralmente excelente. Sugiro que se você tem motivos para pensar que Deus é maximamente excelente e que as relações homossexuais podem ser tão saudáveis e boas quanto as relações heterossexuais, você tem motivos para pensar que as proibições bíblicas da homossexualidade não são preceitos verdadeiramente revelados por Deus, ou que deveriam ser interpretados como condenando relações específicas e errôneas (por exemplo, condenar a prostituição homossexual em templos).

Nos outros argumentos teístas na teologia natural, sigo Richard Swinburne (exceto quando ele rejeita o argumento ontológico) ao argumentar que uma defesa forte e plausível pode ser (e tem sido) feito para a primazia explicativa e descritiva do teísmo sobre seu competidor mais próximo, o naturalismo secular. E quanto a Deus ser digno de adoração? Se a teologia natural não fornece bases para reconhecer que Deus é digno de adoração, será que ela falhou de alguma forma ou é deficiente?

Vamos voltar um pouco. O que é adoração? Acredito que a adoração envolve reverência, louvor, veneração, talvez maravilhamento, por vezes alegria ou deleite naquilo ou em quem é adorado. No caso de uma realidade pessoal, pode envolver o reconhecimento da primazia ou do único detentor da honra como merecedor da devoção, lealdade e, no caso do Deus da fé abraâmica, da obediência. Há uma abundância de outros termos além de "adoração" e seus cognatos que têm sido usados na espiritualidade cristã acerca do relacionamento da alma com Deus: "purgação", "iluminação", "o caminho unitivo", "permanecer ou habitar em Deus". Às vezes parece que a adoração e o louvor não são a dimensão principal de nosso relacionamento com Deus. Talvez a confissão e o arrependimento, com uma súplica de perdão e expiação, estejam às vezes na vanguarda da espiritualidade cristã. A oração peticionária às vezes pode ter primazia sobre a adoração. Talvez existam camadas e mais camadas de dimensões espirituais da relação da alma com Deus, desde o misticismo nupcial (veja os sermões de Bernardo de Claraval sobre o Cântico dos Cânticos) até a celebração da amizade, como encontrada em *Amizade espiritual*, de Santo Elredo de Riveaulx. E, claro, existem atos corporais de busca de justiça e alívio do sofrimento.

As observações acima não pretendem contrariar nada do que Moser afirmou. Procuro apenas ampliar as muitas dimensões da compreensão cristã do culto e das outras formas pelas quais as pessoas são convidadas a viver sua vida na presença de Deus (*coram Deo*).

Sobre nosso relacionamento com Deus e uns com os outros: a intimidade e a franqueza da experiência de Deus em um encontro Eu-Tu é (em minha opinião) real e vivificante. Não como uma contradição a Moser, simplesmente observo aqui as múltiplas maneiras pelas quais encontramos Deus e uns aos outros. Em um dos livros de oração episcopais, o *Livro de oração de Santo Agostinho*, oramos (por exemplo, orei hoje) por todos aqueles que morrem neste dia, para que Deus receba sua alma; oramos também por todos aqueles que nasceram hoje, e por todos os médicos, enfermeiros e muito mais. Imagine que James morreu hoje em Paris, Suzzie nasceu em Madri, Nicholas é médico no Brasil, Steffanie é enfermeira em Moscou e Jil é jornalista no Texas. Eu (com todos os outros que fizeram essa oração) acabei de orar por eles? Eu diria que sim. O relacionamento com eles é (por assim dizer) de longa distância, mas afirmo que é real e, pela graça de Deus, significativo. Agora, compare alguém que está experimentando Deus em sua vida mediante o amor ágape e abnegado, e alguém em uma biblioteca na escola de pós-graduação que se convence de um argumento ontológico anselmiano e oferece uma oração de adoração a Deus. A experiência de segunda pessoa pode parecer menos dramática e pessoal, mas sugiro que ambas possam ter uma relação autêntica e significativa com o Deus que nos criou e sustenta a nós e a toda a criação. Amém.

Resposta católica

Padre Andrew Pinsent

A proposta deflacionária de Paul Moser à teologia natural começa por definir, ou restringir, a teologia natural ao conjunto de argumentos a favor da existência de Deus. Em seguida, Moser critica exemplos representativos desses argumentos, voltando com frequência a uma queixa abrangente. Essa queixa é que nenhum desses argumentos pode levar alguém a concluir que há um Deus cuja existência inferida seja digna de adoração. Por esse motivo, a teologia natural é teologicamente inútil, mesmo que funcione.

Em resposta, começo concordando com o cerne dos argumentos de Moser, a saber, que as provas da existência de Deus deixam em aberto muitas outras questões sobre Deus, um ponto muitas vezes obscurecido pelas conotações da palavra "Deus" para aqueles que utilizam as provas. Uma de minhas brincadeiras preferidas com os alunos é perguntar-lhes onde poderiam encontrar três versos poéticos que afirmam que as flores testemunham "seu amor", que as ondas "cantam suas obras" e que ele é a origem de toda a felicidade. Normalmente, eles responderão que essas palavras são das Escrituras, ou talvez de um hino, e logo revelo que a última frase do poema é: "Viva, viva, General Kim Jong-Il!"[26]

Os versos vêm da tradução de uma antiga canção patriótica da Coreia do Norte. Essa canção destaca, claro, que o governante da Coreia do Norte, cujo regime proíbe a adoração pública do Deus da revelação, tornou-se objeto de adoração. Além disso, embora a Coreia do Norte seja um exemplo extremo, o culto à deificação dos líderes supremos provou ser uma das características mais consistentes em todos os regimes comunistas e de muitos outros regimes dos últimos cem anos. Esses exemplos oferecem, pelo menos à primeira vista, uma validação prática da tese central de Moser: de que a existência de algum deus não implica necessariamente a existência do Deus digno de adoração.

No entanto, tenho algumas divergências com os detalhes dos argumentos de Moser. Em primeiro lugar, ele contesta a conclusão do argumento cosmológico de Tomás de Aquino, qual seja, a inferência de "uma causa primeira eficiente, à

---

[26] "Song to General Kim Jong-Il" (Korea, DPR). Disponível em: NationalAnthems.us, http://www.nationalanthems.us/forum/YaBB.pl?num=1105481021. Acesso em 17 de agosto de 2023.

qual todos dão o nome de Deus".²⁷ Mas o que, precisamente, Tomás de Aquino fez de errado? Quase qualquer pessoa instruída do século 13, e muitas pessoas hoje, na verdade atribuiria o nome "Deus" a uma causa primeira inferida. Além disso, penso que não é tolice associar a causação do ser, em certo sentido, com a causação da bondade e de ser bom. Afinal, uma das explicações filosóficas mais persistentes do mal, pelo menos desde Agostinho, é que a bondade é equivalente ao ser, e que o mal é uma privação ou perversão do ser.²⁸ Uma maçã podre (seja entendida literalmente ou como uma metáfora para uma pessoa má) é uma versão corrompida de algo que existe, seja em termos potenciais ou reais; e aquilo que faz com que uma coisa exista é bom, pelo menos à medida que é uma causa desse ser. Portanto, é pelo menos plausível inferir que a causa maximamente mais potente do ser também deveria ser maximamente boa.

Além disso, não é necessário pertencer à tradição judaico-cristã para associar a causa primeira ao bem. Tive longas conversas com o Padre Anthony Barrett, que passou muitos anos vivendo com o povo Turkana do noroeste do Quênia. Os Turkana certamente acreditam em um deus, Akuj, que significa o "grande" (*epolet*) ou importante. Akuj é refrescante e bom, sendo o "frescor" de Akuj especialmente valorizado por um povo que vive perto da linha do Equador. Akuj dá vida e saúde, chuva e grama, gado e pessoas, mas apenas "permite" doenças, secas e morte.²⁹ Nessa cosmologia, apenas pessoas, "espíritos" ou certas coisas desordenadas deixam Akuj irritado (quente) e o afastam para longe, gerando o mal. Apropriadamente falando, Akuj é entendido mais de uma perspectiva da boa ordenação da realidade, em vez de ser um criador *ex nihilo*, mas Akuj é, no entanto, a causa suprema nessa cosmologia, sendo ao mesmo tempo bom (refrescante) e causador do bem (frescor). Assim como no caso daqueles que praticam teologia natural na tradição cristã, o povo Turkana não separa a causa suprema do ser da causa suprema da bondade, e não faria sentido para eles fazê-lo, oferecendo, assim, um contraexemplo prático ao argumento de Moser, de que não podemos inferir a perfeita bondade da causa suprema de todas as coisas.

Uma análise do caso da Coreia do Norte acima também mostra que esse exemplo é menos favorável ao argumento de Moser do que poderia parecer à primeira vista. Afinal, no exemplo acima, a música em homenagem ao General Kim Jong-Il atribui a ele todos os tipos de atributos bons, como ser o criador da felicidade. De um modo mais geral, seria impensável que os meios de comunicação norte-coreanos culpassem seu pai, Kim Il-Sung, o fundador da Coreia do Norte, ou qualquer um de seus sucessores, por qualquer um dos muitos desastres que se abateram

---

[27] Tomás de Aquino, *Summa Theologiae* I.2.3.
[28] Pinsent, *History of Evil in the Medieval Age*.
[29] A. Barrett, *Sacrifice and Prophecy*, p. 80.

sobre aquele país. Não se trata simplesmente desses líderes serem considerados como causas primeiras, ainda que em um sentido parcial ou inadequado, mas são especificamente tratados exclusivamente como causas do bem e como supremamente bons. Assim, mesmo no caso de "deuses" patentemente inadequados, a fissura que Moser tenta abrir entre a existência e a bondade de "deus", seja qual for sua concepção, não parece particularmente crível, quaisquer que sejam as outras questões que permaneçam sem resposta pelos argumentos naturais para a existência de Deus. Se concebermos qualquer deus como uma fonte do ser, mesmo um deus patentemente falso ou tirânico, então segue-se que o deus concebido é pelo menos uma fonte qualificada de bem, implicando também que esse deus seja pelo menos um bem qualificado. Segue-se também que se alguém conceber esse deus como uma fonte suprema ou primeira do ser, que é a conclusão dos argumentos da teologia natural para a existência de Deus, esse deus também é supremamente bom e digno de adoração, se é que alguma coisa seja digna de adoração.

Meu segundo ponto de desacordo com Moser é seu argumento de que a revelação divina também contradiz a teologia natural. Em particular, ele argumenta que a teologia natural pretende garantir a existência de Deus, em conflito com o que Moser apresenta como "o ocultamento e a busca intermitente de Deus em relação aos humanos". Certamente, existem exemplos de textos nas Escrituras que parecem consistentes com essa última afirmação. Por exemplo, 1 Samuel 3:1 declara: "Naqueles dias raramente o Senhor falava, e as visões não eram frequentes", testemunhando que certamente há períodos da história da salvação durante os quais Deus está oculto. Deuteronômio 31:17 e 32:20 retratam Deus escondendo ou ameaçando esconder seu rosto de seu povo, e Isaías 45:15 relata Deus ocultando-se. Miqueias 5:3 também afirma que Deus planeja retirar-se ou abandonar seu povo por um tempo, até que aquela que dará à luz tenha concebido.

Esses textos parecem, à primeira vista, validar a tese de Moser, de que ocultar-se é uma característica do Deus da revelação, pelo menos às vezes, em aparente conflito com a constância das supostas inferências da teologia natural. A dificuldade desse argumento, contudo, é que, até onde sei e acredito, tanto as Escrituras judaicas como as Escrituras cristãs realmente não oferecem quaisquer exemplos de pessoas que duvidam da existência de Deus graças à ocultação intermitente de Deus. Como exemplo extremo, consideremos o caso de Jó, o homem justo a quem foi permitido sofrer de maneira terrível. De uma perspectiva filosófica moderna, pode parecer que essa situação é um caso clássico ou mesmo paradigmático do problema do mal, conduzindo ao ateísmo. No entanto, embora não haja dúvida de que Jó anseie por uma resposta para seu sofrimento, ele também diz: "Eu sei que o meu Redentor vive, e que no fim se levantará sobre a terra. E depois que o meu corpo estiver destruído e sem carne, verei a Deus." (Jó 19:25,26). Em outras palavras, mesmo que Jó, enquanto sofre, lamente o ocultamento de Deus, não há evidência de que ele esteja pensando em se tornar ateu ou mesmo agnóstico.

A questão subjacente ao que falta no argumento de Moser é a diferença entre conhecer a existência de Deus e ter uma relação de aliança com ele, uma distinção muitas vezes destacada na teologia revelada. Por exemplo, Tiago 2:19 afirma que até os demônios acreditam na existência de Deus, mas essa crença claramente não é o mesmo que estar em um relacionamento de aliança com Deus. Nesse ponto é possível citar também Aristóteles, que afirma a existência de "Deus", ao mesmo tempo que nega que seja possível ser amigo de Deus.[30] Quando as Escrituras se referem ao ocultamento de Deus, ou a este como escondendo seu rosto, a questão não se trata da perda da crença na existência de Deus, mas, antes, de uma quebra ou suspensão, ou aparente suspensão, da fruição da aliança com Deus. Em outras palavras, sabe-se que Deus existe, mas o relacionamento com ele foi destruído ou suspenso. No caso de Jó, ele quer confrontar Deus para compreender sua situação (Jó 31:35-37), mas não há sentido de que ele tenha deixado de acreditar na existência de Deus. Por esse motivo, a perda da aliança com Deus, por qualquer razão, não implica necessariamente uma perda da crença na existência de Deus, uma distinção que parece neutralizar qualquer suposto conflito com a teologia natural.

Por fim, tenho outra discordância com Moser, embora menor, sobre o âmbito da teologia natural. Como mostrei em meu capítulo, penso que precisamos evitar a redução da teologia natural simplesmente à questão da existência de Deus. Lembro-me da crítica feita pela alma de George MacDonald ao narrador, presumivelmente C. S. Lewis, em seu livro *O grande divórcio*:

> Houve homens que se interessaram tanto em provar a existência de Deus que acabaram se desinteressando por completo do próprio Deus... como se o bom Senhor nada tivesse a fazer além de existir! Houve alguns tão ocupados em espalhar o cristianismo que jamais deram um pensamento a Cristo. Amigo! Você pode ver isso nas pequenas coisas. Você já conheceu um amante de livros que, com todas suas primeiras edições e obras autografadas, tivesse perdido o poder de lê-las? Ou um organizador de obras de caridade que perdesse todo amor pelos pobres? Trata-se da mais sutil de todas as armadilhas.[31]

Em outras palavras, Lewis destaca que qualquer pessoa que leve a sério a teologia revelada e a salvação precisa se preocupar com muito mais do que a existência de Deus. O caso de Tomás de Aquino ilustra esse ponto. Tomás cobre suas cinco

---

[30] Aristóteles, *Ética a Nicômaco* 8.7.1158b36–1159a5.
[31] Lewis, *Great Divorce*, cap. 9 [edição em português: *O grande divórcio* (Rio de Janeiro: Thomas Nelson Brasil, 2020)].

provas da existência de Deus em um único artigo de sua *Suma Teológica* (*ST* I.2.3). Por outro lado, como observei em meu capítulo, Tomás de Aquino dedica mil vezes mais esforço às questões sobre a perfeição humana no contexto da aliança com Deus, a saber, os 189 artigos de *ST* I-II.55-89 e os 815 artigos de *ST* II-II.1–170, cobrindo as virtudes, dons, bem-aventuranças e frutos. Em outras palavras, a enorme atenção contemporânea dada às suas cinco provas parece ser, no mínimo, desproporcional em comparação às prioridades do próprio Tomás.

Quais são, então, as outras questões que a teologia natural pode considerar? Como destaco em meu capítulo, penso que pelo menos algum esforço deveria ser dedicado ao tema da compreensão das questões teológicas, e não simplesmente com chegar a certas conclusões teológicas expressas como proposições. Além disso, é possível pensar a teologia natural de uma forma radicalmente diferente da compreensão das verdades teológicas baseadas no estudo da natureza. Assim como aponto em meu capítulo, e como Alister McGrath também argumenta, é possível examinar a natureza a partir da perspectiva de uma compreensão sobrenatural da revelação. Além disso, a gama de questões que podemos estudar torna-se ainda maior se considerarmos as formas como a natureza, incluindo a sociedade humana e o conhecimento, foi moldada por seres humanos que supostamente subscrevem à revelação cristã. Pode ser considerado, por exemplo, o impacto da revelação na filosofia do tempo e da história,[32] na compreensão da pessoa humana e do indivíduo,[33] na formação das sociedades,[34] na filosofia da educação, na jurisprudência,[35] no casamento, no estado de solteiro,[36] na jardinagem, consumo de alimentos e bebidas,[37] nos cuidados de saúde, agricultura e cuidados aos doentes e moribundos.[38]

Estender a teologia natural dessa forma tem vantagens adicionais. Por exemplo, concordo com Moser à medida que tenho a tendência de achar bastante inútil e enfadonho aquilo que é normalmente descrito como teologia natural, a saber, as provas da existência de Deus. Por outro lado, uma compreensão ampliada da teologia natural pode destacar todos os tipos de questões interessantes e pouco estudadas. Como um dos muitos exemplos, enquanto estudava o impacto da fé na etiqueta à mesa, fiquei intrigado ao saber que o Cardeal Richelieu foi o responsável pela invenção da faca de mesa, e não apenas por moldar o curso da Guerra dos

---

[32] Veja, por exemplo, Jaki, *Science and Creation*.
[33] Veja, por exemplo, os fundamentos teológicos do termo "pessoa" que são explorados em Spaemann, *Persons*.
[34] Não é necessário concordar com todas as afirmações ousadas feitas por Slattery, *Heroism and Genius*. No entanto, este livro destaca muitos fatos importantes e incontroversos sobre o impacto da fé na sociedade humana.
[35] Veja, por exemplo, o compendioso Berman, *Law and Revolution*.
[36] Veja, por exemplo, Huebner e Laes, *Single Life in the Roman and Later Roman World*.
[37] Considere as muitas afirmações de conexão entre teologia e enologia em Scruton, *I Drink Therefore I Am*.
[38] A título de exemplo, passei recentemente dois longos períodos em um hospital no Reino Unido. Fiquei um pouco surpreso e satisfeito por descobrir que as enfermeiras ainda se chamam "irmãs", um eco das origens cristãs dessa vocação. Grande parte dessa enfermagem era efetuada por freiras, também chamadas "irmãs". Veja, por exemplo, Tastard, *Nightingale's Nuns and the Crimean War*.

Trinta Anos;[39] e que os mosteiros eram responsáveis pela difusão de técnicas de destilação de álcool, levando, entre outros assuntos, ao desenvolvimento da química e à invenção do whisky.[40]

Ademais, além de adquirir uma grande quantidade de conhecimento *ad hoc* fascinante, estender a teologia natural dessa forma pode abordar a preocupação mais ampla de Moser sobre suas limitações. Concordo plenamente com ele, de que provar a existência de Deus não revela, por si só, muito sobre o que se entende pelo termo "Deus", mesmo que eu discorde que as provas de Deus não tenham implicações morais sobre Deus. Se, no entanto, a teologia natural for estendida para considerar o que se poderia chamar de raízes e frutos da revelação, abre-se um enorme leque de possibilidades para aprender sobre Deus e o que é agradável a ele. Afinal de contas, citando uma frase muitas vezes atribuída a G. K. Chesterton, uma sociedade cristã é aquela na qual "a cerveja, o cachimbo e a cruz podem todos encaixar-se".[41] Essas aparentes incongruências deveriam pelo menos nos convidar a uma investigação cuidadosa.

---

[39] Kass, *Hungry Soul*, p. 143. Veja também T. Long, "Cardinal Richelieu Makes His Point".
[40] Forbes, *Short History of the Art of Distillation*.
[41] Dale Ahlquist, presidente da G. K. Chesterton Society e uma das poucas pessoas no mundo que leu todo o *corpus* de Chesterton, concorda comigo que essa citação é quase universalmente atribuída a Chesterton. No entanto, apesar da sua plausibilidade, a citação não se encontra, por sinal, em nenhuma de suas obras publicadas.

Resposta clássica

Alister E. McGrath

Paul Moser oferece-nos uma perspectiva deflacionária envolvente da teologia natural, observando algumas dificuldades significativas com as abordagens tradicionais deste tópico, ao mesmo tempo que afirma que o empreendimento global da teologia natural permanece, no entanto, viável e produtivo. Embora em alguns pontos sua análise seja moldada pela suposição restritiva de que a teologia natural deve ser entendida principalmente em termos de "argumentos para a existência de Deus", as questões que ele levanta merecem muita atenção — em particular, sua análise das deficiências de vários argumentos desse tipo. Embora eu não os considere a totalidade do empreendimento da teologia natural como compreendo essa ideia, os argumentos continuam a ser importantes para o debate filosófico e teológico contemporâneo, e é bom ter essas preocupações articuladas e exploradas.

A crítica de Moser ao "argumento ontológico" de Anselmo da Cantuária é particularmente interessante, embora, como teólogo histórico, eu considere que Anselmo não apresentou suas reflexões sobre Deus como um "argumento", nem falou dele como sendo "ontológico". Essas são as categorizações retrospectivas dos escritores modernos, que se adaptam de forma desconfortável aos pressupostos de trabalho do próprio Anselmo e às intenções declaradas no *Proslógio*.

Aprecio o breve envolvimento de Moser com o psicólogo William James, mas pergunto-me se os filósofos da religião poderiam estar abertos a um envolvimento mais amplo em questões tão importantes de intuição, julgamento e formação de crenças que são baseadas na investigação empírica. As reflexões de Moser sobre essas categorias de argumentos a favor da existência de Deus dirigem-se principalmente à comunidade profissional de filósofos da religião. Embora isso não seja um problema, significa que sua análise não leva em conta discussões intelectuais mais amplas sobre a racionalidade humana, incluindo os estudos empíricos sobre como os seres humanos chegam a conclusões relativas à "naturalidade" da crença em Deus.

Um exemplo histórico pode ajudar a esclarecer esse ponto. No início do período moderno, a teologia natural atingiu de forma indiscutível o auge de sua influência cultural no campo interdisciplinar geralmente conhecido como "físico-teologia".[42] O crescente interesse acadêmico nesse campo tem o potencial de enriquecer a discussão teológica e filosófica do encontro humano empírico e reflexivo com o mundo natural, e particularmente suas implicações teístas. Assim como encontramos a ideia explorada nos escritos de Robert Boyle e outros, a físico-teologia era tanto empiricamente fundamentada como teologicamente informada. Ela não buscava provar a existência de Deus, mas, sim, afirmar a racionalidade de uma visão teísta do mundo, por um lado, e por outro encorajar o estudo empírico desse mundo na crença de que isso aumentaria a apreciação humana pela sabedoria de Deus. Para mim, a teologia natural é uma interface particularmente apropriada entre a teologia cristã e as ciências naturais, sem de forma alguma excluir o envolvimento com outras disciplinas, como a própria filosofia. No entanto, debates mais recentes precisam ser trazidos para esta discussão. Eu me pergunto se a perspectiva deflacionária de Moser sobre a teologia natural poderia se beneficiar de um envolvimento com a disciplina da ciência cognitiva da religião e suas importantes reflexões sobre como os seres humanos intuitivamente se sentem inclinados a alguma forma de teologia natural.[43] Esses temas são engajados de forma apropriada e produtiva pela filósofa Helen de Cruz (Cátedra Danforth de Humanidades na Saint Louis University e atualmente editora-chefe da revista *Faith and philosophy*), em relação tanto ao caráter "natural" da teologia natural quanto à confiabilidade das intuições humanas, que têm o potencial de iluminar e enriquecer nossa compreensão da teologia natural.[44] A questão de saber se (e por que) podemos confiar em nossas intuições é claramente significativa nos argumentos a favor da existência de Deus (pense, por exemplo, no apelo de C. S. Lewis à intuição em vários pontos de seus escritos apologéticos). Suspeito que isso possa revelar-se uma área de discussão filosoficamente fértil. O envolvimento de Helen de Cruz com a ciência cognitiva deixa claro que, pela própria natureza, a teologia natural é um empreendimento interdisciplinar, que pode ser definido de certas maneiras por certas comunidades intelectuais, mas é mais bem compreendido como uma paisagem intelectual profunda e ampla, aberta a exploração, usando diferentes conjuntos de ferramentas conceituais.

Embora Moser e eu divirjamos em alguns pontos, ele faz algumas observações importantes sobre certas abordagens da filosofia natural que endosso totalmente. A mais significativa delas diz respeito à disparidade entre os argumentos

---

[42] Existe um interesse acadêmico considerável neste tópico que ainda não foi integrado em uma reflexão teológica e filosófica mais ampla; veja, por exemplo, Blair e von Greyerz, *Physico-Theology*; e Greenham, "Clarifying Divine Discourse in Early Modern Science".
[43] Para as origens desse movimento, veja particularmente J. Barrett, *Why Would Someone Believe in God?*
[44] Veja, por exemplo, de Cruz, *Natural History of Natural Theology*. Seu trabalho com Johan de Smedt também é importante para qualquer discussão sobre percepções "naturais"; veja, por exemplo, de Cruz e de Smedt, "Intuitions and Arguments".

que levam à crença em um "criador do universo" e aqueles que levam a "um Deus digno de adoração". Esse é um ponto importante e pode ser utilmente ilustrado e desenvolvido com referência à história da teologia natural. Consideremos, por exemplo, a obra *Teologia natural* de William Paley (1802), que exerceu considerável influência na Inglaterra durante a primeira metade do século 19.[45] Os argumentos de Paley para a existência de Deus como Criador baseiam-se na visão da natureza como uma máquina complexa, comparável a um relógio, cuja complexidade intrínseca torna implausível pensar que poderia ter surgido por qualquer outro meio que não o que Paley chama de "engenhosidade", isto é, *design* e criação deliberados.[46]

Duas críticas fundamentais foram feitas a essa abordagem durante o século 19, ambas ecoando as importantes preocupações de Moser. Primeiro, as máquinas eram amplamente vistas como feias; quem desejaria adorar seus criadores?[47] Em segundo lugar, esse Deus carece da majestade transcendente que justifica seu louvor e adoração. Essa visão, apresentada com particular contundência por John Henry Newman, tendia a ver a teologia natural como um obstáculo, e não como uma porta de entrada, para a crença religiosa, uma vez que apontava para um Deus que tinha pouca ligação com as necessidades e aspirações humanas contemporâneas.[48] É um argumento justo, e Moser está certo ao observar que essas preocupações "esvaziam" o valor probatório dos argumentos da teologia natural.

Isso ajuda-nos a compreender o interesse de Moser na "evidência Eu-Tu para Deus", que muda o foco do consentimento intelectual na existência de Deus para uma relação potencialmente transformadora e existencialmente significativa com Deus. Moser desenvolve essa abordagem em diálogo com William James, um crítico perspicaz dos argumentos racionais para a existência de Deus, que acreditava que esses argumentos faziam pouco mais do que "corroborar nossas parcialidades preexistentes".[49] Concordo com Moser nesse aspecto e me pergunto se ele poderia ter desenvolvido esse ponto ainda mais, especialmente em diálogo com James. Tenho em mente as notáveis reflexões de James sobre as mudanças na forma pela qual percebemos a natureza que surgem da adoção de uma perspectiva teísta: "Ao mesmo tempo, [o teísmo] transforma a *coisa* [*it*] vazia morta do mundo em um *tu* [*thou*] vivo, com quem o homem todo pode se envolver".[50] Essa linha de reflexão

---

[45] Fyfe, "Reception of William Paley's Natural Theology".
[46] McGrath, "Chance and Providence in the Thought of William Paley".
[47] Um ponto de vista que foi expresso de forma contundente pelo paleontólogo escocês Hugh Miller; veja Brooke, "Like Minds".
[48] Fletcher, "Newman and Natural Theology".
[49] James, *Varieties of Religious Experience*, p. 428,29 [edição em português: *As variedades da experiência religiosa: um estudo sobre a natureza humana* (São Paulo: Cultrix, 2017)].
[50] James, *Will to Believe*, p. 127 [edição em português: *A vontade de crer* (São Paulo: Loyola, 2018)].

pode muito bem ter resultados positivos para identificar "evidências adequadas a um Deus digno de adoração".

As reflexões de Moser oferecem-nos um estímulo valioso para pensar mais profundamente sobre as opções que nos permanecem abertas ao pensarmos na racionalidade da crença religiosa em geral, ao mesmo tempo que abrem espaço para os aspectos relacionais e existenciais da teologia natural. Como ele corretamente salienta, as formas tradicionais de teologia natural são "em grande parte conceitual e intelectual", e não nos oferecem o tipo de "desafio existencial" que pode levar a um novo relacionamento com Deus. Embora o reconhecimento de Moser da importância da "convicção-*agapē*" nos afaste um pouco das ideias tradicionais de teologia natural, ela nos ajuda a perceber que há mais para descobrirmos sobre a teologia natural e sua relevância para uma existência humana significativa. Aguardamos com expectativa futuras explorações dessas abordagens de segunda pessoa à teologia natural.

Resposta barthiana

John C. McDowell

No Quarto Evangelho, Pôncio Pilatos é retratado respondendo com escárnio à menção de Jesus à "verdade": "O que é a verdade?" (João 18:38). A pergunta de Pilatos é deliberadamente concebida para evitar retoricamente qualquer desafio à sua autoridade, que representa localmente o *poder absoluto* da própria Roma, o poder do "vencedor" para, em última análise, determinar o que é "verdadeiro". Embora essa afirmação política seja tudo menos epistemicamente relativista, é claro que o Evangelho retrata duas perspectivas conflitantes sobre onde reside a autoridade e, portanto, a veracidade e a confiabilidade. Usando a pergunta do governador como ponto de partida, Hans-Georg Gadamer reflete sobre a forma pela qual a interpretação ou compreensão é condicionada ou mediada. Ele declara: "Somos necessariamente apanhados nos limites de nossa situação hermenêutica quando investigamos a verdade".[51]

Nas últimas décadas, a filosofia da religião tem refletido sobre a qualidade de discursos de verdade e, portanto, a confiabilidade epistêmica daquilo que em termos gerais é denominado de "experiência religiosa" como uma condição para inferir racionalmente a existência de Deus. Entre as dificuldades comuns com uma certa forma dessa abordagem filosófica, é que ela parece ser claramente indiferente à importância de contextos e condições concretas para falar de "experiências" que são (para usar um termo um tanto nebuloso e profundamente contestado) "religiosas", e, a partir daí, afirmar a natureza verídica da suposta experiência como uma contribuição válida para fornecer suporte racional às crenças na existência de Deus.

Primeiro, há um achatamento das diferenças fenomenologicamente descritíveis em uma "experiência" homogeneizada. Essa estratégia tinha sido comum no pluralismo religioso, outrora intelectualmente em voga, em geral agora considerado como empobrecedor por causa de sua incapacidade de atender ao concreto e até de reconhecer a sua própria situação intelectual e discursividade. No entanto, Kai-Man Kwan anunciou recentemente: "Parece ser uma estratégia racional tentar reconciliar as perspectivas o máximo possível. Por exemplo, um núcleo comum

---

[51] Gadamer, "What Is Truth?", p. 40.

pode ser identificado. Acredito que a 'contradição' não é tão gritante como normalmente se pensa ser."⁵² Aqui, etnografias densas estariam preocupadas com o fato dessa afirmação funcionar mais como algo que impõe uma comunalidade do que como uma fenomenologia de experiências concretas. Assim, trabalhando a partir de Michel Foucault, Grace Jantzen argumenta que "não existe uma 'essência' abstrata do misticismo [ou de qualquer outro tipo de "experiência religiosa"] que possa ser descoberta por um teólogo refletindo em seu escritório ou orando em uma igreja. Em vez disso, o que conta como misticismo refletirá (e também ajudará a constituir) as instituições de poder nas quais ocorre."⁵³

Em segundo lugar, essa abordagem é teologicamente desajeitada no tratamento do suposto "objeto" da "experiência religiosa". Pode parecer que William Alston está fazendo uma observação significativa quando reconhece que as abordagens teológicas catafáticas estão longe de ser universais:

> Por um lado, muitas pessoas aceitam como verdade inquestionável que Deus seja amoroso, poderoso, sábio, bom, e assim por diante, sem mencionar que é ativo de várias maneiras. E a teologia está repleta dessas caracterizações. Por outro lado, algumas vertentes nas tradições enfatizam o mistério, a inefabilidade e a incompreensibilidade de Deus a tal ponto que nenhum de nossos conceitos pode ser estritamente verdadeiro sobre ele.⁵⁴

No processo de ser instruído no que Nicolau de Cusa chama de "douta ignorância", a tradição cristã, pelo menos, tem tido uma compreensão consideravelmente mais complicada de como funciona a conversa sobre Deus do que o binário descritivo/negação de Alston sugeriria. A forma como Alston enquadra a questão é o produto de grandes mudanças na modernidade sobre o que é a conversa sobre Deus. De acordo com Nicholas Lash, a discussão sobre atributos divinos tinha sido, para a tradição:

> não uma questão descritiva, mas gramatical... E uma vez que não conhecemos a natureza de Deus, essa conversa serviu como protocolo contra a idolatria, lembretes de que qualquer coisa cuja natureza *de fato* conhecemos, qualquer coisa que possamos imaginar, considerar ou nos deparar como um objeto individual entre os outros objetos que existem, não é Deus e não deve ser adorado... Na tradição que vai do deísmo do século 17 à filosofia contemporânea da religião na tradição empirista, entretanto, os atributos

---

[52] Kwan, "Argument from Religious Experience", p. 264,65, referindo-se a C. Davis, *Evidential Force of Religious Experience*.
[53] Jantzen, *Power, Gender and Christian Mysticism*, p. 14.
[54] Alston, "Mysticism and Perceptual Awareness of God", p. 212.

divinos são (em marcante contraste) considerados características especificadoras, propriedades identificadoras, de um ente individual, um ser chamado "Deus".[55]

O capítulo de Paul Moser, pelo menos, não é propenso a algumas dessas queixas comuns levantadas contra os argumentos da "experiência religiosa". Por exemplo, é claro seu particularismo privilegiado ao utilizar afirmações baseadas nas Escrituras cristãs, subvertendo implicitamente o discurso bastante vazio de "experiências místicas" que requer a homogeneização das "experiências religiosas". Como boa parte dos comentaristas observam, as tradições "místicas" cristãs, por exemplo, emergem carregadas e enraizadas no conteúdo *irredutivelmente* rico das tradições ou estruturas de interpretação cristãs e do que Charles Taylor chama de imaginário social.[56] Entre outras coisas, a ironia é que as "tradições místicas" cristãs são tanto advertências teológicas contra a identificabilidade de qualquer experiência como uma experiência de Deus, e pressionam a um sentido profundo da própria *não experienciabilidade* de Deus como totalmente incompreensível ou *suprassensível*. Pseudo-Dionísio, de quem Tomás de Aquino aprendeu muito, declara de modo intransigente que Deus é "o Superincognoscível", uma vez que, se todos os atos de conhecimento são de seres, aquilo que está além do ser transcende totalmente todo conhecimento.[57] Na verdade, Deus está além de ser inefável e incognoscível, pois essas são categorias que as criaturas usam para falar sobre os limites de seus atos de cognição. Jantzen expõe a questão de forma incisiva ao declarar que "qualquer estudante de graduação competente pode facilmente mostrar que aquilo que os filósofos dizem ou pressupõem acerca do misticismo tem pouca semelhança com os verdadeiros místicos históricos da cristandade ocidental".[58] É claro que a própria abordagem de Moser levanta questões sobre a forma pela qual estas se relacionam com as afirmações que atestam a experiência religiosa em outras tradições, mas sua abordagem particularista ao menos evita que as suas afirmações sejam vulneráveis a críticas que apontam diferenças *substanciais* entre experiências e as crenças enraizadas na prática. O foco na tradição cristã e em suas narrativas fundamentais proporciona uma compreensão mais aprofundada da produção contextual da interioridade, bem como da construção social ou da mediação das experiências, em comparação com aqueles que em geral argumentam a favor da existência de Deus com base na experiência religiosa.

No entanto, questões importantes surgem neste ponto. Por que considerar esses textos *cristãos* e as tradições de "experiência" nas quais eles são praticados

---

[55] Lash, *Easter in Ordinary*, p. 104.
[56] Veja C. Taylor, *Modern Social Imaginaries*.
[57] Pseudo-Dionísio, *The Divine Names* 1.1.588A, 593B.
[58] Jantzen, *Power, Gender and Christian Mysticism*, p. xiv. Alston admite ter consciência da dificuldade (Alston, "Mysticism and Perceptual Awareness of God", p. 209).

como normativos para a argumentação que ele apresenta? Por que se deve confiar na confiabilidade de suas interpretações da interioridade, do eu enquanto encontrado por Deus? Afinal, aqueles que encontraram Jesus não experienciaram ele e seu significado da mesma maneira. Além de Pilatos, os próprios discípulos de Jesus, principalmente Judas, tiveram experiências e percepções diferentes. Os escritos apostólicos estão repletos de diferenças, contestações e variedades de entendimento entre as comunidades primitivas de Jesus. Essas questões requerem comentários e, portanto, seria necessário fazer algum trabalho intelectual considerável para satisfazer uma série de condições que apoiariam a prática de ler essas afirmações como confiáveis, como sendo experiências da realidade da presença de *Deus*. Além disso, o que seria necessário para que essas afirmações se tornassem racionalmente convincentes para alguém que habita uma tradição interpretativa diferente e concorrente?

Os princípios de credulidade e testemunho de Richard Swinburne não ajudam aqui. Eles soam como alguém que reivindica uma experiência incomum e ordena "confie em mim" quando se sabe bem que as pessoas testemunham todos os tipos de experiências (conflitantes) e não são particularmente hábeis em interpretar o conteúdo de suas experiências sem as condições fornecidas por uma série de quadros interpretativos. Lash alerta para a generalização de termos como "experiência", uma vez que "não existe tal coisa e, portanto, não existe experiência pura ou bruta".[59] Em outro lugar, Moser, juntamente com Chad Meister, argumenta que "alguém pode ter uma experiência de algo que não é um objeto sensorial".[60] Mas o que torna isso uma "experiência"? Vários filósofos da religião concebem a experiência religiosa como análoga à experiência sensível. Sem isso, a experiência religiosa torna-se um caso especial (transcendental) de experiência, algo *sui generis*, uma espécie de sublime estético. A dificuldade é que uma *materialidade* fornece as bases e os contextos para inferência e reflexão até mesmo sobre experiências imateriais (como a do amor — afinal, existem amantes e amados). As condições para a experiência de assuntos mundanos são, pelo menos em teoria, universais e abertas ao teste público, ao passo que a chamada experiência de Deus não o é.[61] T. J. Mawson apresenta um possível contra-argumento relacionado aos testemunhos sobre cores a partir de pessoas com visão e de pessoas sem visão. Se uma pessoa cega apenas "ouvisse numerosos testemunhos contraditórios sobre o mundo da cor, ela... poderia, de forma razoável, suspender seu julgamento... Mas, na verdade, em nossa sociedade,... numerosos... testemunho[s] das pessoas que enxergam [são]

---

[59] Lash, *Easter in Ordinary*, p. 12.
[60] Moser e Meister, "Introduction", p. 1.
[61] Na verdade, T. J. Mawson argumenta que as afirmações sobre a experiência de Deus que partem de testemunhos daqueles que acreditam ter experimentado Deus ignoram as "provas" subversivas daqueles que acreditam não ter experimentado Deus (*Belief in God*, p. 169).

amplamente consistentes".⁶² Talvez a ideia de vida transformada, significando a presença transformadora de um Deus digno de ser adorado, possa ser a resposta *material*. Se assim for, isso seria uma evasão de potenciais transformações paralelas em outros contextos interpretativos. E quanto às pessoas que parecem ser moralmente viciosas? O caso envolveria uma parcialidade seletiva que faria David Hume revirar no túmulo, tendo em vista suas críticas à discriminação envolvida nas afirmações teleológicas feitas pelo argumento teísta.

Este é, no entanto, apenas o início de minha perplexidade com o capítulo de Moser. O contexto para suas reivindicações é proclamado como sendo o fornecimento de uma "perspectiva deflacionária". O trabalho de Moser tenta desinflar os argumentos dos teístas a favor da existência de Deus, que se imaginam ascendendo racionalmente do conhecido para o desconhecido. No entanto, essa é uma retórica que pode desviar a atenção do fato de boa parte dos teístas terem admitido já há algum tempo que os argumentos, mesmo em uma estratégia de argumentação inferencial cumulativa, são limitados em sua capacidade de persuasão racional.

Moser afirma que tentar "chegar lá por meios *sobre*naturais (digamos, a automanifestação divina aos humanos)" torna "a suposta base da teologia natural... evidentemente supérflua e dispensável". A ideia de "subjacência" sugere que ele está criticando as abordagens fundacionalistas da teologia natural que funcionam como prolegômenos por meio dos quais um crente *deve* passar para afirmar que sua crença é sustentada racionalmente. Tendo em vista que muitos agora consideram a racionalidade como uma tradição condicionada, para quem o argumento é "supérfluo e dispensável"? Talvez para quem vive a experiência, e para a comunidade em cuja linguagem a experiência emerge e permanece, embora essa pessoa possa, em algum momento, questionar a veracidade de sua interpretação da experiência. O que o argumento faz, na melhor das hipóteses, é reivindicar a responsabilidade pública, isto é, a responsabilidade de testar se não é o produto de desejos mal orientados. Além disso, é um ato comunicativo que faz algo além de simplesmente *afirmar*: "É minha experiência, por isso confie nela e em mim", afastando, portanto, tanto quanto pode, o potencial de falsa consciência ideológica. Nesse sentido, Lash afirma: "O argumento é uma forma de conversa."⁶³ Moser pergunta retoricamente: "O que valorizamos mais? Conhecer Deus ou conhecer um argumento sobre a existência de Deus?" Essa é uma escolha distintamente estranha. Afinal de contas, se o Deus de Moser é experimentável, então podemos relatar várias coisas, ou argumentar (já que se pode fazer uma defesa) a partir dos efeitos de Deus. A abordagem de Paulo em 1 Coríntios 15, por exemplo, defende a corporeidade do

---

⁶² Mawson, *Belief in God*, p. 173,74.
⁶³ Lash, *Easter in Ordinary*, p. 6.

evento escatológico da ressurreição de Jesus. A questão para Moser parece ser o argumento a partir de pessoas e não pessoas: "Um foco equivocado nas evidências não pessoais presentes nos argumentos pode dificultar nossa consciência das evidências na automanifestação interpessoal". Isso simplesmente não funciona com as pessoas, uma vez que seus efeitos e vestígios dizem muito sobre elas e seus atos, e as tradições cristãs há muito sustentam que o Deus incompreensível só pode ser conhecido a partir dos efeitos de Deus, das histórias (pessoais) de vivências santas bem como a condição criada de todas as coisas.

Moser, porém, não quer abandonar a argumentação de forma alguma, apesar do que se afirma sobre a deflação da "teologia natural"; aqui ele defende uma apologética moderada que "atende ao tipo certo de evidência", referindo-se ao "tipo de evidência experiencial". Existem, no entanto, questões verdadeiramente significativas sobre como a experiência de uma pessoa em relação àquilo que aparece *diretamente* pode funcionar em um ambiente público, ou veridicamente, sem simplesmente manifestar persuasão por meio de afirmações arbitrárias. De acordo com Alston, "*Existem* testes para a precisão de relatos particulares de percepção mística [ou outra percepção 'religiosa']."[64] No entanto, estes são testes apropriados dentro de conjuntos específicos de práticas, crenças e expectativas, e não se adaptam bem quando precisam jogar seus jogos de linguagem fora de seu contexto habitual. A julgar pela escassez de interesse filosófico entre aqueles que ainda não estão comprometidos com uma perspectiva teísta, ou mesmo culturalmente nas igrejas ocidentais, parece compreensível que estejam perdendo os jogos e marcando poucos gols no processo.

Embora existam testes publicamente inteligíveis para experiências de coisas no mundo, o que contaria como um teste racionalmente apropriado para reivindicações de experiência de Deus, "além do qual nada maior pode ser concebido" (Anselmo)? Richard Gale reconhece a força dessa dificuldade: "Não existe experiência religiosa análoga a este conceito de existência objetiva, não existem dimensões análogas ao espaço e ao tempo no qual Deus, com aquele que percebe, está alojado e que possam ser invocadas para dar sentido à existência de Deus quando não é realmente percebido e é o objeto comum de diferentes experiências religiosas. Por causa desse grande desajuste analógico, Deus é categoricamente inadequado para servir como objeto de uma percepção verídica, seja ela sensorial ou *não sensorial*."[65] Na verdade, não há consenso entre as comunidades cristãs e sua intelectualidade teológica sobre o que, se é que existe alguma coisa, poderia funcionar como um teste público da veracidade da afirmação de alguém estar experienciando

---

[64] Alston, "Mysticism and Perceptual Awareness of God", p. 216.
[65] Gale, *On the Nature and Existence of God*, p. 327; cf. Martin, "Religious Experience", p. 121-23.

Deus. Se isso dificulta as coisas, voltando a Lash, esse é precisamente o trabalho do teólogo. "O teólogo não *inventa* nem a complexidade e a ilegibilidade de nossa história, nem a dor e a confusão das circunstâncias contemporâneas. Parte da responsabilidade do teólogo é ajudar a disciplinar a propensão da imaginação piedosa para simplificar fatos, textos, exigências e requisitos que são resistentes a qualquer simplificação deste tipo. A reflexão teológica séria, em outras palavras, é e deve ser feita para ser um trabalho *árduo*".[66] A tarefa teológica envolve, acima de tudo, a ruptura das certezas simplistas estabelecidas, defendidas tanto pelos teologicamente instruídos como pelos teologicamente não instruídos.

Além disso, o que significa falar de um "Deus digno de adoração"? "Deveríamos esperar evidências", afirmam Moser e Meister, "de que um Deus inerentemente digno de adoração seja moralmente significativo de uma forma que represente o caráter moral perfeito de Deus".[67] Se ficar definitivamente claro que os ossos de Jesus se encontram em um túmulo em algum lugar próximo a Jerusalém, seria necessária uma reconfiguração radical das reivindicações, práticas e interpretações cristãs das experiências teológico-éticas de uma pessoa. Da mesma maneira, se de alguma forma fosse apresentado um argumento convincente de que o mundo é autofundado e condicionado, então o próprio apelo à "experiência" pareceria irremediavelmente subjetivo. Consequentemente, Douglas Geivett argumenta: "Conforme as crenças de fundo condicionam a compreensão de uma experiência de Deus, será importante saber se essas crenças de fundo desfrutam de um grau apropriado de justificação por meios independentes... nesses casos, a crença em Deus já deve ter alguma posição epistêmica positiva."[68]

Vale a pena insistir na própria ideia de "dignidade". Um Deus que revela o Ser de Deus apenas a *alguns*, por algum motivo, é digno de adoração? Ivan Karamazov, de Fiodor Dostoiévski, oferece uma recusa assombrosa em acreditar que esse seja o caso, e, portanto, devolve sua passagem para o céu. Um Deus que gasta tempo revelando o Ser de Deus para *ser adorado* é realmente digno de adoração quando há desigualdade, sofrimento injusto, trauma e catástrofe no mundo desse Deus? Questões espinhosas de sofrimento e injustiça não podem ser ignoradas de forma arrogante, como tantas vezes acontece entre os filósofos da religião acadêmicos burgueses. Sem querer abrir a caixa de Pandora, a questão é se um apelo aos critérios avaliativos de "merecimento", como um contraponto à prática da investigação racional e do argumento reflexivo, pode ser tratado de outra forma que não de uma maneira claramente loquaz e superficial. Como o argumento a partir da experiência percebida torna um Deus digno de adoração mais convincente? Afinal, grande

---

[66] Lash, *Easter in Ordinary*, p. 290,91.
[67] Moser e Meister, "Introduction," p. 6.
[68] Geivett, "Evidential Value of Religious Experience", p. 195.

parte do ateísmo é uma resposta aos deuses confessados, que são percebidos como freios ao verdadeiro florescimento mundano. É aqui que a questão da seletividade surge de novo no caso que está sendo apresentado. Muitos *em tradições sobrepostas* afirmam ter diferentes compreensões da importância *moral* de suas experiências. Enquanto uma pessoa experimenta um chamado para amar de modo inclusivo todas as coisas em autorrenúncia, outra pessoa experimenta razões para o envolvimento em comportamentos de colonização e dominação, interesses próprios, e assim por diante.

Por fim, embora a questão sobre o contexto interpretativo da experiência já tenha sido levantada, outra questão surge em bases amplamente semelhantes. Como a interpretação de uma experiência pode ser testada? Não se trata tanto de como especificar critérios públicos, mas da capacidade mais subjetiva de autoexame, para a qual o autor joanino adverte: "Examinem os espíritos" (1 João 4:1), alertando as comunidades de Jesus para garantir práticas de iconoclasia autoavaliativa brutalmente honesta. No entanto, ainda não há um consenso comum sobre como os cristãos "experientes" devem lidar e fazer julgamentos sobre *qualquer* questão moral. Isso inclui desde a geração e distribuição de capital, até se a guerra é alguma vez justificada e, em caso afirmativo, que tipo de conflito é legítimo teo-eticamente. Também abrange como os imigrantes devem ser tratados, como viver em um ambiente global que requer manutenção para as gerações futuras, qual papel as mulheres devem desempenhar na sociedade pública e nas comunidades eclesiais, e como raciocinar e abordar questões de pobreza, entre outros temas. Terry Eagleton chega a declarar que "a religião é tão impotente quanto a cultura para emancipar os despossuídos. Na maioria das vezes, não tem o menor interesse em fazê-lo".[69]

O fato de a experiência religiosa não poder ser explicada não faz com que o ato de fornecer um testemunho crível esteja muito longe da realidade. Seria necessário fazer muito mais para que o filósofo a transforme em um argumento robusto e efetivo na esfera da defesa. Certamente, derrotar os anuladores intelectualmente cordiais, como a perspectiva deflacionária de Moser tende a fazer, continua a ser uma tarefa que vale a pena prosseguir, desde que seja realizada com atenção adequada e honesta aos detalhes e às dificuldades aparentemente intratáveis. O perigo é que um apelo à(s) "minha(s)" (ou nossa) experiência(s) possa, na prática, funcionar mais como uma forma de apaziguamento afetivo de dúvidas racionais do que como um desafio aos crentes para que se envolvam nas formas mais intensas de autoquestionamento à medida que avançam iconoclasticamente no teste de todos os espíritos. De acordo com Ludwig Wittgenstein, "nada do que fazemos pode ser

---

[69] Eagleton, *Reason, Faith, and Revolution*, p. 165.

defendido absoluta e definitivamente".[70] A capacidade de recorrer à "minha experiência (privada)" pode ser uma receita real para a evasão racional e, portanto, para a irresponsabilidade perante o que Martin Buber chama adequadamente de "sagrada insegurança". Baseando-se em Buber, Lash se preocupa com o "gnosticismo" do "fascínio da experiência religiosa para aqueles que esperam encontrar, *nessa* experiência, algum alívio da ansiedade cartesiana, algum ponto de certeza fixa e segurança inabalável em nosso instável e inseguro mundo... todo o gnosticismo é egocêntrico, e o egocentrismo subverte o relacionamento".[71] Assim, é necessário mais empenho para dissuadir aqueles que pensam que essa abordagem, usando a linguagem de H. H. Price, "agora parece mais com uma abordagem terapêutica e do que com uma investigação ou exploração".[72]

---

[70] Wittgenstein, *Culture and Value*, p. 16.
[71] Lash, *Easter in Ordinary*, p. 183.
[72] Price, "Faith and Belief", p. 23.

Uma tréplica deflacionária
Paul K. Moser

Os argumentos familiares da teologia natural, como argumentei nesta obra, não conseguem apresentar um Deus digno de adoração e, portanto, ficam aquém do proeminente Deus bíblico de Abraão, Isaque, Jacó e Jesus. As abordagens anteriores não produziram um argumento que desafiasse essa lacuna nos argumentos familiares em questão. Essa é uma lição importante, especialmente para os inquiridores que favoreçem esses argumentos familiares.

Alister McGrath evidentemente concorda com minha principal dúvida sobre os argumentos familiares da teologia natural. Ele escreve: "Embora Moser e eu divirjamos em alguns pontos, ele faz algumas observações importantes sobre certas abordagens da filosofia natural que endosso totalmente. A mais significativa delas diz respeito à disparidade entre os argumentos que levam à crença em um 'criador do universo' e aqueles que levam a 'um Deus digno de adoração'. Esse é um ponto importante e pode ser utilmente ilustrado e desenvolvido com referência à história da teologia natural". Aqui está uma boa sugestão, e lamento que as limitações de espaço impeçam ilustrações adicionais da história da teologia natural.

McGrath comenta acerca das "notáveis reflexões de William James sobre as mudanças na forma pela qual percebemos a natureza que surgem da adoção de uma perspectiva teísta: 'Ao mesmo tempo, [o teísmo] transforma a *coisa* [*it*] vazia morta do mundo em um *tu* [*thou*] vivo, com quem o homem todo pode se envolver'".[73] Essa linha de reflexão pode muito bem ter resultados positivos para identificar "evidências adequadas a um Deus digno de adoração". Em qualquer caso, McGrath evidentemente partilha minha preocupação de que "as formas tradicionais de teologia natural são 'em grande parte conceitual e intelectual', e não nos oferecem o tipo de 'desafio existencial' que pode levar a um novo relacionamento com Deus". Ele acrescenta: "Embora o reconhecimento de Moser da importância da 'convicção-*agapē*' nos afaste um pouco das ideias tradicionais de teologia natural, ela ajuda-nos a perceber que há mais para descobrirmos sobre a teologia natural e sua relevância para uma existência humana significativa." McGrath utiliza, assim, uma ideia ampla de "teologia natural"; não tenho nenhuma objeção a

---

[73] James, *Will Believe*, p. 127.

fazê-lo, desde que evitemos confiar nos argumentos familiares e duvidosos que desafiei nesta obra.

McGrath comenta: "Eu me pergunto se a perspectiva deflacionária de Moser sobre a teologia natural poderia se beneficiar ao envolver a disciplina da ciência cognitiva da religião e suas importantes reflexões sobre como os seres humanos intuitivamente se sentem inclinados a alguma forma de teologia natural. [...] Suspeito que isso possa revelar-se uma área de discussão filosoficamente fértil". Tenho dúvidas, no entanto, sobre a sugestão de alguns que defendem a ciência cognitiva da religião de que os seres humanos são naturalmente "inclinados a alguma forma de teologia natural". Acho relevante mencionar que a maioria das pessoas parece não ser teísta, especialmente se considerarmos pessoas de persuasões agnósticas, budistas, confucianas e taoístas. De qualquer maneira, duvido que os seres humanos acreditem "naturalmente" que Deus exista ou que algum tipo de "teologia natural" esteja correta. Nossa evidência empírica relativamente à crença teísta parece apoiar essa dúvida.

Andrew Pinsent expressa alguma concordância com minha linha de argumento: "Começo concordando com o cerne dos argumentos de Moser, a saber, que as provas da existência de Deus deixam em aberto muitas outras questões sobre Deus, um ponto muitas vezes obscurecido pelas conotações da palavra 'Deus' para aqueles que utilizam as provas. [...] Esses exemplos oferecem, pelo menos à primeira vista, uma validação prática da tese central de Moser: de que a existência de algum deus não implica necessariamente a existência do Deus digno de adoração."

Pinsent relata ter "algumas divergências com os detalhes dos argumentos de Moser. Em primeiro lugar, ele contesta a conclusão do argumento cosmológico de Tomás de Aquino, qual seja, a inferência de 'uma causa primeira eficiente, à qual todos dão o nome de Deus'. Mas o que, precisamente, Tomás de Aquino fez de errado? Quase qualquer pessoa instruída do século 13, e muitas pessoas hoje, na verdade atribuiria o nome 'Deus' a uma causa primeira inferida". Afirmo que Tomás de Aquino deu atenção inadequada a uma causa primeira inferida em relação a um Deus digno de adoração em virtude da bondade perfeita. Essa deficiência não é corrigida pela sugestão de que a maioria das pessoas instruídas do século 13, juntamente com muitas pessoas dos dias de hoje, presumiram que uma causa primeira inferida seja Deus. Sugiro que essas pessoas sofrem da deficiência que atribuí a Tomás.

Pinsent acrescenta:

> Além disso, penso que não é tolice associar a causação do ser, em certo sentido, com a causação da bondade e de ser bom. [...] Mesmo no caso de "deuses" patentemente inadequados, a fissura que Moser tenta abrir entre a existência e a bondade de "deus",

seja qual for sua concepção, não parece particularmente crível, quaisquer que sejam as outras questões que permaneçam sem resposta pelos argumentos naturais para a existência de Deus. Se concebermos qualquer deus como uma fonte do ser, mesmo um deus patentemente falso ou tirânico, então segue-se que o deus concebido é pelo menos uma fonte qualificada de bem, implicando também que esse deus seja pelo menos um bem qualificado.

Podemos conceder, mesmo que apenas para efeitos de argumentação, que se um deus é uma fonte universal de ser, então esse deus é "pelo menos uma fonte qualificada de bem". Uma fonte qualificada de bem, contudo, não é perfeitamente boa e, portanto, não é digna de adoração. Assim, aqui ficamos aquém do Deus de Abraão, Isaque, Jacó e Jesus.

Pinsent continua: "Segue-se também que se alguém conceber esse deus como uma fonte suprema ou primeira do ser, a conclusão dos argumentos da teologia natural para a existência de Deus, esse deus também é supremamente bom e digno de adoração, se é que alguma coisa seja digna de adoração". Na verdade, isso não acontece. Um deus pode ser uma "fonte suprema ou primeira do ser", mas sofrer de algum tipo de deficiência moral. O fato de um agente ser a causa primeira, suprema ou primária do universo não garante a perfeita bondade moral desse agente. É logicamente consistente atribuir um defeito moral, assim como uma característica de egoísmo, a essa causa primeira. Consequentemente, a declaração condicional de Pinsent é falsa. Assim, ela não subscreve um agente digno de adoração. Pinsent, dessa forma, falha em entregar um Deus digno de adoração a partir de um argumento de causa primeira da teologia natural.

Pinsent prossegue: "Meu segundo ponto de desacordo com Moser é seu argumento de que a revelação divina também contradiz a teologia natural. Em particular, ele argumenta que a teologia natural pretende garantir a existência de Deus, em conflito com o que Moser apresenta como "o ocultamento e a busca intermitente de Deus em relação aos humanos". Ele reconhece o que parecem ser alguns textos bíblicos de apoio à minha abordagem da questão referente à ocultação divina: por exemplo, 1 Samuel 3:1; Deuteronômio 31:17; 32:20; Isaías 45:15; e Miqueias 5:3. Mesmo assim, ele acrescenta: "A dificuldade desse argumento, contudo, é que, até onde sei e acredito, tanto as Escrituras judaicas como as Escrituras cristãs realmente não oferecem quaisquer exemplos de pessoas que duvidam da existência de Deus graças à ocultação intermitente de Deus." Suspeito que esses exemplos ocorram em várias passagens bíblicas, como em Salmos 42:3: "Pois me perguntam o tempo todo: 'Onde está o seu Deus?'". É plausível considerarmos isso como uma dúvida sobre a existência de Deus com base na aparente ausência de Deus para algumas pessoas. Suspeito que algo semelhante esteja acontecendo em alguns ensinamentos de Jesus e Paulo sobre o ocultamento em relação a Deus (Mateus 11:25-30; 2 Coríntios 4:4).[74] Seja como for, muitas pessoas endossaram o agnosticismo ou o ateísmo à luz do ocultamento divino.

Por fim, Pinsent observa: "Penso que precisamos evitar reduzir a teologia natural simplesmente à questão da existência de Deus. [...] Por exemplo, concordo com Moser à medida que tenho a tendência de achar bastante inútil e enfadonho aquilo normalmente descrito como teologia natural, a saber, as provas da existência de Deus. Por outro lado, uma compreensão ampliada da teologia natural pode destacar todos os tipos de questões interessantes e pouco estudadas". Não tenho qualquer problema com a frase anterior, principalmente se faz referência à experiência religiosa. Afirmo que a autorrevelação divina é mais bem compreendida no que toca à experiência religiosa moralmente desafiadora.[75]

Charles Taliaferro relata que suas "observações acima não pretendem contrariar nada do que Moser afirmou. Procuro apenas ampliar as muitas dimensões da compreensão cristã do culto e das outras formas pelas quais as pessoas são convidadas a viver sua vida na presença de Deus (*coram Deo*)". Minha posição é compatível com este último objetivo e não tenho qualquer objeção a isso.

Taliaferro encontra valor em um argumento ontológico a respeito de Deus. Ele contesta "a objeção específica de Moser, de que o argumento ontológico é [...] estático e não deixa espaço para a elusividade da evidência para Deus." Ele acrescenta: "Na verdade, ele pode abrir espaço para evidências elusivas. Se a melhor evidência de Deus vem na forma de um encontro Eu-Tu, isso é evidência de que Deus é real. *Qualquer evidência de que Deus é real é uma evidência de que Deus é possível e de que os críticos do argumento ontológico que argumentam que Deus é impossível estão enganados*."

Recomendo atenção cuidadosa à distinção entre duas afirmações: Deus é possível e Deus é real. Mostrar que Deus é possível é mostrar que a ideia de Deus é logicamente consistente. Os críticos do argumento ontológico podem admitir que Deus seja possível, mas negar que Deus seja real. Uma inferência que parte da possibilidade de Deus para a realidade de Deus é duvidosa, mesmo que se favoreça o teísmo e a teologia natural. Aqui está o problema: mesmo que um conceito particular de Deus implique uma ideia de Deus como existente, talvez até necessariamente existente, esta última ideia não necessita ser satisfeita por algo na realidade. Ela poderia ser uma ideia referencialmente vazia, mesmo que seja semanticamente coerente. Os críticos do argumento ontológico podem usar essa lição para transferir a carga explicativa e lógica para os defensores do argumento. Duvido, então, que

---

[74] Veja Moser, *Divine Guidance*, seção 3; Moser, "Experiential Dissonance and Divine Hiddenness".
[75] Para discussão, veja Moser, "Divine Self-Disclosure in Filial Values".

um argumento ontológico possa apresentar um Deus digno de adoração, mesmo que nos forneça um *conceito* de um Deus que (supostamente) exista. Precisamos de evidências além deste último conceito, e levantei dúvidas de que os argumentos familiares da teologia natural possam satisfazer essa necessidade.

Taliaferro conclui com uma consideração experiencial:

> Sobre nosso relacionamento com Deus e uns com os outros: a intimidade e a franqueza da experiência de Deus em um encontro Eu-Tu é (em minha opinião) real e vivificante. Não como uma contradição a Moser, simplesmente observo aqui as múltiplas maneiras pelas quais encontramos Deus e uns aos outros. Em um dos livros de oração episcopais, o *Livro de oração de Santo Agostinho*, oramos (por exemplo, orei hoje) por todos aqueles que morrem neste dia, para que Deus receba sua alma. [...] Agora, compare alguém que está experimentando Deus em sua vida por intermédio do amor ágape e abnegado, e alguém em uma biblioteca na escola de pós-graduação que se convence de um argumento ontológico anselmiano e oferece uma oração de adoração a Deus. A experiência de segunda pessoa pode parecer menos dramática e pessoal, mas sugiro que ambas possam ter uma relação autêntica e significativa com o Deus que nos criou e sustenta a nós e a toda a criação.

Não nego as relações significativas aqui sugeridas. Questiono, no entanto, qualquer papel necessário ou evidentemente significativo para estar "convencido de um argumento ontológico anselmiano". Não vejo esse papel para um argumento de teologia natural nos casos em questão.

John McDowell levanta as seguintes questões em relação à minha posição sobre as evidências de Deus: "Por que considerar esses textos *cristãos* e as tradições de 'experiência' nas quais eles são praticados como normativos para a argumentação que ele apresenta? Por que se deve confiar na confiabilidade de suas interpretações da interioridade, do eu enquanto encontrado por Deus? Afinal, aqueles que encontraram Jesus não experienciaram ele e seu significado da mesma maneira. [...] Além disso, o que seria necessário para que essas afirmações se tornassem racionalmente convincentes para alguém que habita uma tradição interpretativa diferente e concorrente?"

Não afirmei que alguns "textos cristãos" sejam "normativos" em si mesmos. Em vez disso, defendo que alguns textos adquirem seu valor probatório para algumas pessoas pelo seu valor explicativo insuperável em relação à experiência ampla dessas pessoas. A abdução (inferência da melhor explicação disponível) desempenha aqui um papel crucial, assim como acontece na justificação em geral. O mesmo se aplica às "tradições"; nego que elas tenham significado normativo em si mesmas. Quanto às experiências, porém, elas exigem explicação, independentemente das "tradições" que as reconhecem ou valorizam. Meu apelo à experiência, portanto, não exclui a explicação das experiências reconhecidas em diversas tradições. Além disso, defendo que a abdução baseada na experiência se aplica a várias tradições interpretativas. As experiências que invoquei para serem explicadas não são minimizadas ou mesmo desafiadas pela ocorrência de outras experiências ou pela realidade de tradições interpretativas que não são cristãs. Um desafio surgirá apenas a partir de uma explicação oposta (baseada na experiência) que seja pelo menos tão boa quanto a explicação teísta que propus.

McDowell acrescenta: "Em outro lugar, Moser [...] argumenta que 'alguém pode ter uma experiência de algo que não é um objeto sensorial'. Mas o que torna isso uma 'experiência'?" Minha resposta: um estado ou evento qualitativo de consciência. Dada essa resposta, uma pessoa pode experienciar uma série de coisas que não são objetos sensoriais: relações lógicas, relações matemáticas, valores e deveres morais, autoconsciência, intenções, Deus e outros agentes pessoais, e assim por diante. Seria implausível, então, limitar a experiência aos objetos sensoriais.

McDowell contesta minha posição de que um foco equivocado nas evidências não pessoais nos argumentos pode impedir nossa consciência das evidências na automanifestação interpessoal. Ele objeta: "Isso simplesmente não funciona com as pessoas, uma vez que seus efeitos e vestígios dizem muito sobre elas e seus atos, e as tradições cristãs há muito sustentam que o Deus incompreensível só pode ser conhecido a partir dos efeitos de Deus, das histórias (pessoais) de vivências santas bem como a condição criada de todas as coisas." Mencionei um "foco equivocado" que "pode dificultar nossa consciência" da evidência direta de Deus. Isso não contradiz conhecer Deus a partir dos "efeitos de Deus", mas nego que Deus possa ser conhecido *meramente* pelos efeitos de Deus. Afirmo que o conhecimento genuíno de Deus depende do conhecimento do caráter moral único de Deus, e este último conhecimento não é um mero conhecimento dos efeitos de Deus. Para qualquer alegado efeito de Deus, temos que perguntar: Será esse realmente um efeito de *Deus*? Se não tivermos conhecimento direto de Deus, ficaremos limitados (no máximo) aos efeitos dele, mas estes precisam de uma conexão identificável com *Deus*, e não apenas a mais efeitos.

McDowell questiona a ideia de "dignidade" em minha caracterização de Deus como "digno de adoração". Ele pergunta: "Um Deus que revela o Ser de Deus apenas a *alguns*, por algum motivo, é digno de adoração? [...] Um Deus que gasta tempo revelando o Ser de Deus para *ser adorado* é realmente digno de adoração quando há desigualdade, sofrimento injusto, trauma e catástrofe no mundo desse Deus? Questões espinhosas de sofrimento e injustiça não podem ser ignoradas de forma arrogante, como tantas vezes acontece entre os filósofos da religião acadêmicos burgueses." Minha resposta às duas perguntas anteriores: sim, e muitas narrativas bíblicas confirmam essa resposta. Aqui, não posso entrar em uma digressão acerca dos detalhes de uma teodiceia bíblica, mas forneci alguns deles em outro lugar.[76] O livro de Jó, por exemplo, defende que Deus é digno de adoração e confiança, apesar do severo sofrimento e do mal do mundo, e apesar da incapacidade de Jó de identificar todos os propósitos de Deus ao permitir sofrimento severo e maldade. Se Deus procura pessoas que confiem nele tendo em vista esse sofrimento e maldade e lhes promete a devida reparação, deveríamos considerar que ele proporciona uma reta autojustificação de Deus, ao mesmo tempo que é digno de adoração. Afirmo que uma teodiceia bíblica pode servir a esse propósito. Seja como for, não deveríamos descartar o fato de Deus ser digno de adoração sem prestarmos atenção cuidadosa a uma teodiceia bíblica.

De modo geral, então, não encontramos uma defesa convincente para os argumentos familiares da teologia natural. Eles não conseguem nos levar a um Deus digno de adoração, o Deus de Abraão, Isaque, Jacó e Jesus. Precisamos, então, de uma linha diferente de suporte para o compromisso com esse Deus. Sugiro que olhemos para a autorrevelação divina na experiência humana, na qual o caráter moral de Deus está em ação para a redenção do mundo, incluindo nós. Não consigo pensar em uma linha de investigação mais importante para os seres humanos, independentemente de suas convicções filosóficas ou religiosas.

---

[76] Veja Moser, "Biblical Theodicy of Righteous Fulfillment"; Moser, *Divine Guidance*, seção 3.

Capítulo 5

Uma visão barthiana

John C. McDowell

PREFÁCIO

As exigências por inteligibilidade racional e persuasão não tendem a incomodar adivinhos, astrólogos, sacerdotes de vodu e similares, ou pelo menos não muito. Há, em contraste, algo bastante diferente na lógica das reivindicações cristãs, e isso tem produzido reflexões teológicas substanciais desde os primeiros dias das comunidades primitivas de Jesus. Há muito tempo os cristãos mantêm motivações internas para encontrar formas persuasivas de comunicação com os outros, e essas motivações resultaram em uma recusa em reduzir a fé a uma linguagem privada. Por consequência, o cristianismo não foi formado em algum culto gnóstico no qual "verdades" esotéricas estejam disponíveis e sejam relevantes apenas para seus membros. Em vez disso, existe uma pressão real sobre o discurso cristão que o leva a fazer afirmações que têm uma relevância global. Por exemplo, os cristãos, de uma forma ou de outra, confessam não apenas uma esperança que têm como indivíduos (1 Pedro 3:15), mas também uma esperança que fala do *telos* (fim ou propósito) de todas as coisas como criaturas de Deus. Existe, é claro, o mandato evangelístico (Mateus 28:19-20). No entanto, sem alguns critérios para testar a veracidade de suas afirmações, os esforços para ser persuasivo ao comunicar o evangelho são reduzidos a vários métodos de coerção (emocionalismo autogratificador, imposição política, e assim por diante). Isso implica que existe algum sentido de responsabilidade, mesmo que a especificação da forma que isso assume possa não ser evidente ou acordada.

Há algo mais, no entanto. Em um artigo intitulado *Theological integrity* [Integridade teológica], Rowan Williams pergunta se a teologia cristã pode confiar que "está realmente falando sobre o que *diz* estar falando".[1] O discurso, mesmo o

---

[1] Williams, *On Christian Theology*, p. 3.

teológico, pode ocultar agendas moldadas por interesses diferentes dos que são reivindicados (nesse caso, não está *realmente* falando sobre o que diz estar falando). Esse processo resulta em "recuar dos riscos da *conversação*". O que Williams tem em mente aqui é um discurso que se apresenta como *concluído*, completo em si mesmo, e que se imuniza contra "a possibilidade de correção".[2] A responsabilização racional, então, requer práticas de atenção profunda que tomam forma por meio de um autoteste, para que as reivindicações cristãs acerca da veracidade da fé evitem se tornar falsa consciência, ilusão piedosa ou um mecanismo para exercer poder sobre os outros. Este autoexame é fundamental para as operações da proclamação cristã verdadeira, uma vez que os crentes são instados a "testar os espíritos" (1 João 4:1). Os cristãos são responsáveis por testar sua conversa sobre *Deus*, sua adoração e seus julgamentos teologicamente moldados sobre a boa vida. Isso significa assegurar, tanto quanto possível, que *Deus* é aquele a quem eles adoram, mesmo que não existam garantias finais ou absolutas disponíveis de que isso seja assim. É justamente esse temperamento iconoclasta que molda, de diversas maneiras, a prática da teologização. Nesse sentido, a teologia funciona como uma forma de terapia, afastando-nos de nossos ídolos, "despojando-nos... os véus de autoconfiança pelos quais protegemos nossos rostos da exposição ao mistério de Deus".[3] Nos termos de Karl Barth, é "crítica e correção da proclamação da Igreja".[4] Na verdade, expressões de fé que têm medo e são resistentes a serem expostas a críticas já caíram em um temor impróprio. Os cristãos têm menos medo do mistério complexo que Deus é (um mistério encarnado como uma vida humana rejeitada e crucificada), do que, mais apropriadamente, medo de serem iludidos ou idólatras. Escondido nesse temor inadequado está um desconforto em questionar a natureza da linguagem cristã e como ela é aprendida. Consequentemente, algo estava errado em algum lugar quando os teólogos desenvolveram uma reputação de se empenharem mais em uma "fuga da realidade do que em um envolvimento extenuante com sua obstinada complexidade".[5] Williams argumenta que essa fuga é uma "questão *política*. Tornar invulnerável o que é dito, deslocando seu verdadeiro objeto, é uma estratégia para a retenção do poder."[6] Essencialmente, "Deus" seria colocado à nossa disposição, sendo enquadrado pelos nossos interesses e necessidades.[7]

---

[2] Williams, *On Christian Theology*, p. 4.
[3] Citação de Lash, *Theology on the Way to Emmaus*, p. 9. Lash explica que, nesse processo, a apologética e a teologia não só têm estados de espírito diferentes (assertiva e interrogativa, respectivamente), mas podem até ser vistas como tendo características fundamentalmente diferentes (possessiva e exposta, respectivamente) (*Matter of Hope*, p. 5).
[4] Barth, *Church Dogmatics* I/1, 280. De agora em diante, *Church Dogmatics* será abreviada por *CD*.
[5] Lash, *Theology on the Way to Emmaus*, p. 95.
[6] Williams, *On Christian Theology*, p. 4.
[7] Há alguns anos, encontrei um "acadêmico" que dizia com frequência que todas as opiniões intelectuais são importantes e que os esforços para deliberar entre elas são um ato violento de um colonizador que impõe a sua voz à dos outros. Curiosamente, isso equivalia a um dispositivo de autoproteção que impedia que seus trabalhos fossem questionados (ou responsabilizados intelectualmente), um estatuto que ele, na prática, negava

Dependendo da forma pela qual é definida, é claro, questões em torno da "chamada 'teologia natural'" são interessantes a esse respeito (CD IV/3.1, 117). "Teologia natural" é um termo usado para descrever certos grupos de afinidades conceituais e abrange a deliberação racional entre perspectivas conceituais e práticas estratégicas distintamente complexas e multifacetadas. Podemos descrever essas afinidades tendo em vista os esforços no engajamento com conversas públicas que responsabilizem as reivindicações teológicas ou sejam publicamente examinadas. Por exemplo, seria intelectualmente injusto se os não teístas ou antiteístas simplesmente presumissem, sem nenhuma reflexão racional adicional, a veracidade de suas reivindicações de oposição, encerrando assim a possibilidade de conversação teológica quando pode haver razões para considerar as crenças teístas com algum grau de seriedade racional.

A preocupação de Barth, e do que em geral se abriga sob a categoria não muito útil e clara de "barthianismo", é que "a assim chamada razão natural" e sua teologização aprendam a linguagem discursiva de maneiras profundamente problemáticas, do ponto de vista teológico.[8] Ele é notoriamente avesso à "teologia natural" — ou melhor, a certa versão da teologia natural.[9] No entanto, no processo, Barth não está negando precisamente as bases necessárias para falar de maneira verdadeira e inteligível sobre a teologia, e para ser visto publicamente tentando fazê-lo?

UMA TEOLOGIA NÃO NATURAL

Em 1937-38, Barth proferiu as Palestras Gifford. Sua nomeação pelo *Gifford Lectureship Committee* para proferir a série foi claramente estranha, tendo em vista seus comentários anteriores sobre teologia natural e sua resposta mal-humorada a Emil Brunner em 1934. Afinal, na primeira parte da obra *Church dogmatics* [Dogmática eclesiástica], Barth havia anunciado resolutamente que a *analogia entis* (aquela metafísica do ser sobre a qual ele estava incomodado na "teologia natural") era "a invenção do anticristo" (CD I/1, xiii). Embora o clima das palestras resultantes, proferidas na Universidade de Aberdeen, fosse consideravelmente mais comedido e menos polêmico, Barth abriu as palestras de maneira vigorosa, de um modo que

---

àqueles que criticava, em grande parte por intermédio daquilo que é uma forma de retórica desdenhosa: o insulto. Assim, aliás, "todas as opiniões são importantes, desde que a minha seja a mais importante, e quem discordar é um idiota!" Como se pode saber se esse acadêmico está empenhado em tentar falar de maneira verdadeira sobre qualquer assunto relacionado com a verdade? Como a autoexpressão aqui pode ser outra coisa senão uma linguagem privada, ciosamente guardada?

8 Citação de Torrance, *Ground and Grammar of Theology*, p. 87.
9 Muitas vezes, o termo "barthianismo" é usado livremente como um termo abrangente para cobrir uma série de obras teológicas que evidenciam influência de Barth. Explicar a razão desse rótulo não ser particularmente útil como categoria descritiva exigiria uma análise demasiadamente detalhada. É mais útil encorajar os leitores a envolverem-se diretamente com os extensos escritos de Barth: lê-lo é uma atividade consideravelmente mais rica do que trabalhar com boa parte de seus comentaristas ou com aqueles que desenvolveram suas teologias em certa medida influenciados por ele.

permaneceu fiel à forma: "Eu certamente vejo, com espanto, que uma ciência como a que Lord Gifford tinha em mente de fato exista, mas não vejo como é possível que ela exista. Estou convencido de que, à medida que existiu e ainda existe, ela deve sua existência a um erro radical... não estou em condições de fazer justiça à tarefa que me foi confiada pelo testamento de Lord Gifford 'na afirmação *direta* e no cumprimento do testador'".[10]

Esse exemplo ilustra a magnitude da tarefa de tentar compreender onde sua abordagem pode ser útil para articular como funcionam as reivindicações de conhecimento cristão. No entanto, nem é preciso dizer que muita coisa depende de como o termo "teologia natural" é definido e de como isso está alinhado com o que Barth está criticando. Em uma interpretação do assunto, se "teologia natural" diz respeito às condições para um envolvimento racional ou verdadeiro com aqueles que não partilham de nossas crenças na criação e no propósito das coisas, e se Barth a rejeita, então ele aparentemente está defendendo uma abordagem teológica que isola a teologia em seu jogo de linguagem privado e, portanto, protege-a em seu mundo autocontido.[11] Mesmo que o trabalho teológico de Barth apresente uma coerência interna própria, ele falharia em se coadunar com uma série de fenômenos no mundo que são abordados fora desse círculo (agora impenetrável de forma viciosa). Essa interpretação seria um pouco como observar quão consistente é a descrição da Terra Média feita por J. R. R. Tolkien, reconhecendo ao mesmo tempo que não é uma descrição da realidade ou do mundo que observamos a nosso redor. Se é isso que Barth está fazendo, então as ramificações teológicas seriam pronunciadas. Que tipo de teologia afirma seguir o Deus do Cristo crucificado quando exerce o poder de falar sem ser perturbado por questionamentos críticos? Que tipo de teologia tenta testemunhar o criador de todas as coisas, quando todas as coisas não podem ser significativamente descritas como "criaturas"? Afinal, "o que precisamos é de uma metafísica que pense na própria matéria como invariável e necessariamente comunicativa."[12] Como pode a teologia ser uma embaixadora do evangelho da reconciliação quando tem de gritar contra aqueles a quem dirige sua proclamação, ou recorrer à simples autoafirmação? Clark Pinnock, por exemplo, argumentou certa vez que, para Barth, "o teólogo e o ateu estão envolvidos em uma disputa de gritos: um diz: 'A religião é uma invenção do homem!', o outro 'Não, não é!' Barth nos oferece um auxílio na resolução da questão sobre quem está certo."[13]

---

[10] K. Barth, *Knowledge of God*, p. 5.
[11] Veja Alston, *Perceiving God*, p. 289 [edição em português: *Percebendo Deus: a experiência religiosa justificada* (Natal: Carisma, 2020)].
[12] Williams, *Edge of Words*, p. xi.
[13] Pinnock, "Karl Barth and Christian Apologetics", p. 70.

A PERSEGUIÇÃO DA TEOLOGIA DO SEU OBJETO DE ESTUDO

Barth explica que não consegue seguir a trajetória da teologia natural precisamente porque ele, "como um teólogo reformado", está sujeito a uma "ordenação" fundamentalmente diferente. É certo que isso não parece ser um bom começo para qualquer "teólogo natural" que procure recursos em Barth para falar bem sobre as coisas (todas elas). No entanto, é importante reconhecer o que está acontecendo aqui. Barth essencialmente anuncia que a tarefa positiva da teologia reformada "vive de forma independente [da teologia natural] por seu conteúdo positivo".[14] Aqui, ele destaca duas coisas.

Primeiro, a tarefa dos teólogos é seguir a lógica de Deus apresentar o próprio Ser [Self] de Deus. Na linguagem de Hans Frei, essa é uma forma de "autodescrição cristã" que não se correlaciona com as "buscas humanas e culturais universais pelo significado último".[15] É crucial notar desde o início, então, que Barth simplesmente não inicia com a fé ou a expõe como o tema da teologia. Fazer isso seria o que muitas vezes é chamado de "fideísmo" ou "subjetivismo". "A teologia torna-se, se quiser ser 'científica' e racional, um *Nachdenken* (literalmente, 'pensar após') fiel e obediente. Em outras palavras, ela deve ser uma reflexão agradecida, realista e *a posteriori* sobre o objeto divino do falar da fé e uma explicação acerca dele. Isso, para Barth, naturalmente, se dá em Cristo e por meio dele."[16] Esse movimento é notoriamente articulado por Barth por meio dos slogans anselmianos, *fides quaerens intellectum* (fé em busca de compreensão) e *credo ut intelligam* (creio para compreender), argumentando mais tarde, com respeito ao primeiro, que isso é "o que distingue a fé do assentimento cego".[17] Esse processo, para Barth, nunca poderia ser irracional, uma vez que é, antes, a localização adequada de uma razão que funciona de maneira apropriada.[18]

Em segundo lugar, a "teologia natural" é um erro teológico, mas apenas por causa dos compromissos teológicos que detêm. Isso significa que a crítica de Barth

---

[14] K. Barth, *Knowledge of God*, p. 9. Há uma discussão crescente entre os estudiosos de Barth quanto ao impacto da epistemologia de Immanuel Kant em Barth. Muitas vezes, críticos desatentos simplesmente equiparam a rejeição de Barth da possibilidade de uma teologia natural com a perspectiva de Kant sobre as limitações da razão pura. Mesmo alguns comentaristas um pouco mais astutos afirmam que Barth segue Kant epistemologicamente, mas que revê a redução deste da "religião" à ética, objetivando a revelação, de modo que faça da revelação o "fundamento" epistêmico (em outras palavras, aproximando-se do posicionamento da revelação na primeira crítica de Kant, a *Crítica da razão pura*, de modo que Deus seja conhecível de acordo com o fato de Deus tornar o Ser de Deus fenomenicamente observável). No entanto, como D. Stephen Long observa, "Se a revisão de Barth é que Deus se faz fenomênico, a sua teologia é, na melhor das hipóteses, uma forma de gnosticismo" (*Saving Karl Barth*, p. 119). Barth rejeita teologicamente o uso de um agnosticismo filosófico *a priori* pela teologia (veja *CD* I/2, 29,30, 244,45; II/1, 183). Eventualmente, alguém pode encontrar comentaristas que sugerem que Barth reviu Kant, mas a afirmação surge de uma forma que é difícil ver que significado existe de fato em continuar a descrever Barth como "kantiano". Essa é uma área complexa, por isso não vou comentar sobre ela para além de continuar a oferecer uma leitura intencionalmente não kantiana de Barth.

[15] Frei, "Eberhard Busch's Biography of Karl Barth," p. 103.

[16] K. Barth, *Göttingen Dogmatics*, p. 3, p. 8, p. 11.

[17] K. Barth, *Evangelical Theology*, p. 44.

[18] McDowell, "Unnaturalness of Natural Theology", p. 251,52.

à teologia natural é impulsionada por, ou, então, visto pelo outro lado, aquilo que ele afirma de modo positivo como teologicamente adequado. Como argumenta Christopher Morse, a teologia envolve o engajamento na "tarefa da descrença fiel".[19] A crítica de Barth em nenhum lugar aparece, então, como um tema em si. Tecnicamente, ele nem sequer rejeita a teologia natural. Em vez disso, ele nega a própria *legitimidade* teológica dela.

O primeiro mandamento do Decálogo é axiomático. Com isso se entende que ele estabelece a tarefa da teologia. Ele opera como "o pressuposto de toda teologia", o qual é fundamentado em um conhecimento de Deus "com base na revelação".[20] É claro que essa afirmação precisa ser avaliada quanto à possibilidade de isolar a teologia, como discurso sobre *Deus*, de exame e crítica, talvez substituindo os fundamentos dos princípios racionais primeiros por uma crença racionalmente arbitrária em Deus como uma crença básica. Mesmo assim, esse exame seria difícil em pelo menos dois aspectos. Em primeiro lugar, ele teria de começar em algum lugar, e a questão é saber se esse lugar é mais racionalmente demonstrável do que as condições para ver a crença em Deus como axiomática. Em segundo lugar, Deus não é o nome de algo que possa ser falado, examinado, afirmado ou rejeitado da mesma forma pela qual essas práticas interrogativas se relacionam com as coisas do mundo. Como argumenta Williams: "O desafio de falar sobre Deus é o desafio de referir-se apropriadamente ao que não é um objeto entre outros, ou uma substância definível que pode ser 'isolada' e examinada".[21] É verdade que a crença em Deus pode ser testada à sua maneira, e mais tarde precisaremos explicar a lógica da abordagem de Barth, que produz critérios para a interrogação crítica da proclamação da igreja.

Barth faz uma afirmação teológica acerca de como o discurso sobre Deus funciona como uma *resposta* à autoarticulação de Deus que segue fielmente sua lógica autoexplicada. Essa autocomunicação é o que Barth entende por "revelação". Aqui, é crucial reconhecer que o conceito desempenha um papel particular. Em geral, a ideia tem sido usada metodologicamente como uma forma de referência à comunicação de Deus e como ela se torna conhecida, tornando-se assim, em grande parte, uma questão epistêmica. A esse respeito, as Escrituras (revelação especial) e a criação não humana (revelação geral) podem ser chamadas de "revelação". John Webster, no entanto, queixa-se de que essa utilização problemática do termo emerge na modernidade com "o colapso da metafísica cultural no qual o cristianismo clássico se desenvolveu".[22] Webster ajuda a chamar a atenção para as

---

[19] Morse, *Not Every Spirit*, p. 14.
[20] K. Barth, "First Commandment", p. 64; *CD* I/2, 306.
[21] Williams, *Edge of Words*, p. 17.
[22] Webster, *Holy Scripture*, p. 11.

mudanças na forma pela qual a linguagem teológica é usada. O pensamento cristão passa a habitar uma estrutura condicionante que altera o conteúdo dos próprios conceitos da própria teologia. A "linguagem dogmaticamente subdesenvolvida" do teísmo sobre a revelação tornou-se uma forma de falar, não sobre a presença vivificante e amorosa do Deus e Pai de... Jesus Cristo no poder do Espírito no meio da assembleia de adoração e testemunho, mas, em vez disso, de um processo misterioso pelo qual as pessoas adquirem conhecimento por meio de operações opacas e não naturais".[23] Quer Webster esteja correto ao considerar isso como um erro ou não, pelo menos podemos encorajar os leitores a reconhecer que a palavra "revelação" é reservada em grande parte como sinônimo de "Deus" na obra de Barth. É um termo que apresenta menos os meios de nosso conhecimento (uma categoria epistêmica ou noética) do que fala sobre *Deus* como um agente comunicativo ou autopresente.[24] Assim, Barth passa um tempo considerável explicando a lógica trinitária do evento revelatório em termos do Revelador, da revelação e do caráter de ser revelado, com cada um sendo atribuído a um modo particular do ser-em--devir trino de Deus.

Considerando a função dogmática que o conceito de revelação ocupa em seu pensamento, não pode fazer sentido falar de qualquer criatura de Deus como sendo "revelação". Assim, quando Barth anuncia que a Escritura ou a criação não humana, ou por sinal qualquer outro ser ou atividade criatural, não é revelação, o contexto teo-linguístico precisa ser compreendido. Eles não são revelação em si. Como podem ser quando o termo significa o ser-em-ato de Deus? Teremos motivo para voltar a esse assunto mais tarde, quando considerarmos os *meios* de revelação (as maneiras criadas pelas quais Deus se comunica).

Uma preocupação frequente é que esse *ato* ou *evento* de revelação só possa ocorrer como uma inserção, uma interrupção externa, uma imediatez que às vezes é chamada de "ocasionalismo". Isso está muitas vezes ligado a preocupações sobre a perspectiva de Barth acerca da liberdade divina, de que um Deus "livre" é arbitrário: livre em qualquer momento ou em qualquer ocasião específica para determinar como e onde revelar o próprio Ser de Deus. Barth, no entanto, esclarece consideravelmente as questões na *CD* II/2, em seu desenvolvimento de uma dogmática da eleição. Aqui ele reflete que Deus elege o seu próprio *Ser [Self]* para ser Deus para a criatura. Não há nenhum Deus oculto atrás da revelação de Deus, de Deus tornando o Ser [Self] de Deus presente para a criatura. A revelação é nada menos que Deus no compromisso eternamente livre dele mesmo com aquilo que ele cria. Nesse

---

[23] Webster, *Holy Scripture*, p. 12.
[24] Tem havido esforços para afirmar que as preocupações de Barth quando ele fala de revelação e teologia natural são, em grande parte, teológicas (por exemplo, Johnson, *Karl Barth and the Analogia Entis*, p. 168). Muitas vezes, isso toma a forma pouco convincente de sugerir uma conexão profunda entre Barth e Kant, e uma influência vitalícia do filósofo prussiano no pensamento do teólogo suíço.

contexto, falar da liberdade de Deus é falar da *autossuficiência* ou *incondicionalidade* divina, que por consequência age *graciosamente*. Deus não escolhe a partir de uma posição neutra, como se a liberdade fosse redutível à escolha entre opções. Em vez disso, ele elege ou determina ser *para outro* de uma maneira que expressa *ad extra* quem ele é eternamente na própria vida de Deus. "Ele não deseja ser Deus sem nós; ... Antes, ele nos cria para compartilhar conosco e, portanto, com nosso ser, nossa vida e nosso agir" (*CD* IV/1, 7). Barth simplesmente rejeita como teologicamente inadequada a ideia de uma vontade pura que muitas vezes se esconde nas teologias da liberdade divina. Em vez disso, Deus é como Deus quer, e Deus quer o que Deus é: ser e agir não podem ser separados. Deus *está* no ato de Deus, e Deus está no *ato* de Deus. A liberdade de Deus, então, está vinculada à afirmação tautológica relativa à autossuficiência divina de que "Deus é Deus".

Entre outras coisas, isso significa que *todas* as coisas são criaturas, produtos da autoeleição de Deus para ser Deus para a criatura. Todas as coisas, então, existem como dádivas da graça divina. Elas são formadas e condicionadas por esse contexto teológico. Consequentemente, as criaturas não podem ser independentes de Deus no sentido de serem autônomas e totalmente autodefinidas. Elas têm sua integridade, a liberdade para serem quem são, mas essa integridade para serem livres não é uma expressão de algum estado neutro. Pelo contrário, elas têm necessariamente seu formato e sua forma enquanto criaturas do Deus que ama gratuitamente. Dessa maneira, a ordem criada tem uma *forma pactual*. Os seres humanos são o resultado da atividade criativa de Deus para estar graciosamente comprometido com a criatura, e elas têm o propósito de viver fielmente em gratidão à fonte e ao objetivo de sua própria existência.

Além disso, essa eleição, esse ato de aliança de Deus, assume uma forma específica: a autoeleição de Deus em Jesus Cristo. Existem diversos debates técnicos entre os estudiosos de Barth sobre as implicações disso. Por enquanto, porém, é suficiente reiterar que o tema na teologia de Barth tem uma série de consequências. Por exemplo, ele fundamenta teologicamente a afirmação de que Jesus Cristo é a revelação de Deus. Thomas F. Torrance atribui isso à doutrina do Filho ser *homoousios* (de uma substância) com o Pai no Credo de Niceia do ano de 325 e no Credo Niceno de 381.[25] Em outras palavras, Aquele que é um com o Pai (e o Espírito) encarna--se como Jesus Cristo: consequentemente, Jesus Cristo é nada menos que a própria presença de Deus encarnada. Além disso, a eleição significa não apenas que Jesus Cristo é *Deus* encarnado, mas também que Jesus Cristo é *a* criatura, o ser humano por meio do qual toda a criação tem sua realidade, forma e propósito. Ele é a forma da Realidade na qual todas as coisas se tornam reais (veja João 1; Colossenses 1).

---

[25] Veja Torrance, "Introduction".

Com isso não se entende algum tipo de "cristologia cósmica" vaga, de que Jesus seja relevante de alguma forma para a reflexão sobre o cosmo. É mais concreto do que isso. Ele é o próprio Alfa e Ômega da ordem criada. Além disso, Jesus Cristo não é o marcador *da* criatura de uma forma que as substitui, substituindo-as como competidoras ou como uma entre muitas. Pelo contrário, a cristologia envolve uma inclusão à medida que todas as criaturas são formadas e têm sua vida no caminho de Deus em Jesus Cristo. Assim, Cristo é ao mesmo tempo o dom divino e a resposta humana à qual todas as criaturas estão ligadas. Dessa forma, a teologia de Barth é intensamente *cristocêntrica*, ou moldada em Cristo.

"O que isso significa para os seres humanos, entre outras coisas, é que eles não podem ser outra coisa senão aquilo que são sob as condições da intencionalidade [*purposefulness*] da criatividade divina (para Barth, claro, essa intencionalidade é o que a doutrina da eleição fundamenta). Ser humano não é estar engajado em um empreendimento de autoconstrução ou na realização natural dos impulsos do *Geist*. Em vez disso, é encontrar-se fundamentado e formado pelo dom da eleição de Deus em Jesus Cristo como '*o* Eleito'."[26] Em outras palavras, a eleição resulta em saber que a pessoa é determinada pela escolha eletiva *de Deus*. Hesito em usar o termo "ek-cêntrico" na descrição do ser humano de Barth, como se ele descentralizasse o que o ser humano é. Em vez disso, ser humano em e mediante Cristo, o único ser humano real, implica que os humanos não tenham seu ser ek-centricamente, mas, sim, em ser quem são em e por intermédio de sua formação em Cristo [*Christ-formedness*] (por meio do compromisso fiel com Aquele em quem Deus e humanos estão presentes, ou apresentados, um ao outro).[27] A criatura, então, não pode ter independência ou autonomia em relação a Jesus Cristo (veja *CD* II/1, 166). A autonomia, na verdade, quando não se refere ao ordenamento da liberdade para ser quem se é em Cristo, é um ato pecaminoso. É a desobediência que, inadvertidamente e de forma bizarra, é autodestrutiva ao tentar contradizer e resistir aos propósitos da aliança de Deus.[28]

A POSSIBILIDADE QUE É A PRONTIDÃO DE DEUS PARA A CRIATURA

Deus é irredutivelmente quem é na autorrevelação dele em Jesus Cristo. Cristo é a presença encarnada de Deus e a verdadeira criatura, ou o Deus que elege e o ser humano eleito. Ele é a realidade objetiva do próprio Ser de Deus. Barth, no entanto, fornece uma perspectiva do que ele chama de *possibilidade* de revelação (*CD* I/2, §13 subseção 2) e a *prontidão* de Deus para amar a criatura em liberdade (*CD* II/1,

---

[26] McDowell, "Being and Becoming in Gratuity", 242, citando K. Barth, *Knowledge of God*, p. 75, minha ênfase.
[27] Essa perspectiva de Barth, de acordo com Eberhard Busch, é uma perspectiva da revelação que abre "a nova base da subjetividade humana" (Busch, *Great Passion*, p. 78).
[28] Veja McDowell, "Much Ado about Nothing".

§26 subseção 1). A linguagem, porém, é teológica, uma forma de falar de Deus na *ordo essendi* (ordem do ser). Ao perguntar sobre "a possibilidade com base na qual Deus é conhecido" (*CD* II/1, 63), que só pode emergir da *atualidade* do conhecimento de Deus, a subseção é uma forma de enfatizar ainda mais que a revelação de Deus é *livre*. Por essa liberdade entende-se como algo positivamente não arbitrário, um ser livre *para os* outros que, por outro lado, rejeita qualquer ideia de que o ser de Deus para a criatura possa ser condicionado por qualquer coisa fora do próprio Ser de Deus. A revelação é uma realidade objetiva, "dada de maneira bastante definida", precisamente porque é uma possibilidade eterna livremente escolhida para Deus (*CD* II/1, 64).

"Essa decisão [que será conhecida *ad extra*] foi tomada desde a eternidade, e na eternidade pelo fato de que Deus é quem Ele é" (*CD* II/1, 67). Deus ama a criatura porque Deus é a própria prontidão divina para a humanidade. Consequentemente, nada pode estabelecer os termos para a autorrevelação de Deus, nada pode trazê-la à existência e nada pode causar sua necessidade ou moldá-la e determiná-la. (No evento da autoeleição de Deus, como poderia haver *algo* que logicamente estabelecesse as condições para o ato de Deus?) "Portanto, mesmo a cognoscibilidade de Deus entre nós e para nós, que está na base da realização de nosso verdadeiro conhecimento de Deus é, antes de mais nada, e propriamente, uma possibilidade do próprio Deus" (*CD* II/1, 67). Nessa ontologia teológica do dom, há um problema significativo com qualquer proposta relativa a qualquer capacidade ou característica intrínseca possuída pela criatura (mente, substância, relacionalidade, intuição, capacidade de palavras ou revelação, e assim por diante) que pode ser considerada como tendo uma capacidade de conhecer ou se relacionar com Deus. É possível começar, teologicamente, não com uma perspectiva da prontidão da humanidade para Deus, mas com a perspectiva da prontidão absolutamente anterior de Deus, que cria, reconcilia e redime, para a criatura, à qual a disposição da criatura é *consequente*, *responsiva* e *posterior*. No entanto, nesta teo-lógica, existe uma forma necessária de falar precisamente da disponibilidade da humanidade para Deus, uma disponibilidade que vem como dom. "Esta não pode ser uma prontidão independente" (*CD* II/1, 129). Barth, com aprovação, chega a falar de uma capacidade ou ponto de contato (*Anknüpfungspunkt*) entre Deus e o ser humano: só assim surge uma referência cristológica. Em outras palavras, ela refere-se à preveniência eletiva de Deus de ser eternamente para a criatura em Jesus Cristo.

OS MEIOS DE REVELAÇÃO

A autorrevelação de Deus é a presença do Deus autoeleito no Espírito Santo para ser o Deus do ser humano eleito. Desse modo, Jesus Cristo fundamenta uma afirmação importante sobre os meios ou a maneira do evento da revelação. A autorrevelação de Deus não *aparece* simplesmente. Ela não se insere na ordem criada como um *momento* singular e irrepetível. Na verdade, é um evento mediado, e de forma irredutível. Isso não ocorre, como mencionado acima, porque o meio criatural por meio do qual Deus revela o Ser [Self] de Deus determina ou necessita da revelação divina. Pelo contrário, é porque a criatura foi feita para ser *adequada*. Ela está equipada, isto é, para ser o meio de revelação. Em outras palavras, a descrição teológica tem de ser continuamente corrigida, recordando a preveniência ou prioridade do ser-em-ato de Deus.

A *Church dogmatics* (I/1, §4) oferece uma explicação dos meios de revelação, aqueles mediante os quais Deus comunica sua presença à criatura. Faz isso por meio de uma imagem de círculos concêntricos que articula a tríplice natureza da Palavra de Deus. Os círculos das Escrituras e, a seu redor, a proclamação da igreja — ambos têm em seu cerne a humanidade da Palavra encarnada: eles testemunham de volta à Cristo, assim como Deus em Cristo continua a comunicar o Ser [Self] de Deus externamente por intermédio das Escrituras, e as Escrituras, da mesma forma, na proclamação da igreja. Essas palavras testificam de modo apropriado da Palavra, e sua fidelidade é medida por essa Palavra. A esse respeito, Barth fala das Escrituras de uma forma que causa equívocos entre aqueles que situam o discurso sobre "revelação" em um contexto epistêmico — as Escrituras *tornam--se* revelação. Na fase inicial da escrita dogmática de Barth, sua retórica atualista desencadeia a questão sobre o que há nas Escrituras que lhes permite tornarem--se revelação por meio da atividade livre do Deus autorrevelador. Barth apontava com vigor para o conteúdo das Escrituras: elas testemunham a atividade de Deus em Jesus Cristo, assim como antecipada pelos profetas e recordada pelos apóstolos.[29] Na verdade, ele não fala apenas do papel *indispensável* das Escrituras na vida cristã, mas também define a teologia tendo em vista o teste da proclamação da Igreja contra "a revelação atestada nas Sagradas Escrituras" (*CD* I/1, 283). Falar das Escrituras se tornando revelação é, na perspectiva de Barth na *CD* I/1, apontar para o modo pelo qual o Deus autorrevelador de Jesus Cristo, mediante a capacidade revelatória do Espírito, produz aquilo que as Escrituras testemunham aos contemporâneos por meio de leitores fiéis. Graças a seu papel nos propósitos autorreveladores de Deus, por intermédio de um ato de metonímia retórica, Barth pode até falar das Escrituras *como* revelação.[30]

É nesse contexto que o discurso posterior de Barth sobre meios de revelação extraeclesiais e não humanos (*CD* IV/3.1) deve ser lido, não como uma sugestão

---

[29] Uma forma particularmente descuidada de lidar com isso seria imaginar que Barth postula ou requer um compromisso teológico com a necessidade de erro nos materiais bíblicos.
[30] Cf. Watson, "The Bible"; Oakes, "Revelation and Scripture", p. 251.

de que ele mudou de ideia, mas como uma expansão mais formal da trajetória de seu pensamento e prática anteriores.[31] Afinal, na *CD* I/1 ele recomendou ouvir a Deus em todos os lugares nos quais ele pode ser ouvido e mencionou de forma cativante uma vasta gama de meios. Esses são tão díspares como "o comunismo russo, um concerto de flauta, um arbusto em flor ou um cão morto, ... um pagão ou um ateu" (*CD* I/1, 55). Além disso, a série de palestras publicadas como *Protestant theology in the nineteenth century* [Teologia protestante no século 19] se engaja de modo construtivo com filósofos alemães importantes. Na verdade, como Hans Urs von Balthasar reconhece, "dificilmente há um pensador importante a quem Barth não tenha dedicado uma *digressão* detalhada em sua *Dogmática*".[32] Por fim, entre muitas outras coisas, Barth falou exuberantemente da música de Mozart como articulando uma atitude de regozijo para com a criação (*CD* III/3, 297-99).[33] O uso de Mozart por Barth, então, não era *meramente* estético, como se pudesse ser banalizado simplesmente como uma questão de mero gosto ou peculiaridade pessoal.[34] É "um tipo de música para a qual o termo 'bela' não é um epíteto adequado: música que para o verdadeiro cristão não é mero entretenimento, prazer ou edificação, mas comida e bebida; música cheia de conforto e conselhos para suas necessidades" (*CD* III/3, 297-98). Theodore Gill registra um incidente ao sair do escritório de Barth. Quando Gill notou os retratos lado a lado de Calvino e Mozart, Barth anunciou algo que deixou Gill intrigado: "Minha revelação especial [olhando para Calvino]. E minha revelação geral [sorrindo para Mozart]."[35] Na verdade, ainda em 1958, embora continuasse a negar a teologia natural, Barth chegou a ponto de declarar que "os sons dourados e as melodias da música de Mozart têm sido, desde os primeiros tempos, falados para mim não como evangelho, mas como parábolas do reino da graça gratuita de Deus, conforme revelada no evangelho."[36]

À luz dessa prática teologicamente informada de conversação e envolvimento (incluindo o clima interrogativo de autoexame), não é surpreendente que Barth exorte o teólogo a "escutar o que o mundo está dizendo" (*CD* IV/4, 116) para que possa prestar-lhe a *devida atenção*. Isso significa ouvir "com a necessária abertura ao mundo".[37] Essa abertura envolve, entre outras coisas, ouvir a voz do próprio mundo sem sobrepô-la à sua. Aliás, quando a voz de Deus é ouvida por meio dessas palavras extraeclesiais (quando sua veracidade é percebida), elas podem reorientar o conhecimento de Deus e assim ajudar a ler melhor as Escrituras. Não por

---

[31] Veja, por exemplo, Brunner, "New Barth".
[32] Von Balthasar, *Theology of Karl Barth*, p. 36,37.
[33] Cf. McDowell, "Theology as Conversational Event", p. 495,96.
[34] É verdade que Barth pensou que os anjos cantavam Bach cuidadosamente em público, mas Mozart em casa para diversão (K. Barth, *Wolfgang Amadeus Mozart*, p. 23).
[35] Gill, "Barth and Mozart", p. 405.
[36] K. Barth, *How I Changed My Mind*, p. 71,72. Cf. K. Barth, *Wolfgang Amadeus Mozart*, p. 33,34.
[37] K. Barth, *Evangelical Theology*, p. 150. Cf. von Balthasar, *Theology of Karl Barth*, p. 157.

acaso, então, Barth observa que o teólogo, assim como o historiador, ou qualquer pessoa em qualquer área da vida, é um conhecedor totalmente *situado* histórica e materialmente. Assim, ele reconhece o papel dos pressupostos no ato de interpretação e os deixa abertos para serem testados e reconfigurados sempre que necessário, instando os leitores a se conscientizarem do que estão fazendo no processo para que suas apreensões sejam úteis, ou seja, que eles "adquiram... adequação mediante o... encontro e busca da palavra escriturada" (*CD* I/2, 730). A questão crucial não é se alguém chega à leitura das Escrituras com pressupostos, com uma filosofia de um tipo ou de outro. Isso está fora de questão. "Onde a questão da legitimidade surge é em relação ao Modo pelo qual esse uso é realizado." (*CD* I/2, 730).

Nesse sentido, pessoas como William Placher e David Ford defendem abordagens que designam como formal ou processualmente "pluralistas": "Os cristãos devem falar com sua voz e não se preocupar em encontrar 'fundamentos' filosóficos para suas afirmações". Mesmo assim, eles aprendem com outros, como filósofos, em ocasiões apropriadas, quando "lutam [bem] com problemas análogos".[38] Hans Frei, por sua vez, articula um sentido da "apologética *ad hoc*" de Barth. Com isso, ele quer dizer que Barth "se dedicava à redescrição conceitual [crítica]" e ao autoexame, mas de uma forma *ad hoc*, no qual ele "recorre a padrões conceituais de terceira ordem, livres, não sistemáticos e constantemente referenciados, de natureza não cristã e não teológica".[39]

De novo, porém, algumas precauções dogmáticas precisam ser postas em prática. Primeiro, a veracidade ou analogia testemunhal de qualquer fenômeno com Deus deriva da ação anterior de Deus. Isso significa que Barth pode falar de Deus fazendo analogias. Ele explica o que isso quer dizer: trata-se de "uma analogia a ser criada pela graça de Deus, a analogia da graça e da fé à qual dizemos sim quanto ao inacessível que nos é tornado acessível em uma realidade incompreensível" (*CD* II/1, 85). O outro lado, e a segunda cautela dogmática, é que nenhum fenômeno, *em si e por si* (seja por qualquer característica de sua "natureza" ou existência), é percebido como análogo a Deus. "A chamada 'teologia natural'", então, "é completamente impossível na Igreja, e por sinal... nem sequer pode ser abordada em princípio" (*CD* IV/3.1, p. 117; II/1, 85).

A articulação mais completa dessa teologia de atenção à "polifonia da criação como base externa da aliança" pode ser encontrada em *CD* IV/3.1, §69 subseção 2 (*CD* IV/3.1, 159), respectivamente. Como plenitude encarnada de Deus e criatura, Jesus Cristo irredutivelmente particular "é a única luz da vida", o que "significa que ele é a luz da vida em toda a sua plenitude, em perfeita adequação; e

---

[38] Placher, *Unapologetic Theology*, p. 13; cf. Ford, *Christian Wisdom*, p. 345.
[39] Frei, *Types of Christian Theology*, p. 43; cf. Thiemann, *Constructing a Public Theology*, p. 82: "Barth não evitou a filosofia; simplesmente utilizou-a de forma eclética a serviço da fé cristã."

negativamente, significa que não há outra luz de vida fora ou ao lado da sua, fora ou ao lado da luz que ele é" (*CD* IV/3.1, 86). Aqui, Barth não nega que existam outras luzes. Longe disso. Na verdade, insiste que a Igreja "não só pode, mas deve aceitar o fato de que existem essas palavras e que ela também deve ouvi-las, não obstante sua vida por essa única Palavra e sua comissão de pregá-la" (*CD* IV/3.1, 114-15). Por que é assim? Na obra criativa e reconciliadora de Deus em Cristo, "todos os homens e toda a criação derivam de Sua cruz, da reconciliação realizada Nele, e são ordenados para serem o teatro de Sua glória e, portanto, os destinatários e portadores de Sua Palavra" (*CD* IV/3.1, 117). Com efeito, a reconciliação não *substitui* a criação, mas é a renovação nos propósitos eternos de Deus. Por consequência, Barth insiste na integridade do testemunho da criatura, concedida pela obra graciosa de Deus (*CD* IV/3.1, 164).

Barth fundamenta essas palavras distintivas, ou "parábolas do reino" (*CD* IV/3.1, 114), à luz da Palavra que é Cristo. Isso significa que elas têm uma "validade relativa", um estatuto derivado, funcionando como testemunhos à luz daquela Palavra (*CD* IV/3.1, 147). Consequentemente, essas "palavras... [não podem] dizer nada diferente desta Palavra" (*CD* IV/3.1, 115). Um critério formal para distinguir essas palavras de outras palavras obscuras é sua "concordância com o testemunho das Escrituras" (*CD* IV/3.1, 126; cf. 111). A Escritura, então, funciona como uma medida sobre "se elas são ou não, e com que fidelidade, testemunhas desta única Palavra" (*CD* IV/3.1, 98). Barth continua a opor-se a qualquer diálogo sobre a capacidade *intrínseca* das criaturas de operar como meio de revelação. A autoiluminação da Palavra dentro e por intermédio destas pequenas "luzes da... criação" permanece "muito além de qualquer capacidade própria" (*CD* IV/3.1, 152, 111). Mais especificamente, essas luzes ou palavras só iluminam ou falam à medida que a Luz ou a Palavra pode ser percebida como iluminando em e por meio dessas parábolas seculares de verdade, até certo ponto (*CD* IV/3.1, 123). Tudo isso não só fornece as condições para compreender o estatuto dessas palavras extraeclesiais como testemunhas que "expressam a verdade única e total a partir de um ângulo particular", mas também enquadra a incapacidade da teologia natural para relatar suas origens e sua função testemunhal (*CD* IV/3.1, 123).

Assim, há uma *abrangência* no trabalho de Barth que tenta propor um testemunho teológico coerente para a autoarticulação de Deus, e isso requer uma gama abrangente de potenciais conversas críticas. Dessa forma, e apenas com um toque de ironia, Stanley Hauerwas declara: "Karl Barth é o grande teólogo natural das palestras Gifford".[40] A teologia, então, é sempre uma atividade provisória, nunca autorizada a finalizar suas reivindicações, uma vez que os diálogos críticos que ela

---

[40] Hauerwas, *With the Grain of the Universe*, p. 20.

é capaz de ter não podem ser concluídos em um mundo que permanece escatologicamente não consumado. Por conseguinte, a teologia nunca esgotará os assuntos sobre os quais pode falar.

De modo crucial, essa abrangência, para Barth, é fundamentada cristologicamente. A esse respeito, a cristologia fornece uma sensibilidade inclusivista (embora particularisticamente concreta, uma vez que tem relação com o significado teológico de Jesus Cristo), e não exclusivista.[41] A linguagem certamente incomodaria Barth (tendo em vista a redução do referente de "sacramento" para Jesus Cristo), mas haveria uma maneira pela qual ele, e muitos inspirados por ele na questão da teologia natural, poderiam ecoar a declaração de Denys Turner de que "o mundo por ser criado [...] é em si quase sacramental e [...] a razão é uma espécie de participação humana naquela 'sacramentalidade' do mundo."[42]

O que Barth oferece é uma base teológica para atitudes de interpretação bem ordenadas, um treinamento disciplinado para aprender como ver o mundo corretamente.[43] Nos termos de Lash, a teologia "não é uma disciplina distinta, mas uma estrutura interpretativa na qual nossa atividade secular é realizada".[44] Ingolf Dalferth coloca a questão nos seguintes termos: "A teologia de Barth não é apenas uma peça exemplar de dogmática construtiva, mas [também] um empreendimento hermenêutico sustentado que não nega a secularidade do mundo, mas o reinterpreta teologicamente à luz da presença de Cristo e do mundo de significado que ele carrega consigo".[45] O critério de interpretação é o conhecimento de Deus em Jesus Cristo (como poderia ser outra coisa, tendo em vista seus compromissos teológicos?), tanto quanto o teste para a fidelidade da leitura das Escrituras e da proclamação eclesial também é cristológico.

A esse respeito, as práticas de interpretação podem ser adequadamente responsabilizadas pela atenção ao falar de Deus em e mediante elementos extraeclesiais. São nessas estratégias autocríticas que Alasdair MacIntyre identifica a saúde de uma tradição, e, na verdade, de qualquer tradição.[46] A diferença é que a "natureza", se por isso se entende a criação não humana, é claramente vaga como testemunho. O que acontece quando se observam aranhas jovens cometendo matricídio ou o progresso colonizador de um vírus? Afinal de contas, João Calvino chegou até mesmo a declarar que o testemunho dos elementos eucarísticos é vago e potencialmente enganoso, razão pela qual eles exigem a palavra adicional de proclamação

---

[41] Cf. Hunsinger, *How to Read Karl Barth*, p. 235.
[42] Turner, *Faith, Reason and the Existence of God*, p. 25.
[43] Cf. Hauerwas, "Demands of a Truthful Story", p. 65-66.
[44] Lash, *His Presence in the World*, p. 36; cf. CD I/1, 5.
[45] Dalferth, *Theology and Philosophy*, p. 121.
[46] MacIntyre, *Whose Justice?*, p. 398,99 [edição em português: *Justiça de quem? Qual racionalidade?* (São Paulo: Loyola, 1991)].

para fornecer seu contexto interpretativo. Na verdade, sua leitura de Romanos 1, no início das *Institutas da Religião Cristã*, sugere que, embora ele queira proteger a afirmação de que Deus é justo (porque os seres humanos são, de alguma forma, responsáveis pela sua pecaminosidade) por meio de uma explicação do *sensus divinitatis*, fica, no entanto, eminentemente claro que ele considera essa consciência mais propensa a enganar, a distorcer a verdadeira religião e a manifestar-se idólatra.[47]

Na verdade, Barth considera até mesmo todo e qualquer meio por intermédio do qual Deus revela o Ser de Deus como sendo vago e difícil de interpretar (*CD* II/1, 55-56). Nos Evangelhos, por exemplo, os observadores de Jesus reagem de maneiras marcadamente diferentes a ele e às suas afirmações. Essa é certamente a forma pela qual o próprio Barth retrata Romanos 1. Em primeiro lugar, ele explica que a passagem faz parte da articulação do *kerigma* e é, portanto, uma expressão da revelação (*CD* I/2, 306). Em segundo lugar, o argumento do material é precisamente que o chamado conhecimento natural levou à idolatria.[48] Por consequência, "Paulo não diz absolutamente nada sobre os pagãos manterem um conhecimento 'natural' remanescente de Deus, apesar dessa defecção. Agora que a revelação chegou, e sua luz caiu sobre o paganismo, a religião pagã é mostrada como sendo exatamente o oposto da revelação: uma falsa religião de incredulidade" (*CD* I/2, 307). Nesse sentido, então, a revelação de Deus fornece o contexto para perceber a exposição da "religião" como idólatra (*CD* I/2, 314).

Embora Barth retenha a linguagem da "revelação" para a autocomunicação de Deus, muito do que ele apresenta aqui pode estar alinhado com *certo tipo* de apelo à revelação geral entre os teólogos reformados pré-modernos. A revelação geral, quanto utilizada da melhor forma, funciona como uma maneira de afirmar que, em certo sentido, todas as coisas dão testemunho de seu Criador e têm seu fundamento e *telos* no Deus de Jesus Cristo.[49] Sua adequação para serem testemunhas, ou meio pelo qual Deus revela o Ser [Self] de Deus, é a consequência da atividade eletiva do Deus providente. Aqui, Barth fala sobre uma *analogia fidei* (analogia da fé, ou o que a fé consegue perceber da benevolência autorreveladora de Deus). Claro, o que pode ser oferecido por essa afirmação em relação à analogia permanece um

---

[47] Veja Welker, *Creation and Reality*, p. 23, p. 27. Barth sugere eventualmente que uma teologia natural residual está na verdade presente nos reformadores. No entanto, ele se baseia em suas teologias da graça para reparar isso internamente. As teologias deles estão centradas na graça e na gratuidade do Deus livre, e ele aplica a radicalidade disso às perspectivas deles sobre o conhecimento de Deus (veja K. Barth, "First Commandment", p. 73; Torrance, *Ground and Grammar of Theology*, p. 146,47). Mesmo assim, Keith Johnson vai longe demais ao afirmar que "a doutrina mais central para o conhecimento de Deus não é a criação, mas a justificação" (Johnson, *Karl Barth and the Analogia Entis*, p. 108). Na altura de *CD* II/2 e III/1, não há contraste entre as doutrinas da criação e da reconciliação, e mesmo a imagem geométrica de Johnson torna-se aqui inapropriadamente ossificante. O que é central, se é que é central, é Jesus Cristo como o Deus que elege e o humano eleito.
[48] Cf. K. Barth, *Shorter Commentary on Romans*, p. 15,16.
[49] Veja Welker, *Creation and Reality*, p. 23.

tanto vago. Como reconhece Torrance, "a natureza por si só fala de Deus de forma ambígua",[50] e a abordagem de Barth chama a atenção para uma série de dificuldades na "leitura" da criação não humana.

Certamente existem opções para refletir uma forma que mostre uma série de aprendizagens que se enquadram na *ordo cognoscendi* (ordem do conhecimento). O próprio Barth não fornece esse tipo de reflexão. A maneira mais próxima de entender como isso funciona é esboçando as práticas conversacionais reais nas quais ele se envolve e traçando algumas das dimensões de sua palestra sobre as "parábolas seculares da verdade". Sua hesitação em ser mais específico, porém, se deve em grande medida à preocupação contínua com a interpretação apenas dos fenômenos. O que pode parecer parabólico em um momento pode revelar-se inadequado, distorcido e até perigosamente prejudicial em outro. Isso é também profundamente contestável, de um modo que a presença de Deus em Cristo não é contestada pela comunidade cristã. Além disso, a parabólica é intensamente contextual, sendo específica de tempos e lugares concretos, e não pode, portanto, ser ossificada em um testemunho duradouro. Outros pensadores, no entanto, embora mantenham uma hesitação crítica substancial em suas considerações a esse respeito, refletem sobre essa questão de forma mais positiva. Rowan Williams, por exemplo, considera uma tarefa necessária identificar a parabólica no mundo, tanto quanto possível.[51] Torrance, por sua vez, desenvolve uma abordagem da ciência teológica que supostamente, mas não de maneira completamente bem-sucedida, identifica pontos de sobreposição entre a teologia e as ciências naturais.[52] O que Barth faz de forma eficaz e mais específica é identificar fenômenos que demonstram claramente distorções da parabólica. Ele os chama de "as potências sem Senhor", sistemas condicionantes e disciplinadores nos quais a vida humana toma sua forma e que resultam na diminuição dos seres humanos.[53]

TEOLOGIA NATURAL COMO UM ERRO TEOGRAMATICAL

Até aqui, este capítulo tratou da teologia natural em grande parte por sugestão, alusão e implicação. Embora tenha sido uma longa jornada, foi necessário seguir o

---

[50] Torrance, *Space, Time and Incarnation*, p. 59.
[51] Williams, *On Christian Theology*, p. 42.
[52] Torrance propõe "que existe uma profunda inter-relação entre a teologia e a ciência" (*Ground and Grammar of Theology*, p. 75). No entanto, o trabalho de Torrance nessa área tende a ser de uma abordagem conversacionalmente redutiva. Ele *utiliza* amplamente as ciências naturais para efeitos de *ilustração* teológica, adotando certos termos científicos na articulação da teologia. Além disso, há uma preocupação de que Torrance continue a mostrar a revelação em termos que sugerem que ele ainda está preso a uma abordagem intervencionista, possivelmente aprendida ao tentar corrigir Kant no âmbito da teologia enquanto assume em grande parte suas categorias epistêmicas. Isso também sugere, com demasiada facilidade, uma sensação de passividade do conhecedor no processo noético. Veja McDowell, "Torrance on Revelation".
[53] K. Barth, *Christian Life*, §78.2.

caminho prolongado e tortuoso. O caminho chega, enfim, ao ponto no qual começamos a compreender a justificativa para a negação teológica de Barth da legitimidade da teologia natural.

A gramática teológica é ordenada, e essa mesma ordem presta atenção às maneiras pelas quais ocorre a desordem da teogramática. A teologia natural pertence a uma ordem teogramatical completamente diferente, uma ordem que a teologia tem de declarar ser não apenas um empobrecimento, mas também uma total distorção. É como imaginar que, durante um jogo de futebol, tacos de críquete possam ser levados até a bola para fazer um gol ou que o atacante possa pegar a bola com a mão e correr com ela quando estiver em jogo. O que esses casos retratam não são formas diferentes de obter o mesmo resultado, mas formas imprecisas de imaginar como o jogo de futebol pode ser jogado. Assim, argumenta Eberhard Busch, as "abordagens diferentes" da chamada teologia natural e a perspectiva de Barth sobre a revelação "apontam para um Deus *diferente*".[54]

É surpreendente que a ideia de uma teologia natural apareça pouco no enorme *corpus* de Barth. Por um lado, ele considera isso uma expressão de "um ataque mortal à doutrina cristã de Deus" e, portanto, "não pode nem mesmo ser abordada" pela dogmática cristã (*CD* II/1, 85). Mas, e isso é crucial reconhecer, ele está consideravelmente mais interessado em compreender e contestar as condições para a perturbadora submissão da fala sobre Deus às "experiências" do sujeito individual.[55] Sobre essa questão, o antiteísta Ludwig Feuerbach serve de maneiras cruciais como o clímax do caminho de Friedrich Schleiermacher e seus herdeiros teológicos (*CD* I/2, 290). Essa redução teológica a uma antropologia do sujeito experiencial é o que Barth passou a ver como tendo fundamentado a projeção do eu alemão sobre "Deus" na *Kriegstheologie* da agressão imperialista do Kaiser Wilhelm (1888–1918) e dos professores teológicos de Barth que a apoiaram. (Essa preocupação é intensificada com a preocupação posterior de Barth sobre o apelo dos nacional-socialistas ao "sangue e solo" [*Blut und Boden*] e ao sentido germânico de ser um povo). Como argumenta George Hunsinger: "Nem a teologia natural, nem os fenômenos culturais como a nacionalidade poderiam ser autorizados a competir com as Escrituras ou a comprometê-las."[56] A partir daí, um palpite genealógico adicional projeta o problema em teologias que antecedem isso — de modo particular e problemático enquanto interpretação, a abordagem de Tomás de Aquino. Os encontros com o trabalho do católico romano Eric Przywara convenceram Barth de que o problema é uma metafísica teológica que promova um sentido de univocidade entre Deus e a criatura. Afinal de contas, de acordo com David

---

[54] Busch, *Great Passion*, p. 61, p. 69.
[55] Cf. K. Barth, "First Commandment", p. 78; McCormack, "Karl Barth's Version of an 'Analogy of Being'", p. 107.
[56] Hunsinger, *Evangelical, Catholic, and Reformed*, p. 90.

Burrell, "sem um meio filosófico claro de distinguir Deus do mundo, a tendência em todo o discurso sobre a divindade é apresentar um Deus que é a 'maior coisa que existe'".[57] É neste tipo de teste que Barth percebe o fracasso da *analogia entis* (analogia do ser). É essa categoria que, muitas vezes durante um período específico, realiza o trabalho pesado na crítica e na deslegitimação da teologia natural por Barth. De acordo com ele, "Não temos nenhuma analogia com base na qual a natureza e o ser de Deus como o Senhor possam ser acessíveis para nós" (*CD* II/1, 75). O raciocínio aqui tem algo de humeano, mas a fundamentação é bastante diferente da ideia de David Hume das limitações das afirmações racionais. Para Barth, a razão funciona apenas *como a proporção (ratio)* da criatura que segue a *Proporção (Ratio)* divina.[58] Com um floreio retórico polêmico, Barth denuncia esse tipo de perspectiva da *analogia entis* "como a invenção do Anticristo" (*CD* I/1, xiii). Ainda assim, com as devidas hesitações, como as demonstradas particularmente por Gottlieb Söhngen, que mostram que a *analogia entis* se refere à analogia (que trata tanto da semelhança quanto da dessemelhança) e não à univocidade (que predica uma semelhança evidente no nível do ser), Barth admite, por meio de *CD* II/1, que sua crítica (bastante generalizante) ao catolicismo romano nessa área pode ser mitigada.

Alvin Plantinga e Nicholas Wolterstorff afirmam que Barth não é claro, no entanto, sobre onde o desafio à crença religiosa cometeu um equívoco.[59] Barth, no entanto, fundamentando-se de alguma forma na *analogia entis*, claramente apresenta uma série de críticas em relação à "religião" e à "teologia natural" como idólatras. Com isso ele quer dizer que a teologia natural gera um "deus" que não é Deus, um Ser entre os seres, um "deus" não confessado pelas tradições cristãs que seguiram a trajetória do Deus autorrevelador. Várias afirmações críticas específicas aparecem no trabalho de Barth.

A primeira razão substancial para rejeitar a possibilidade de uma teologia natural é que ela envolve um esforço para buscar "deus" por meio de uma racionalidade autônoma. Isso contrasta fortemente com a "descoberta" que ocorre ao seguir onde Deus revela a localização de seu Ser [Self]. Dessa forma, é *abstrato*. Com isso se entende que ela se abstrai da particularidade *concreta* da doação de Deus. Qualquer sentido de funcionamento da teologia natural como um exercício racional *independente*, portanto, substitui a atividade anterior de autoidentificação de Deus. A teologia natural envolve a impossibilidade de "garantir a cognoscibilidade de Deus independentemente da graça" (*CD* II/1, 85). Simplificando, não pode haver um ponto de vista a partir do qual se possa examinar a possibilidade de revelação

---

[57] Burrell, *Faith and Freedom*, p. 4-5.
[58] Para uma descrição mais completa deste tema, consulte K. Barth, *Anselm*.
[59] Plantinga e Wolterstorff, *Faith and Rationality*, p. 7.

fora do contexto de seu dom, de seu aspecto dado, e de sua característica doadora. Como declara John Cobb: "Toda teologia natural reflete alguma perspectiva fundamental sobre o mundo. Nenhuma delas é o resultado puro da razão neutra e objetiva."[60] Em contraste, se o termo "teologia natural" tem algum significado quando é adequadamente localizado e reparado, isso se dá apenas quando "funciona na revelação. A natureza é então um conceito teológico. Uma vez que Deus falou, não existe reino de natureza pura."[61]

Em segundo lugar, a teologia natural, ao operar de maneira independente da doação reveladora de Deus, chega a um *ídolo*, "um falso deus" (*CD* II/1, 86), em vez da realidade do Deus que age. Aqui, a avaliação de Barth redesenvolve sua crítica anterior da "religião" como uma invenção humana (ele tem principalmente em vista o cristianismo, e não as tradições não cristãs). A *analogia entis* viola a realidade que Deus é ao introduzir "um deus estranho na esfera da Igreja" (*CD* II/1, 84). Barth certamente não é tão polido quanto D. Z. Phillips, mas a crítica deste sobre a ideia de um Deus que fornece uma *explicação* filosófica para ocorrências físicas como sendo confusa é algo que Barth busca enfatizar.[62] Phillips tenta encorajar os filósofos a parar de questionar se Deus pode ou não ser demonstrado, sobre as bases racionais para a crença na existência ou na inexistência de Deus, e, em vez disso, a questionar se o assunto de seu interesse é "apropriado para essa questão".[63]

Barth certamente não economiza nas críticas ao afirmar que o raciocínio desvinculado da revelação decorre "de uma tentativa de unir Yahweh com Baal, o Deus trino das Escrituras Sagradas com o conceito de ser da filosofia aristotélica e estoica" (*CD* II/1, 84). Afinal, Williams explica: "Um Deus descoberto dessa forma é um Deus que espera ser descoberto. Este é um Deus que deve ser pensado como essencialmente silencioso, passivamente presente para ser descoberto pelas nossas investigações."[64] Um deus tão ocioso não é um "Deus". Barth, em vez disso, exorta seus leitores a "apegarem-se unicamente ao deus que se revelou em Jesus Cristo".[65] Esse é o Deus que não pode de forma alguma ser possuído, capturado ou usado para interesses humanos. Como explica Busch: "Em 1914... ele ouviu seus professores liberais afirmarem 'seriamente que a guerra era uma *revelação* de Deus'".[66] No entanto, Deus *non in genere est* (Deus não é um tipo, uma instância particular de uma espécie), muitas vezes afirmava Barth.[67] Simplificando, "O Deus do Evangelho, portanto, não é uma coisa, um item, um objeto como os outros, nem uma

---

[60] Cobb, *Christian Natural Theology*, p. 175.
[61] Long, *Saving Karl Barth*, p. 124.
[62] Veja Phillips, *Religion without Explanation*.
[63] Phillips, *Religion without Explanation*, p. 4.
[64] Williams, *Edge of Words*, p. 1.
[65] K. Barth, "First Commandment", p. 77.
[66] Busch, *Great Passion*, p. 59, citando K. Barth, *Predigten 1914*, p. 523.
[67] Veja Busch, *Great Passion*, p. 69.

ideia, um princípio, uma verdade ou uma soma de verdades."[68] Com o propósito de testemunhar a riqueza eterna de Deus, Barth desenvolve a imagem de "um pássaro voando, em contraste com um pássaro enjaulado".[69] Essa afirmação surge logo no início de suas palestras denominadas *Evangelical Theology* [Teologia Evangélica]. Ele prossegue apresentando a teologia como "uma ciência eminentemente *crítica*, pois está continuamente exposta ao julgamento e nunca é aliviada da crise na qual é colocada pelo seu objeto, ou melhor, pelo seu objeto vivo".[70] Em uma palestra posterior na série, Barth explica que isso significa que a teologia nunca pode ficar estática, não pode congelar o olhar e não pode terminar.

Está ficando um pouco mais claro agora que a contestação de Barth à legitimidade da teologia natural, para adaptar as palavras de Placher, não é "dirigida contra a tradição cristã, mas contra o que a modernidade fez com ela".[71] Isso torna-se ainda mais claro com a terceira objeção principal que se pode deduzir de suas observações dispersas sobre o assunto. A "chamada 'teologia natural'" pretende ser independente do revelador divino e do *conhecedor humano concreto* em Jesus Cristo (*CD* IV/3.1, 117). Essa também é uma impossibilidade teológica que ocorre apenas porque é construída a partir de um erro teológico. Aqui, as próprias operações do conhecimento humano são abstraídas de sua base e realidade no ser humano eleito para todos, Jesus Cristo.[72] Isso significa que Barth desvenda, para usar a descrição de von Balthasar, "o que o homem é por natureza à luz de revelação... A humanidade do homem depende de ele já estar relacionado com Deus".[73]

A implicação disso é que, entre outras coisas, "nós, cristãos, estamos de uma vez por todas dispensados de tentar, partindo de nós mesmos, compreender o que existe, ou alcançar a causa das coisas e, com ou sem Deus, obter uma visão geral".[74] Assim, Barth usa o termo "natureza" casualmente para apresentar a autoconsciência teologicamente impossível, uma forma de falsa consciência (cf. *CD* II/1, 112). Além disso, por razões já esclarecidas, Barth não pode considerar qualquer ideia que presuma que Deus e a criatura possam ser vistos "juntos em um terreno comum a ambos e, portanto, neutro" (*CD* II/1, 81). Isso não só é idolatria no que diz respeito à sua concepção de Deus, mas também é antropologicamente

---

[68] K. Barth, *Evangelical Theology*, p. 15. "Ele não é uma coisa conhecida em uma série de coisas" (K. Barth, *Epistle to the Romans*, p. 82).
[69] K. Barth, *Evangelical Theology*, p. 15.
[70] K. Barth, *Evangelical Theology*, p. 16.
[71] Placher, *Domestication of Transcendence*, p. 2.
[72] Recursos ainda úteis sobre a oposição de Barth a uma série de antropologias modernas são Kerr, "Cartesianism according to Karl Barth"; e Kerr, *Immortal Longings*, cap. 2.
[73] Von Balthasar, *Theology of Karl Barth*, p. 126-27. Seria um feito de considerável acrobacia conceitual afirmar que Barth, de maneira significativa, *assume como legítima* a "virada epistemológica para o sujeito" da modernidade. É totalmente insuficiente inverter essa subjetividade, identificando-a com a subjetividade de Deus, como se a doutrina da eleição pudesse permitir uma confissão de Deus como alheio e não histórico (que é o que a individuação não situada da subjetividade moderna exige), e como puro autoconhecedor.
[74] K. Barth, *Dogmatics in Outline*, p. 60.

distorcido. Na verdade, de uma forma não inconsequente, Barth explica que encobrir esse tipo de antropologia com imagens e conceitos cristãos faz tudo, menos resolver o problema: "Quando não deixamos Jesus Cristo de fora, mas nos referimos a Ele, ainda é uma ilusão" (*CD* II/1, 165). Na verdade, isso apenas mascara a natureza de tal coisa como um problema.[75] Nesse contexto, Barth comenta sobre a distorção da percepção, ou que Deus não pode ser conhecido por meio da reflexão sobre os fenômenos por causa do pecado. O pecado distorce. Mas isso, e a própria natureza da distorção, só podem ser conhecidos quando vêm à luz na reconciliação graciosa de Deus.[76]

Em quarto lugar, a título de crítica suplementar, surge a questão de saber se a teologia natural avançou o conhecimento humano. Se isso se mostrasse racionalmente bem-sucedido, Barth admite que teria que levá-lo a sério. O problema é que tal coisa revelou não ser convincente em termos racionais (*CD* II/1, 89).

SOBRE NÃO TERMINAR COM UMA CONCLUSÃO

"Teologia natural" é uma expressão amorfa que abrange uma série de abordagens metodologicamente díspares e até conflitantes. Muito depende do jogo de linguagem no qual o termo "natureza" é usado. Como reclama Eberhard Jüngel: "O debate sobre analogia em geral tem sido conduzido na recente teologia evangélica [isto é, protestante] com uma surpreendente falta de compreensão e um horroroso descuido."[77] Em uma abordagem deísta/teísta, o termo tende a ser usado para referência à capacidade racional natural da razão de discernir o significado teológico na fenomenalidade, enquanto em muitas abordagens teológicas protestantes o termo tende a retratar a natureza pecaminosa em um esquema de natureza-graça.

Embora possa parecer (enganosamente) fácil criticar uma série de opções, assim como aquelas muitas vezes referidas como "fundacionalismo" ou "evidencialismo", é consideravelmente mais desafiador fornecer uma descrição positiva de como ocorre o conhecimento de Deus. Certamente, algo muito estranho acontece quando a teologia tenta proteger-se contra a devastação de uma vida exposta e vulnerável. Se a vida humana é complexa e dependente das circunstâncias, por que alguém deveria imaginar que as afirmações de crenças de alguém podem ser

---

[75] Barth identifica muitas formas diferentes daquilo que ele chama de "ignorância de Deus" (K. Barth, *Christian Life*, p. 127).

[76] Sobre o conflito de Barth com Brunner, um comentarista percebe uma falha fatal na abordagem de Barth: "Ele procede como se nenhuma relação intrínseca entre Deus e os seres humanos existisse após a Queda" (Johnson, "Natural Revelation in Creation and Covenant", p. 142). Isso é simplesmente um erro. Uma pessoa pode estar em uma relação, mas percebê-la de forma totalmente errada. Além disso, um relacionamento pode ser negativo, caracterizado pelo distanciamento. A linguagem do comentarista, de maneira pouco útil, aborda a questão de forma excessivamente vaga.

[77] Jüngel, *God as Mystery of the World*, p. 281.

menos complexas? Se a teologia articula a aparência do mundo a partir de determinado lugar, o que existe para determinar por que as coisas devem ser consideradas daquele lugar e não de qualquer outro, ou para determinar que certos lugares para observação constituem um *erro*, ou para recomendar esse lugar como adequado para as observações? No que diz respeito a Barth, Hauerwas tem razão ao afirmar que o teólogo suíço "não tentou 'explicar' a verdade daquilo que os cristãos acreditam sobre Deus e a criação de Deus".[78] Não existe uma forma *apologética* do discurso de Barth que responda, ou possa responder corretamente, à questão de saber por que o testemunho cristão da presença de Deus em todas as coisas e de todas as coisas em Jesus Cristo é, ou pelo menos pode ser, convincente. O remédio ou terapia dogmática que ele fornece não é aquele que justifica a veracidade do discurso cristão em comparação com outras abordagens, mas, sim, um testemunho expansivo do caráter da presença reveladora da ação autocomunicativa de Deus. Dito isto, sua abordagem só é significativa à medida que pode ser considerada coerente com a forma pela qual as coisas são; assim, onde houver tensões (por exemplo, questões sobre a veracidade do testemunho da ressurreição de Jesus), um reexame é necessário.

No entanto, a teologia de Barth, pelo menos, fornece um conjunto de parâmetros: a teologia não pode falar de outra coisa senão aquilo de que afirma falar, com base no fato de ter sido capacitada para falar; e a doutrina da eleição estabelece os termos para a doutrina da criação. Além disso, a perspectiva de Barth não é uma perspectiva total que afirma a veracidade de sua leitura de uma forma que se recusa a responder e a ser corrigida por outros. Em vez disso, ele oferece uma articulação teológica que obriga o teólogo a ouvir atentamente a voz de Deus onde quer que ela seja ouvida. É por isso que Barth demonstra uma forma intensa de modéstia e autocrítica que, em princípio, expõe o teólogo que se recusa a prescindir de táticas de autoproteção. Em sua descrição teológica autocrítica e e em sua afirmação categórica de que a teologia não responde a qualquer base além dela mesma, Barth lança um olhar crítico para a inteligibilidade de abordagens da racionalidade que, por sua abrangência, acabam ditando os termos da teologia. Na verdade, saber se esse modelo de racionalidade universal é mesmo crível na academia contemporânea não é um assunto trivial. Ainda assim, a persuasividade dessa abordagem certamente permanece uma questão contestada. Mas, nesse caso, talvez precisemos fechar o círculo e perguntar que tipo de entendimento compartilhado pode ser fornecido de maneira significativa para as condições do conhecimento teológico racional, e como o desacordo sobre o assunto pode começar a ser resolvido de forma inteligível.

---

[78] Hauerwas, *With the Grain of the Universe*, p. 146.

Resposta contemporânea

Charles Taliaferro

Durante uma entrevista de emprego para um cargo de filosofia da religião no Seminário Teológico de Princeton, um professor me disse: "Você deve realmente odiar o [nome omitido]."
"Por quê?", perguntei.
A resposta: "Ele é barthiano."
Para que fique registrado, não odeio os barthianos e procuro evitar o *odium theologicum* (ódio teológico) a todo custo. Creio que John McDowell nos oferece um retrato convincente da teologia de Karl Barth. Nesta resposta proponho que, embora a "teologia natural contemporânea" possa ser realizada de maneiras empobrecidas, distorcidas e até idólatras, distraindo assim as pessoas da autorrevelação divina na vida, ensino, crucificação e ressurreição de Jesus de Nazaré, isso está longe de ser óbvio. A teologia natural pode, em vez disso, dar-nos razões para levarmos a sério as reivindicações da revelação cristã. Desenvolvo minha resposta abordando questões relevantes de forma direta e sem exegese sobre como interpretar Barth. Se o calvinista suíço aceitar todas as minhas propostas, ótimo. E se minhas observações estiverem equivocadas, submeto-me à autoridade de McDowell como especialista.

Imagine que amanhã você aceitará que é racional acreditar que existe um ser maximamente perfeito com base no argumento ontológico. Imagine que também é um cristão praticante e convencido da realidade do Cristo vivo. Como sua aceitação do argumento ontológico distorceria sua fé ou conceito de Deus? De forma ainda mais bizarra, como isso o conduziria à idolatria? Lembro-me do dia no qual me convenci de que uma versão teísta do argumento ontológico é sólida e válida; foi no outono de 1978 na Biblioteca Robbins, Emerson Hall (Harvard). Posso informar que isso não me levou a ser negligente em frequentar o mosteiro episcopal ao qual ainda estou vinculado. Concordo, se você acreditar na versão do argumento ontológico de *Espinoza*, haverá uma ruptura em sua vida de fé (Espinoza era um não teísta que negava que tivéssemos livre-arbítrio, e assim por diante, embora tivesse uma visão excepcionalmente elevada de Jesus, o que levou alguns de seus críticos a pensar que ele era um protestante radical). Mas é difícil entender como a aceitação de um dos argumentos de Anselmo poderia desviar alguém como cristão.

Acontece que, embora Barth pensasse que os argumentos ontológicos de Anselmo não fossem bons argumentos teístas, Barth propôs que o pensamento de Anselmo (forjado pela experiência religiosa) pode lançar luz sobre o que significa para uma pessoa de fé buscar entendimento.

Imagine que na próxima semana você continue a explorar a teologia natural. Chegamos a pensar que há boas razões, baseadas em versões dos argumentos cosmológicos e teleológicos, para que o teísmo seja mais razoável do que seu concorrente mais próximo, alguma versão do naturalismo. Você ficaria tentado a deixar de lado o Deus revelado nos Evangelhos e adorar, em vez disso, o Deus da filosofia teísta? Você deixaria de exercer a humildade cristã e teria grande (vão) orgulho ao se convencer de um argumento teísta? Ambos me parecem altamente duvidosos. Talvez ambos os resultados sejam imagináveis (quero dizer, não podem ser excluídos em termos conceituais), mas não considero nenhum deles nem remotamente provável.

No capítulo de McDowell há referências à linguagem usada sobre Deus. Sem aprofundar as afirmações de Barth, consideremos um caso comum. No mês passado, procurei consolar uma amiga cujo marido havia falecido. Eu disse algo assim: "Deus conhece sua tristeza. Podemos nos consolar com o fato de Russ estar agora nas mãos de um Deus de amor e poder ilimitados." Agora, é bastante claro que a referência às mãos de Deus não é literal, mas uma questão de analogia, uma metáfora ou uma figura de linguagem que indica alguém sob o poder de outro. Mas penso ser natural (e não ímpio) pensar que muitos dos outros termos são unívocos ou análogos à forma pela qual usamos essas palavras para apresentar uns aos outros. Vejamos o termo "conhece": sugiro que a *forma pela qual Deus conhece* você e o mundo é diferente da forma pela qual conhecemos a nós mesmos e o mundo, mas a aplicação do termo "conhecer" sobre Deus e sobre nós é mais razoavelmente pensado como unívoco ou analógico. Será que, de alguma forma, tratamos "Deus" antropomorficamente? Isso parece duvidoso, até porque pensar que qualquer referência a algo (um cão ou um golfinho) conhecendo alguma coisa seria tratá-lo indevidamente como humano. Vários pensadores insistem que Deus (seja lá o que for Deus) não deve ser pensado como uma coisa entre outras. Alguns chegam a ponto de afirmar que, tendo em vista que Deus não é uma *coisa*, deveríamos abster-nos de dizer que Deus existe. Não compartilho dessa posição (embora não a *odeie*). "Coisa" pode ser usada como referente para objetos materiais contingentes, mas se por "coisa" se entende algo muito mais amplo, por exemplo, um possível objeto de pensamento, então sugiro que existem duas categorias: coisas e nada. Supondo que os cristãos não pensam em Deus como nada, acredito que existe uma maneira comum, religiosa e filosoficamente respeitosa de pensar em Deus como uma coisa. Até mesmo dizer o Pai Nosso faria pouco sentido se eu pensasse em

Deus como nada ou nenhuma-coisa. Nota lateral: a ideia de que *Deus é maior do que aquilo que pode ser concebido* não é equivalente à ideia de que *não se pode formar nenhuma concepção de Deus*.

Se eu escrevesse que *a teologia natural pode ser uma aliada dos barthianos*, isso poderia parecer tão reconfortante quanto meu dentista me dizendo, antes de uma cirurgia oral, que a broca é minha amiga. Seja como for, a teologia natural pode ajudar a lidar com uma objeção recente à confiança no sentido (experiência) da presença de Deus. McDowell começa seu capítulo com referência ao vodu e aos adivinhos. Na literatura recente sobre filosofia da religião, argumenta-se que ter uma sensação da presença de Deus é um dos muitos sentidos (ter uma sensação de fantasmas, espíritos, alienígenas, demônios e anjos, e assim por diante) que são conhecidos por serem falsos (eles geram "falsos positivos"; isto é, geram positivamente crenças sabidamente falsas). Portanto, não se deve confiar na sensação da presença de Deus. Uma maneira de abordar esse argumento (às vezes chamado de argumento X, no qual X se refere a uma grande classe de sentidos putativos de X, a maioria dos quais são conhecidos como falsos) é apelar para um bom trabalho em teologia natural que mostra que o teísmo é uma visão de mundo inteligível e plausível. Não existe uma visão de mundo convincente e igualmente plausível que apoie a sensação de que sua casa está assombrada ou que alienígenas estiveram em sua vizinhança, e assim por diante. A teologia natural pode ser útil na resposta ao argumento X. A teologia natural não é um erro teológico equivalente a praticar um esporte que não esteja de acordo com as regras do jogo. Ela pode, antes, fornecer razões para jogar o jogo, embora eu pessoalmente prefira uma metáfora diferente para teologia e religião do que um jogo.

Concluo com o que, em minha opinião, é uma nota positiva. Barth tem muito a dizer aos filósofos. Mas eu o leio mais como um pregador, ou como uma pregação, ou talvez até uma profecia, do que como um escritor, como escrevem meus modelos filosóficos, de C. S. Lewis a Eleonore Stump. Por favor, não entenda mal: como filósofo cristão, na verdade tenho uma visão extremamente elevada da profecia, da exortação e da pregação (o bom sermão está longe da expressão pejorativa "dar um sermão"). Ler a *Carta aos Romanos* de Barth — que é como uma exortação, e não como um discurso filosófico — enquanto estava na pós-graduação foi uma experiência muito necessária e transformadora. E por falar em pregação, não esqueçamos que, apesar de todos os atos — milagres de cura, alimentação dos famintos, ressurreição dos mortos e seu sofrimento e ressurreição — Jesus estava e ainda está (por meio das Escrituras e dos sacramentos) pregando para nós hoje.

Resposta católica

Padre Andrew Pinsent

Começo destacando quanto aprecio o capítulo de John McDowell pela sua clareza e perspicácia, uma contribuição especialmente boa para uma coleção de capítulos excelentes. Em minha opinião, McDowell atua como uma excelente janela e guia para a abordagem de Karl Barth à teologia natural. Por consequência, meus comentários a seguir são principalmente sobre a abordagem de Barth, assim como descrita neste capítulo, e não sobre o próprio trabalho de McDowell ao apresentar essa abordagem de forma tão superlativa.

McDowell começa corretamente expondo o significado da teologia natural ou da "chamada 'teologia natural'", como o termo é descrito por Barth em *Church Dogmatics* (IV/3.1, 117). Nessa perspectiva, "'teologia natural' é um termo usado para descrever certos grupos de afinidades conceituais [*family resemblances*] e abrange a deliberação racional entre perspectivas conceituais e práticas táticas distintamente complexas e multifacetadas. Podemos descrever essas afinidades considerando os esforços no envolvimento em conversas públicas que responsabilizem as reivindicações teológicas ou sejam publicamente examinadas". A partir dessa descrição, fica claro que a teologia natural pretende cobrir um campo de exploração muito maior do que as provas da existência de Deus, ou outras verdades teológicas na ausência de revelação. Na verdade, a afirmação acima, de que a teologia natural envolve responsabilizar "reivindicações teológicas ou examiná-las publicamente" pode presumivelmente incluir a sujeição da revelação às exigências da razão humana, bem como o impacto da revelação no mundo natural. À primeira vista, essa abordagem alinha-se bem, portanto, com a explicação mais ampla da teologia natural proposta por alguns outros autores desta obra, abrangendo a natureza transformada pela revelação, bem como a natureza na ausência de revelação.

No entanto, como mostra McDowell, Barth desconfia da teologia natural. Por um lado, não se pode estudar legitimamente a teologia do mundo criado puro antes da revelação, uma vez que "as criaturas não podem ser independentes de Deus no sentido de serem autônomas e totalmente autodefinidas". Essas palavras plausíveis excluem a teologia natural no sentido tradicional, mas escondem uma ambiguidade. Em um vasto espectro teológico, nenhum cristão argumentaria que as criaturas são inteiramente "autônomas e totalmente autodefinidas". No entanto, em grande parte do mesmo espectro, os cristãos têm tido o cuidado de distinguir o modo de relação com Deus na ordem da criação do modo de relação com Deus na ordem da graça. Essa distinção é a razão pela qual os cristãos se referem a si mesmos como nascidos de novo no batismo, distinguindo o nascimento natural do nascimento sobrenatural para a vida da graça. Em contraste, em uma vasta gama de questões, incluindo o batismo, Barth minimiza ou nega essa distinção, ilustrando como os princípios por trás de sua rejeição da teologia natural também moldam sua explicação da revelação.

Por outro lado, a teologia natural em um sentido ampliado também parece problemática para Barth. Como escreve McDowell: "A tarefa dos teólogos é seguir a lógica de Deus apresentar o próprio Ser [Self] de Deus", o que ele explica ainda mais na seguinte citação: "A teologia torna-se, se quiser ser 'científica' e racional, um *Nachdenken* (literalmente, 'pensar após') fiel e obediente. Em outras palavras, ela deve ser uma reflexão agradecida, realista e *a posteriori* sobre o objeto divino do falar da fé e uma explicação acerca dele. Isso para Barth, naturalmente, se dá em Cristo e por meio dele".[79] Como observa McDowell, essa abordagem não é (ou pelo menos, eu acrescentaria, não pretende ser) um simples "fideísmo" ou "subjetivismo". No entanto, em uma abordagem barthiana como descrita acima, parece que a teologia deveria manter-se próxima do evangelho explícito assim como é transmitido ou, mais precisamente, do "falar da fé", referindo-se presumivelmente às palavras do Novo Testamento. Essa abordagem pode parecer louvável e simples, mas há pouco espaço para as consequências mais remotas do evangelho. Os exemplos incluem santos, concílios, liturgias, direito canônico ou os princípios do governo e da sociedade cristã. Na verdade, a ênfase de Barth no "falar da fé" também parece oferecer pouco lugar à celebração e comunicação silenciosa e não verbal da fé, por exemplo, na arte e na arquitetura cristãs. É possível referir-se a todos esses assuntos como frutos da fé, e sua omissão circunscreve severamente quaisquer perspectivas para a teologia natural em um sentido lato, com o tema do mundo criado glorificado pela graça.

O que há então de preocupante na abordagem de Barth, que sustenta a própria revelação, mesmo que exclua as raízes naturais *a priori* e os frutos *a posteriori*? Minha preocupação remonta ao ensinamento central da fé cristã sobre a encarnação. A própria palavra "encarnação" vem, por meio do francês normando, do latim tardio *incarnationem*, de *in-*, "em", mais *caro* (genitivo *carnis*), que significa "carne".[80] Aplicada a Jesus Cristo, a palavra "encarnação" designa, portanto, o Verbo de Deus que se fez carne, ato que exige dois pré-requisitos, o Verbo de Deus e a carne,

---

[79] K. Barth, *Göttingen Dogmatics*, p. 3, 8, 11.
[80] "Incarnation", *Online Etymology Dictionary*. Disponível em: etymonline.com/word/incarnation. Acesso em 08 de outubro de 2022.

de acordo com o ensinamento do Concílio de Calcedônia (451), segundo o qual Jesus Cristo é uma só pessoa, com duas naturezas, divina e humana. De acordo com uma imagem vívida de Santa Catarina de Sena, Jesus Cristo é, portanto, uma ponte entre o céu e a terra.[81] Uma das extremidades da ponte é, naturalmente, a natureza divina de Jesus Cristo como a Segunda Pessoa da Santíssima Trindade. A outra extremidade é a natureza humana de Jesus Cristo, extraída da Bem-Aventurada Virgem Maria, que também representa o envolvimento do mundo natural na encarnação. Portanto, com a única pessoa de Jesus Cristo, Deus nos deu uma ponte perfeita pela qual os seres humanos criados, dotados da vida da graça em união com o Espírito Santo, podem cruzar para o céu.

Contudo, visto que Barth deslegitimou a teologia natural, o que acontece então com a ponte da encarnação? A lição dos séculos que antecederam a Calcedônia é que alguns movimentos foram condenados por negarem a divindade de Cristo, mas outros foram condenados por negarem a unidade de Cristo ou a natureza humana de Cristo. Em outras palavras, todos aqueles movimentos condenados, em última análise, como heréticos, foram condenados principalmente por negar um ou outro aspecto da ponte da encarnação, ao atacar uma ou outra das extremidades ou a própria extensão da ponte. No caso de Barth, embora ele não ataque a divindade de Cristo, essa divindade precisa ser inerente a *algo* para que a ponte seja, por sinal, uma ponte, e para manifestar seus frutos, permitindo que sua verdade seja conhecida e compreendida como a fonte de salvação. Ao minar a teologia natural, temo que Barth também tenha minado o fim natural da ponte, a ponto desta deixar de funcionar como ponte. É certo que ele defende a própria revelação. Minha preocupação, no entanto, é que a "revelação pura", despojada de suas raízes e frutos na teologia natural, tenderá a murchar e, em última análise, a ser descartada, sob a pressão, por exemplo, da crítica bíblica desvinculada de uma tradição teológica mais ampla.

Neste ponto, alguns leitores podem pensar que minha crítica a Barth pode ter um impacto na história da Reforma como o desenvolvimento prático de seus princípios teológicos, e eles estariam corretos. Na verdade, a Reforma é um tema do capítulo de McDowell, à medida que ele afirma que Barth situa sua oposição à teologia natural no fato de ser um teólogo *reformado*. Em grande medida, aqueles que iniciaram a Reforma ficaram, pelo menos em parte, enojados com os abusos e a decadência intelectual da Igreja Católica medieval tardia. Confrontados pelo rosto desfigurado da noiva de Cristo (Apocalipse 21:2, 9-10; Efésios 5:22-33; cf. 2 Coríntios 11:2-4), eles buscaram uma fé nova e purificada, sem os impedimentos provindos do que consideravam os acréscimos da teologia natural e o vasto edifício

---

[81] Catarina de Siena, *Dialogue of St. Catherine of Siena*, p. 32.

de obras escolásticas que tentaram dar expressão concreta aos frutos da fé. Esse espírito é articulado no famoso slogan "Somente as Escrituras!" e em muitas ações dos Reformadores e seus sucessores, como a queima dos livros de direito canônico por Martinho Lutero e a destruição iconoclasta de grande parte da arte medieval. As pessoas precisam julgar por si mesmas se a Reforma deu ou poderá dar origem a um cristianismo mais puro e mais bem-sucedido, uma vez que a história está em curso. Tudo o que posso salientar aqui é que tem havido muitas críticas sérias.[82]

Para concluir, o que, então, pode ser aprendido com o capítulo de McDowell? Considerando que Barth associa sua oposição à teologia natural ao fato de ser um teólogo reformado, parece que a recuperação da teologia natural está intimamente ligada à recuperação da catolicidade na teologia, por aqueles que já são católicos romanos ou que, em maior ou menor grau, são viajantes em comum, como os cristãos ortodoxos ou boa parte de outros indivíduos não católicos, como C. S. Lewis.

Nessa interpretação, também penso que a teologia natural precisa, e tem recebido, uma padroeira. Como observado acima, a Bem-Aventurada Virgem Maria pode atuar como um símbolo do mundo natural, ancorando uma extremidade da ponte da encarnação, que é Jesus Cristo. Em uma leitura católica, este mundo natural, representado pela Virgem Maria, sempre esteve livre, pela graça, da mancha do pecado original.[83] Ela nunca está sem graça, mas é assim que nossa natureza humana deveria ser. Portanto, Maria representa o tema da teologia natural entendida em um sentido amplo e perfeito: o exemplo do mundo puro criado aberto à revelação, bem como do mundo criado glorificado que é fruto da revelação.

---

[82] Veja, por exemplo, Gregory, *Unintended Reformation*; Newman, *Certain Difficulties Felt by Anglicans*.
[83] Papa Pio IX, *Ineffabilis Deus*, 1854 (citeado em Denzinger, *Sources of Catholic Dogma*, p. 413-14).

Resposta clássica

Alister E. McGrath

John McDowell nos oferece uma perspectiva clara e útil dos pontos de vista de Karl Barth sobre a teologia natural, que servirá como uma excelente introdução ao assunto. Barth foi o primeiro teólogo que li com alguma profundidade enquanto fazia a dolorosa transição das ciências naturais para a teologia cristã na década de 1970. Usei os fundos inesperados resultantes da conquista de um prêmio da Universidade de Oxford para comprar sua *Church Dogmatics* e passei muitos meses explorando suas profundezas, emergindo como uma pessoa mais sábia — embora nem sempre, devo dizer, por consequência das próprias ideias de Barth. Às vezes descobri que seu envolvimento generoso com outros me apontava para estratégias e abordagens teológicas que se revelaram mais interessantes e persuasivas do que as dele próprio.

Barth é um marco teológico e penso que me engajar com ele foi gratificante, formativo e encorajador. Embora a extensão e a qualidade de seu envolvimento com as ciências naturais sejam um pouco decepcionantes, sua avaliação crítica das deficiências da abordagem de Heinrich Scholz ao método teológico foi aguda e persuasiva[84], e lançou claramente as bases para um envolvimento teologicamente produtivo com as ciências naturais. Não foi difícil notar como isso poderia ser desenvolvido ainda mais: um de meus grandes prazeres intelectuais foi descobrir *Theological science* [Ciência teológica] (1969), de T. F. Torrance, enquanto fazia pesquisas teológicas na Universidade de Cambridge.[85] Descobri o uso magistral de Barth por Torrance no desenvolvimento de suas visões particulares sobre a relação entre a teologia e as ciências naturais.

As opiniões de Barth sobre a teologia natural são bem conhecidas, e gostei da apresentação lúcida de McDowell sobre seus temas centrais. Ao responder a McDowell, abro algumas questões para discussão mais aprofundada. As opiniões de Barth sobre a teologia natural são expressas de forma mais nítida em seu debate de 1934 com Emil Brunner. Como observa McDowell, a resposta de Barth à avaliação crítica de Brunner sobre suas opiniões acerca da natureza

---

[84] Para minha visão sobre o tema, veja McGrath, "Theologie als Mathesis Universalis?".
[85] Para minhas reflexões, veja McGrath, "Manifesto for Intellectual Engagement".

e a graça, que incluía reflexões sobre a teologia natural, foi "mal-humorada". No entanto, esse debate certamente precisa de mais discussão. Em 2014, publiquei uma monografia sobre o desenvolvimento da teologia de Brunner, incluindo um envolvimento substancial com o debate de 1934 com Barth,[86] que me convenceu da importância desse debate em conexão com qualquer articulação ou crítica contemporânea de uma teologia natural. Voltarei a esse ponto mais adiante nesta resposta.

Em sua análise criteriosa da posição de Barth, McDowell destaca o importante ponto de que a hostilidade do teólogo suíço com a teologia natural pode, na verdade, ser dirigida contra uma "certa versão da 'teologia natural'". Discussões recentes sobre teologia natural têm enfatizado que ela não é um "tipo natural", como se houvesse alguma definição evidentemente correta desse empreendimento.[87] Ela é claramente uma categoria de atores, que exige que verifiquemos como os muitos atores que participam nessa discussão entendem o conceito. Embora os historiadores possam discordar sobre quantas definições diferentes de teologia natural foram usadas ao longo do tempo, não há dúvida de que o termo é agora usado para designar uma ampla gama desses entendimentos. A disciplina da filosofia da religião, por exemplo, certamente endossaria as definições amplas de teologia natural oferecidas por Richard Swinburne ou William Alston; no entanto, essa é uma convenção, um hábito de pensamento, uma forma de taquigrafia ideográfica, que não é vinculativa para mais ninguém.[88]

Meu ponto fundamental é que Barth se envolve com uma abordagem (ou gama de abordagens) específica e limitada da teologia natural; suas críticas à legitimidade teológica dessa compreensão não podem ser extrapoladas para a *totalidade* da ampla gama de compreensões da teologia natural evidente na história cristã — em outras palavras, para a "teologia natural" *tout simple*. Para evitar qualquer mal-entendido nesse importante ponto, permita-me esclarecer que compartilho das preocupações de Barth sobre a construção de um conceito de Deus que busca o autosserviço, ou sobre a tentativa de encontrá-lo sob condições e circunstâncias de nossa escolha, em vez de estar atento e respeitoso em relação às formas históricas específicas da autorrevelação de Deus. Embora Barth faça críticas importantes a certa gama do espectro de possíveis teologias naturais, ele não invalida a categoria geral. Sua contribuição, a meu ver, permite-nos desenvolver uma teologia natural responsável, que leva em conta as preocupações legítimas que ele expressa.

---

[86] McGrath, *Emil Brunner*.
[87] McGrath, "Natürliche Theologie".
[88] A teologia natural "ramificada" de Swinburne é de considerável interesse e importância, sobretudo graças à importância que atribui à correlação com as especificidades cristãs, em vez dos pontos comuns teístas. Veja a excelente discussão em Holder, *Ramified Natural Theology in Science and Religion*.

Um segundo ponto diz respeito ao alcance e diversidade da tradição teológica reformada.[89] McDowell observa corretamente que Barth declara "não conseguir acompanhar a trajetória da teologia natural precisamente porque ele, 'como um teólogo reformado', está sujeito a uma 'ordenação' fundamentalmente diferente". No entanto, penso que isso necessita de mais discussão. Não creio que haja bons motivos para sugerir que a tradição teológica reformada seja *intrinsecamente* hostil à teologia natural, embora eu certamente veja boas razões para afirmar a hostilidade dessa tradição em relação a um conceito de Deus derivado puramente da razão humana ou da reflexão racional sobre o mundo natural. No entanto, a teologia reformada nos séculos 16 e 17 foi intelectualmente hospitaleira em relação às formas de teologia natural, sustentando que a beleza e a ordem do mundo natural *apontavam para* o Deus cristão, mas não *definiam, constituíam* ou *provavam a existência* desse Deus.[90] Ao defender a ideia de um conhecimento natural de Deus, João Calvino estava propondo não uma alternativa ao Deus da revelação cristã, mas uma porta de entrada para descobrir esse Deus por meio da leitura inteligente e reflexiva das Escrituras.[91]

É certamente possível argumentar que a tradição teológica reformada avançou no sentido de adotar uma forma mais racionalista de teologia natural no final dos séculos 17 e 18, à medida que a ascensão da Idade da Razão em toda a Europa tornou cada vez mais importante afirmar a base racional para a crença cristã.[92] Há um debate a ser travado sobre a possibilidade desse desenvolvimento do século 18 representar uma tática apologética temporária ou uma divergência teológica permanente das raízes da tradição reformada; contudo, as abordagens reformadas anteriores à teologia natural não podem ser descartadas com tanta facilidade. Sempre tive a impressão de que o debate Barth-Brunner de 1934 é, na verdade, uma discussão sobre a identidade teológica da tradição reformada, dentro da qual Barth e Brunner se situam. A tradição reformada não era teologicamente monolítica nos dias deles, nem é hoje.[93] Barth tem o direito de interpretar sua identidade teológica reformada como uma exclusão da teologia natural, assim como ele a entende; contudo, não se pode permitir que isso seja um julgamento normativo para essa tradição rica e complexa como um todo. No entanto, o julgamento de Barth tem sido influente na tradição reformada, de modo que muitos que se situariam nessa tradição permanecem desconfiados do que chamam de "teologia natural".[94] Contudo,

---

[89] Veja, por exemplo, a diversidade evidente em Willis-Watkins e Welker, *Toward the Future of Reformed Theology*.
[90] Há um amplo corpo de literatura, veja, por exemplo, Sudduth, *Reformed Objection to Natural Theology*, p. 9-41; Wallace, *Shapers of English Calvinism*, p. 167-204.
[91] Léchot, "Calvin et la connaissance naturelle de Dieu".
[92] Para um bom exemplo, veja Klauber, "Turrettini (1671–1737) on Natural Theology".
[93] Veja Kim, "Identity of Reformed Theology".
[94] Kock, *Natürliche Theologie*, p. 392-412.

não se pode permitir que Barth defina o que a teologia natural *tem sido* ou *deve ser* e, assim, encerrar um diálogo de considerável significado teológico e cultural.

Barth tem muito a nos dizer sobre a teologia natural, e saúdo sua voz crítica em qualquer discussão sobre a natureza, o foco e os limites da teologia natural, assim como saúdo a perspectiva lúcida e envolvente de McDowell de sua contribuição marcante para nosso debate nesta obra.

Resposta deflacionária
Paul K. Moser

John McDowell oferece um resumo e uma defesa da influente abordagem de Karl Barth à teologia natural. Sua interpretação do teólogo suíço concorda em grande parte com a minha, mas recomendo que tenhamos sérias reservas acerca da força da abordagem de Barth. Ela soa como uma declaração dogmática de teologia sistemática que falha em abordar a principal preocupação por trás da teologia natural: a preocupação em identificar uma justificativa para o compromisso teológico que evite, tanto quanto possível, o levantamento de questões relevantes em investigação interpessoal.

AS REIVINDICAÇÕES DE BARTH

McDowell cita o seguinte acerca de Barth: "A chamada 'teologia natural' é completamente impossível na Igreja, e na verdade, [...] nem sequer pode ser abordada em princípio" (*CD* IV/3.1, 117; II/1, 85). Talvez Barth almeje que essa afirmação impressionante seja um obstáculo ao diálogo. De qualquer maneira, ao contrário de Barth, *podemos* discutir a teologia natural, mesmo "em princípio" e "na igreja". Estamos discutindo teologia natural agora, mesmo "em princípio", e poderíamos ter essa discussão "na igreja", se quiséssemos. Temos aqui um sinal de como Barth muitas vezes se entrega a afirmações abrangentes e infundadas, com sua retórica fácil levando a melhor. No entanto, perderemos uma oportunidade de aprender algo importante sobre teologia se cedermos à atitude indevidamente desdenhosa de Barth em relação à teologia natural.

Filósofos e teólogos muitas vezes querem dizer coisas diferentes com a locução "teologia natural", como é comum para termos envolvidos em tópicos controversos. As pessoas definem "teologia natural" como desejam, é claro, mas nós, humanos, normalmente não teorizamos de maneira isolada. Assim como Barth, temos pessoas a nosso redor que promovem teologia natural de diferentes tipos, e deveríamos perguntar se essas pessoas têm um propósito comum em sua busca por essa teologia. Devemos, portanto, considerar o que os move a seguir a teologia natural. Essa lição resulta de um princípio de caridade na interpretação.

Podemos identificar um propósito comum, pelo menos para muitas das pessoas em questão: elas pretendem formular uma fundamentação para suas crenças teológicas que evite, tanto quanto possível, a petição de princípio relativa a questões relevantes. Especificamente, elas querem evitar um tipo de arbitrariedade, relativamente ao suporte probatório, que convide a uma acusação de "irracional", "infundada", "não convincente" ou "meramente dogmática" contra suas crenças teológicas. Elas estão cientes, como deveríamos estar, de que há uma abundância de *concepções* e *afirmações diversas e concorrentes* acerca de Deus em circulação. Elas naturalmente se perguntam se alguma coisa pode razoavelmente fundamentar, com base em evidências, uma concepção particular de Deus e um conjunto correspondente de afirmações teológicas de uma forma que recomende a aceitação sobre os concorrentes disponíveis. Do ponto de vista cognitivo, essa preocupação é adequada e irrepreensível.

Os inquiridores relevantes acerca da teologia natural não são todos, nem mesmo em grande parte, antiteístas. Além disso, nem todos exercem uma concepção estreita de evidências em desacordo com o Deus do teísmo cristão. Acontece que estou entre esses inquiridores, apesar de não estar convencido pelos argumentos tradicionais da teologia natural e suas variações contemporâneas. (Como indica meu capítulo neste livro, acho que eles se caracterizam seriamente por petições de princípio ou são deficientes no sentido de produzir um Deus digno de adoração, assim como o proposto Deus e Pai de Jesus.) É uma questão em aberto, então, se esses inquiridores devem ou irão, como sugere Barth, chegar a um "falso deus". Precisamos ter modéstia cognitiva para olhar e ver, com a devida paciência e cuidado. Do ponto de vista cognitivo, deixar questões importantes em aberto contra nossos interlocutores acerca da teologia natural não nos beneficiará, nem às nossas crenças teológicas.

Barth aparentemente sustenta que a atenção à teologia natural de alguma forma desafia uma importante distinção entre Criador e criatura com uma presunção de "autonomia" humana. McDowell cita assim sua observação de que "a criatura, então, não pode ter independência ou autonomia em relação a Jesus Cristo (veja *CD* II/1, 166)". Essa observação é pouco útil e potencialmente enganosa porque não consegue distinguir diferentes tipos de autonomia. Se Deus é o Criador, então a autonomia *ôntica* para os humanos é pelo menos questionável no que diz respeito às origens causais dos humanos. A autonomia *epistêmica* para os humanos, no entanto, é uma questão mais complicada, porque Deus, se fosse real, decidiria os parâmetros para o conhecimento humano de Deus, e esse tópico, em relação ao que Deus decidiu, é controverso.

Alguns inquiridores não encontram problemas em Deus dar aos humanos certo grau de autonomia na descoberta de provas da realidade de Deus e na formulação de ideias e padrões para provas da realidade divina. Não se ganha nada ao deixarmos em aberto as questões importantes nessa área de controvérsia. De qualquer maneira, a teologia de Barth não é a única opção disponível, nem nunca foi. Devemos ser sinceros, então, sobre a relevância epistêmica das visões teológicas concorrentes e das bases de evidência propostas. Não devemos, e não fazemos teologia em um vácuo teológico preenchido apenas por Barth. A teologia responsável não segue o método dogmático dele.

McDowell oferece a seguinte citação de Barth: "A teologia torna-se, se quiser ser 'científica' e racional, um *Nachdenken* (literalmente, 'pensar após') fiel e obediente. Em outras palavras, ela deve ser uma reflexão agradecida, realista e *a posteriori* sobre o objeto divino do falar da fé e uma explicação acerca dele. Isso para Barth, naturalmente, se dá em Cristo e por meio dele."[95] Mesmo que Barth esteja certo nesse ponto, ainda precisamos perguntar *qual Nachdenken*, se houver, captura (parte da) realidade sobre Deus. Existem muitas variações de *Nachdenken* em circulação, e nem todas capturam, ou de outra forma representam, a realidade acerca de Deus. Como observa um escritor do Novo Testamento: "Amados, não creiam em qualquer espírito, mas examinem os espíritos para ver se eles procedem de Deus, porque muitos falsos profetas têm saído pelo mundo" (1 João 4:1). Da mesma forma, afirma o apóstolo Paulo: "Mas ponham à prova todas as coisas e fiquem com o que é bom. Afastem-se de toda forma de mal" (1 Tessalonicenses 5:21,22). Devemos testar, mas nós, como inquiridores autorreflexivos, precisamos explicar como o teste deve proceder para garantir sua *fiabilidade*. Barth é muito pouco útil aqui e, portanto, sua rejeição da teologia natural não consegue convencer ou avançar a discussão da teologia natural.

McDowell propõe uma limitação importante para Barth: "O remédio ou terapia dogmática que ele fornece não é aquele que justifica a veracidade do discurso cristão em comparação com outras abordagens, mas, sim, um testemunho expansivo do caráter da presença reveladora da ação autocomunicativa de Deus." Esse testemunho é *indiscutivelmente* uma opção, mas o contraste sugerido com a justificação ou a evidência é cognitivamente perigoso em sua negligência do apoio evidencial necessário para o testemunho. Boa parte dos inquiridores imparciais, incluindo muitos que exploram a teologia natural, querem saber, de acordo com 1 João 4:1 e 1 Tessalonicenses 5:21-22, se o testemunho em questão é realmente "de Deus" e não de um "falso" profeta". Isto é, querem saber se o testemunho teológico oferecido por Barth e outros é verdadeiro e não falso, e querem suporte probatório a esse respeito. Barth nos decepciona aqui, em sua negligência de 1 João 4:1 e das injunções correlatas do Novo Testamento. A posição bíblica dominante é que

---

[95] K. Barth, *Göttingen Dogmatics*, p. 3, 8, 11.

é aceitável, e até aconselhável, propor um teste para identificar o Deus verdadeiro, desde que o teste não seja tendencioso contra Deus ou contra o caráter moral perfeito de Deus. A fé adequadamente fundamentada em Deus depende desses testes, como sugere a injunção de 1 João 4:1.

McDowell explica o pensamento dogmático de Barth da seguinte forma:

> O primeiro mandamento do Decálogo é axiomático. Com isso se entende que ele define a tarefa da teologia. Funciona como "o pressuposto de toda teologia", fundamentada em um conhecimento de Deus "com base na revelação".[96] É claro que essa afirmação precisa ser avaliada quanto à possibilidade de isolar a teologia, como discurso sobre *Deus*, de exame e crítica, talvez substituindo os fundamentos dos princípios racionais primeiros por uma crença racionalmente arbitrária em Deus como uma crença básica. Mesmo assim, esse exame seria difícil [...] Ele teria de começar em algum lugar, e a questão é saber se esse lugar é mais racionalmente demonstrável do que as condições para a crença em Deus como axiomática.

A sugestão é que, segundo Barth, a crença em Deus é "axiomática" porque funciona como "o pressuposto de toda teologia". Ao contrário de McDowell, contudo, é falso que "a questão é saber se [algum ponto de partida alternativo] é mais racionalmente demonstrável do que as condições para a crença em Deus como axiomático". A questão se relaciona ao suporte evidencial para uma posição teológica, e não se temos um argumento "racionalmente demonstrável" para isso. As evidências (como as provenientes de certo tipo de experiência religiosa) não precisam ser um argumento "racionalmente demonstrável". A evidência pode conferir apoio epistêmico sem conferir uma demonstração racional.

Se a crença em Deus for tomada como um ponto de partida "axiomático", sem necessidade ou reconhecimento de apoio probatório, teremos um caso de petição de princípio duvidoso contra muitas pessoas preocupadas com a teologia natural. Essas pessoas naturalmente perguntam: "*Qual* Deus merece o papel axiomático em questão?" Será o Deus do Estado islâmico terrorista ISIS (Daesh) um candidato igualmente bom em comparação com o Deus cristão? Em caso afirmativo, o que recomenda o Deus de Barth, se é que existe algo, em detrimento do Deus violento do ISIS? Também podemos perguntar: O que recomenda o teísmo de Barth, se é que existe algo, em detrimento do endosso do agnosticismo ou do ateísmo? Os inquiridores da teologia natural levantam essas questões, por boas razões. Eles visam corretamente evitar a arbitrariedade cognitiva e o mero dogmatismo em seus compromissos teológicos.

---

[96] K. Barth, "First Commandment", p. 64; *CD* I/2, 306.

Não podemos exonerar Barth com a seguinte observação de McDowell: "Barth faz uma afirmação teológica acerca de como o discurso sobre Deus funciona como uma *resposta* à autoarticulação de Deus que segue fielmente sua lógica autoexplicada. Essa autocomunicação é o que ele entende por 'revelação.'" Mesmo que a conversa sobre Deus funcione dessa maneira, ainda assim pode dar errado; e muitas vezes dá errado, tendo em vista as versões conflitantes do discurso sobre Deus em circulação. Não pode ser que *todas* as versões do discurso sobre Deus estejam corretas. Então, como devemos separar o joio do trigo, o exato do impreciso, conforme ordenado em 1 João 4? Um apelo à nossa visão favorita de Deus (ou da crença em Deus) como "axiomática" não enfrentará os desafios da maneira adequada; da mesma forma, também não basta dizer que nosso "discurso sobre Deus" favorito funciona como uma *resposta* à autoarticulação de Deus. É necessária uma explicação mais profunda, e grande parte da teologia natural procura essa explicação, independentemente de seu sucesso final.

McDowell pretende apoiar a rejeição da teologia natural por Barth da seguinte forma: "A gramática teológica é ordenada, e essa mesma ordem presta atenção às maneiras pelas quais ocorre a desordem da teogramática. A teologia natural pertence a uma ordem teogramatical completamente diferente, na qual a teologia precisa declarar ser não apenas um empobrecimento, mas também uma total distorção." Essa rejeição é muito apressada para ser convincente. O que quer que digamos sobre "gramática teológica", devemos reconhecer que ela é diversa entre os inquiridores teológicos. A gramática teológica dos membros do ISIS, por exemplo, é marcadamente diferente daquela articulada pelo apóstolo Paulo, ou pelo metodista John Wesley. Isso é particularmente claro se essa gramática inclui normas para o uso de termos teológicos. A suposição de que existe uma gramática teológica singular e "ordenada" é simplesmente uma petição de princípio em relação à natureza do discurso teológico. Nossa evidência empírica relativa a esse discurso suporta, aqui, a diversidade em vez da singularidade. Por consequência, precisamos enfrentar questões sobre gramáticas teológicas concorrentes e evidências de suporte relevantes. Barth falha nessa área de investigação.

McDowell afirma que "A primeira razão substancial para rejeitar a possibilidade de uma teologia natural é que ela envolve um esforço para buscar 'deus' por meio de uma racionalidade autônoma. Isso contrasta fortemente com a 'descoberta' que ocorre ao seguir onde Deus revela a localização de seu Ser [Self]." Essa afirmação baseia-se em uma falsa acusação relativa à teologia natural. Esta pode recomendar de forma coerente "seguir onde Deus revela a localização de seu Ser". O que não pode ser recomendado de forma consistente é que tomemos a crença em Deus como "axiomática". Como sugerido, isso busca uma justificativa evidencial necessária para a crença em Deus. Esse raciocínio poderia fornecer uma base evidencial para "seguir onde Deus revela a localização de seu Ser". Ao fazê-lo, o mero dogmatismo sugerido por Barth seria evitado. Em seguida, subscreveria uma recomendação de um tipo particular de "seguir onde Deus revela a localização de seu Ser", em contraste com abordagens concorrentes. Nem Barth nem McDowell excluíram razoavelmente essa opção plausível.

Já contestamos a afirmação abrangente de Barth e McDowell, de que "a teologia natural, ao operar de maneira independente da doação reveladora de Deus, chega a um *ídolo*, 'um falso deus' (*CD* II/1, 86), em vez da realidade do Deus que age". Essa afirmação exige uma análise cuidadosa, baseada em evidências concretas, sobre os resultados da teologia natural; mas nem Barth nem McDowell ofereceram essa análise. Em vez disso, temos afirmações desdenhosas em relação à teologia natural. Esta pode, pelo menos em princípio, apresentar um argumento coerente a favor da "doação reveladora de Deus", com base em evidências (como a da experiência religiosa), e depois recomendar que sigamos essas evidências. Essas evidências poderiam apoiar, pelo menos em princípio, uma conclusão sobre "a realidade do Deus que age"; ao fazê-lo, poderia evitar apoiar a autonomia ôntica dos inquiridores humanos. Também poderia apoiar, pelo menos em princípio, que todas as evidências divinas vêm, em última análise, de Deus e, portanto, poderia evitar a suposição de "operar de maneira independente da doação reveladora de Deus". Não nos foi dada nenhuma boa razão para pensar o contrário.

McDowell endossa a seguinte exceção de Barth à teologia natural: "nós, cristãos, estamos de uma vez por todas dispensados de tentar, partindo de nós mesmos, compreender o que existe, ou alcançar a causa das coisas e, com ou sem Deus, obter uma visão geral".[97] Observamos que uma teologia natural não requer que partamos onticamente "de nós mesmos". Pode ser garantido que Deus, como Criador, sempre tenha um papel anterior de influência pelo menos causal (não confundir com coerção causal). Sua preocupação é identificar uma base evidencial convincente para as crenças teológicas, e não as tomar como "axiomáticas". Para esse fim, uma teologia natural pode dar a Deus um papel ôntico e causal no esforço humano para "alcançar uma visão geral". Este último papel não exige que o inquiridor considere a crença em Deus como "axiomática". Deus pode deixar espaço para que os inquiridores descubram evidências da realidade divina como consequência de sua investigação, sem implicar que a crença em Deus seja "axiomática" ou que eles a considerem assim. Nem Barth nem McDowell excluíram essa opção plausível e, portanto, nenhum deles excluiu a teologia natural.

McDowell propõe que "Barth demonstra uma forma de modéstia intensa e autocrítica que, em princípio, expõe o teólogo que se recusa a prescindir de táticas

---

[97] K. Barth, *Dogmatics in Outline*, p. 60.

de autoproteção. Em sua descrição teológica autocrítica, em sua afirmação categórica de que a teologia não responde a qualquer base além dela mesma, Barth lança um olhar crítico para a inteligibilidade de abordagens da racionalidade que, por sua abrangência, acabam ditando os termos da teologia." Deixando de lado a suposta modéstia de Barth, é possível defender que *Deus* não responde a nenhuma autoridade além de si mesmo, e várias partes da Bíblia ensinam isso. No entanto, é uma questão à parte se devemos aceitar a afirmação categórica de Barth "de que a *teologia* não responde a qualquer base além dela mesma" (ênfase adicionada).

Deus, é claro, não é uma teologia, e não podemos afirmar de forma plausível que nossa teologia favorita, mesmo que seja a teologia de Barth, seja Deus. A autoridade divina não é redutível ou automaticamente transferível à autoridade de nossa teologia, por mais abrangente que esta seja. É um grave erro de categoria confundir a autoridade incomparável de Deus com a autoridade de nossa teologia. Esta pode estar errada, muito errada, de maneiras que um Deus digno de adoração não estaria. Assim, mesmo que Deus seja autoautenticado, em virtude de fornecer provas da realidade divina mediante a automanifestação, não podemos dizer de forma plausível que nossa teologia seja autoautenticada ou "axiomática".

Se nossa teologia favorita é autoautenticada ou "axiomática", o mesmo estatuto privilegiado se aplica a seus concorrentes. Isso, no entanto, seria um *reductio ad absurdum*. Precisamos de algo *além* de nossa teologia, então, para evitar que essa mesma teologia, incluindo nossa esperança e crença em Deus, nos decepcione, tanto cognitivamente quanto de outras formas. O apóstolo Paulo reconheceu essa verdade essencial, mesmo que Barth não a tenha reconhecido.

CORREÇÃO DO APÓSTOLO PAULO

Escrevendo aos cristãos romanos, Paulo apela a uma base que distingue a esperança e fé fundamentadas em Deus da "decepção" do pensamento ilusório e infundado: "E a esperança (em Deus) não nos decepciona, porque Deus derramou seu amor [*agapē*] em nossos corações, por meio do Espírito Santo que ele nos concedeu." (Romanos 5:5). Paulo tem em mente pelo menos o desapontamento *evidencial* que surge da esperança infundada, o tipo de esperança que não consegue superar o pensamento positivo. Seu pensamento aqui também se baseia na fé em Deus, como é sugerido pela menção dessa fé em Romanos 5:1.

Paulo reconhece que algo deve ser dito e invocado para contrariar a alegação de decepção da esperança e fé em Deus. Ele invoca uma experiência religiosa distinta: "Deus derramou seu amor em nossos corações". Esse amor, no pensamento de Paulo, é uma evidência da realidade e da presença de Deus. É a automanifestação do caráter único de amor justo de Deus. Essa automanifestação não é uma crença ou uma teologia, muito menos uma crença ou teologia axiomática; é, conforme entendido por Paulo, uma característica de uma experiência religiosa e pode servir como suporte probatório para o compromisso teológico.

O pensamento de Paulo permite-nos evitar tomar a crença ou a esperança em Deus como "axiomática". Seu apelo à experiência religiosa permite-nos colocar uma questão essencial: o que melhor explica a experiência do tipo de amor que Paulo tem em mente? Será melhor explicada por uma afirmação de que Deus interveio de fato? Se assim for, podemos começar a comparar e avaliar algumas reivindicações teológicas concorrentes com base em provas.[98] Barth reagiu negativamente à experiência religiosa em resposta a Friedrich Schleiermacher, mas Paulo aponta-nos uma direção diferente. Isso pode não ser a "teologia natural" padrão em Paulo, mas aponta para um papel fundamental da evidência experiencial na teologia. Paulo salva-nos da desilusão cognitiva a esse respeito, mas Barth, infelizmente, não o faz. Por isso, recomendo Paulo em vez de Barth.

---

[98] Desenvolvi esse tipo de abordagem epistemológica em Moser, *God Relationship*; e Moser, *Understanding Religious Experience*. Para a relevância dessa abordagem em relação a Jesus, veja Moser, *Divine Goodness of Jesus*.

Uma tréplica barthiana
John McDowell

Certa vez, Walter Benjamin admitiu: "Os escritores são, na verdade, pessoas que escrevem livros não porque sejam pobres, mas porque estão insatisfeitos com os livros que podem comprar, mas dos quais não gostam."[99] Embora uma obra de reflexões como esta possa tender ao que Theodor Adorno chama de "pensamento reprodutivo", cada autor tem a oportunidade de articular e, possivelmente, defender uma perspectiva moldada por certa insatisfação com as outras abordagens.[100] Isso, claro, é padrão na maioria das coletâneas que incorporam uma gama de perspectivas. O que é intelectualmente mais interessante do que isso, no entanto, é a oportunidade de responder a cada capítulo. Isso facilita o teste tanto das garantias racionais das afirmações de cada um quanto a responsabilidade de nossa atenção ao pormenor em nossas leituras dos textos e no tratamento dos argumentos. Nesse desempenho de responsabilização entre pares, as respostas podem começar a refletir e a elucidar a própria natureza e o status das discordâncias entre as contribuições como um ato de "clarificação e purificação da conversa".[101]

No entanto, seria intelectualmente leviano, neste ponto, reduzir as discordâncias a conclusões diferentes que se afastam de premissas com as quais há consenso, de modo que, ao mostrar o funcionamento de nossa fórmula, possamos simplesmente decidir se alguém que apresenta uma conclusão divergente seguiu adequadamente a lógica até onde ela deveria conduzir. Várias das discordâncias envolvem ativamente conflitos que são consideravelmente mais substanciais do que isso. As diferenças penetram de modo profundo nos próprios materiais que compõem o tecido de nossas perspectivas. Isso é o produto de histórias de aprendizagem marcadamente diferentes e da consequente forma de habituação das capacidades de identificação dos materiais considerados mais apropriados para trabalhar com eles. Afinal, não há acordo quanto ao papel da "evidência" no que diz respeito à chamada "teologia natural", ou quanto ao que constituiria propriamente uma "evidência". Da mesma forma, uma mudança teologicamente estranha ocorreu quando a

---

[99] Benjamin, *Illuminations*, p. 61.
[100] Adorno e Horkheimer, *Towards a New Manifesto*, p. 4-5. Trata-se de um lembrete e um esclarecimento, uma vez que a resposta de Paul Moser a meu capítulo confunde minha voz com a de Karl Barth, sugerindo, entre outras coisas, que minha análise "endossa" a do teólogo suíço.
[101] Lash, *Easter in Ordinary*, p. 13.

diferença entre Deus e a criatura se tornou ontologicamente definível nos parâmetros de ser existente, como se apenas "coisas" fossem o oposto de "não coisas". "Deus não faz parte de nossa experiência comum", argumenta Henri de Lubac.[102] "Deus não é um fato mais do que... um 'objeto'."

De acordo com Hannah Arendt, "Todo pensamento surge da experiência, mas nenhuma experiência produz qualquer significado ou mesmo coerência sem passar pelas operações da imaginação e do pensamento".[103] Por consequência, os próprios enquadramentos racionais "determinam o que conta como prova; a posição final de cada um influencia o significado de todos os 'fatos' possíveis".[104] A dificuldade de Charles Taliaferro com Barth erra o alvo ao questionar como a utilização do argumento ontológico de Anselmo, por exemplo, leva à idolatria. Talvez a descrição de meu capítulo tenha sido muito evasiva, mas indiquei que Barth está fornecendo um quadro teológico para interpretar, para perceber bem (*todas*) as coisas, de modo que seu ponto de vista precisa refletir criticamente sobre a discordância substantiva com outras perspectivas. O que ele tem em mente, então, não é qualquer série particular de *táticas*, qualquer argumento particular ou outro que possa tomar forma *remoto christo* (fora de Cristo). Se Barth é cético quanto à capacidade de persuasão de qualquer argumento real que reivindique validade lógica e aval justificatório, a compreensão do que está a acontecer exige que se preste atenção ao contexto e à especificidade da crítica. Barth coloca sua visão crítica intensamente no quadro racional a que se refere como *analogia entis*. O discurso inteligente sobre a criação da materialidade, afirma ele em sua dogmática da criação, é uma *afirmação de fé*. Isso não significa que seja não racional, uma vez que Barth não cai na armadilha de contrastar "fé" e "razão" como estratégias noéticas. Em vez disso, a afirmação indica que a vestigialidade das coisas não é diretamente evidente. Afinal, seja o que for, não é um *disparate* racional afirmar que a discussão sobre a existência das coisas não requer a predicação de uma causa primeira.

Dado o apelo à *argumentação* presente em sua crítica e a preocupação com os pressupostos metafísicos do que ele considera serem afirmações teologicamente problemáticas, seria prematuro rejeitar Barth como tendo simplesmente exagerado, sem que se passasse muito mais tempo a interrogar criticamente seu raciocínio e a realidade das "racionalidades concorrentes".[105] Para adaptar uma afirmação feita por Alasdair MacIntyre, em vez da rejeição de Barth dessa forma, é necessária uma atenção racional para fornecer "uma definição mais exata e informada da

---

[102] De Lubac, *Discovery of God*, p. 46.
[103] Arendt, *Life of the Mind*, p. 87.
[104] Hughes, "Proofs and Arguments", p. 4.
[105] MacIntyre, *Whose Justice?*, p. 3 [edição em português: *Justiça de quem? Qual racionalidade?* (São Paulo: Loyola, 1991)].

discordância, em vez de... [procurar apressadamente] progressos para sua resolução".[106] Igualmente, uma vez que se está envolvido em um argumento teológico relativo ao conteúdo da teologia cristã na *ordo essendi* (ordem do ser), é racionalmente problemático falar do "dogmatismo" de Barth, como faz Paul Moser; ou de Barth como simplesmente um "homilista", no caso de Taliaferro.[107] Além disso, usar Anselmo aqui não é o melhor exemplo, já que a questão é a metafísica do que Barth considerou ser a *analogia entis* (de certo tipo), e que ele atribui a Tomás de Aquino, e não a Anselmo (mesmo que sua leitura de Tomás nesse aspecto tenha sido adequadamente problematizada nos últimos anos).

O fato de as discordâncias serem substantivas não deveria surpreender. Filósofos e teólogos há muito reconhecem a multiplicidade de quadros ou tradições que proporcionam as condições para a interpretação, a compreensão e as próprias improvisações hermenêuticas que emergem de "processos contingentes de socialização".[108] Por exemplo, a filósofa política Arendt, refletindo sobre a pressão da epistemologia de Immanuel Kant, afirma: "O mundo se mostra no modo do 'parece-me que', dependente de perspectivas particulares determinadas pela localização no mundo, bem como por órgãos de percepção particulares."[109] Entre os teólogos, Edward Schillebeeckx declara: "Esses procedimentos apologéticos [teístas] ignoram que a orientação fundamental da vida de uma pessoa se baseia em toda uma história cultural."[110] O fato de certas estruturas racionais dominarem certos departamentos universitários, instituições intelectuais ou mesmo as próprias disciplinas não é um encorajamento à complacência crítica do tipo que ossifica isto e que se impõe universalmente a uma série de abordagens contextualmente diferentes de forma indevida. Os debates sobre a "teologia natural" têm sido o produto de contextos intelectuais concretos e particulares, de modo que ler esses textos sem essas condições ou histórias de prática é um tratamento hermenêutico distintamente estranho dos textos, e pode apoiar uma evasão acerca da consciência da natureza e do estatuto de nossas especificidades contextualizadas na leitura.

Ao refletir sobre as mudanças nas tradições de compreensão e na utilização da ideia de "lei natural", Jean Porter explica: "As reivindicações antigas adquiriram novos significados quando foram afirmadas à luz de novas condições sociais [e intelectuais], e diferentes correntes de pensamento foram reunidas de formas que

---

[106] MacIntyre, *Whose Justice?*, p. 3.
[107] Suspeito que Taliaferro possa ter projetado os problemas que boa parte dos críticos têm tido com a leitura da teo-retórica da segunda edição do comentário de Barth sobre Romanos para o *corpus* posterior. Em todo o caso, reduzir as opções intelectuais à "exortação... [e] discurso filosófico" requer uma melhor apreciação do tipo de trabalho intelectual que está sendo feito como teologia dogmática ou teologia fundamental. Como argumenta Lash, "a investigação teológica não é, em si mesma, nem pregação nem oração" (*Easter in Ordinary*, p. 292).
[108] Benhabib, *Situating the Self*, p. 5.
[109] Arendt, *Life of the Mind*, p. 38.
[110] Schillebeeckx, *Church*, p. 81.

seus criadores não poderiam ter previsto, muito menos pretendido."[111] O argumento de Porter pode oferecer uma advertência importante contra a suposição da homogeneidade das tradições intelectuais da "teologia natural". Os capítulos de Andrew Pinsent, Alister McGrath e o meu consideram que uma série de tipos de "teologias naturais" fornecem um termo abrangente sob o qual se abriga uma série de perspectivas, estratégias e táticas intelectuais. Voltando a Porter, o apelo moderno à lei natural constitui "uma leitura inovadora enquadrada em uma linguagem tradicional e, por isso, vale a pena sublinhar que se trata de uma inovação".[112] Mesmo que os parâmetros linguísticos desses momentos concretos se sobreponham aos de outros, a tentação de aplanar suas diferenças contextuais deve ser rigorosamente combatida. Cada texto só se torna modestamente contemporâneo por intermédio do tipo de esforço intelectual que respeita a considerável complexidade das particularidades do texto e do leitor. No mínimo, práticas intelectuais de argumentação que levem em conta o contexto podem permitir que cada um dos colaboradores desta obra refine sua abordagem, *falando diretamente uns com os outros em vez de falar sobre coisas diferentes achando que estão falando do mesmo assunto*

Mesmo que a crítica comece em algum lugar e não seja indeterminadamente livre de seu contexto situacional, a razão pela qual existe uma suspeita considerável na teorização contemporânea acerca do discurso das tradições epistemológicas modernas sobre "verdade" e "dizer a verdade" deve-se às formas como os apelos à "razão" podem evadir questões sobre sua contingência ao assumirem fundamentos em suportes metafísicos. As formas de idealismo, mesmo quando se afirmam como formas de realismo, podem evitar uma reflexão adequada sobre as condições de nossa aprendizagem, tornando-se, assim, desatentas às formas como a perspectiva da razão pode ser regulada por interesses, desejos e parcialidade. Assim, Adorno alerta para "uma subjetividade que ignora a si própria".[113] Nesse sentido, é importante perguntar de que maneiras, se é que existem, a "teologia natural" pode sucumbir à evasão de nossa historicidade e de nossas condicionantes. Em formas populares de raciocínio moral, algo chamado "natureza" é muitas vezes invocado como uma autoridade reguladora para o raciocínio prático, sem consenso sobre o que é "natureza," o que é moralmente autoritativo ou por que a invocação do que quer que seja produz tanto desacordo quanto conclusões compartilhadas. Além disso, em geral há pouca consciência de que as conclusões obtidas a partir da "natureza" como fonte para fazer julgamentos morais tendem a refletir os valores e pressupostos de quem faz a invocação. Barth, por sua vez, era visivelmente cauteloso com apelos autoprojetados às "ordens naturais

---

[111] Porter, "Tradition of Civility", p. 31.
[112] Porter, "Tradition of Civility", p. 43.
[113] Adorno e Horkheimer, *Towards a New Manifesto*, p. 6.

da criação", e descobriu exatamente essa conceitualização no *Divine Imperative* [imperativo divino] de Emil Brunner. A partir das "ordens naturais da criação", poderia muito bem defender-se uma soberania política totalitária, um nacionalismo imperialista, a naturalidade da agressão e do antagonismo etc. "A linguagem", argumenta Nicholas Lash, "é um instrumento de poder".[114]

Sem uma interação mais detalhada e substantiva, o ato de responder uns aos outros pode, pelo menos, encorajar a responsabilidade de ler bem os textos. Mesmo entre aqueles cujo nível de educação sugere que deveríamos saber mais, pode haver um uso notavelmente desleixado dos textos; interrogar esses textos avança na clarificação e purificação da conversa, mesmo que isso seja o mais longe que algumas conversas intelectuais podem progredir e de fato progridem. Para ser um pouco pedante por um momento com Moser, não se fala bem de leitura com generosidade, como se houvesse uma opção legítima de leitura inóspita que não está aqui sendo selecionada. Uma leitura não caridosa implica uma imposição ao texto que se recusa a permitir que ele fale e seja ouvido em sua particularidade concreta. Esta, porém, não é adequada para ser uma leitura *racionalmente ordenada*. Mas essa atenção não é generosa ou caridosa, uma vez que não parte de uma posição totalmente fechada que sai de si própria para o outro, *permitindo* que esse outro fale no momento. Como Rowan Williams argumenta: "Não controlamos a alteridade dos outros; nós — independentemente de nossa confiança e autoridade — precisamos aprender a 'hesitação.'"[115]

No que diz respeito ao incentivo a uma leitura responsável, a sugestão de Moser de que Barth *rejeita* redutivamente a teologia natural exige que se volte especialmente ao argumento construído na *CD* IV/3.1 de Barth sobre "as pequenas luzes" da criação. Além disso, a confusão de Moser sobre o que o discurso do "axiomático" está fazendo na *teologia dogmática* de Barth — é uma articulação da teo-lógica da *ordo essendi* como uma afirmação autojustificatória na *ordo cogniscendi* (ordem do saber) — necessita de uma leitura mais paciente do texto. A mesma recomendação é também apropriada para a preocupação de Moser de que Barth não consegue fornecer condições para o iconoclástico "teste do Deus real". Pinsent pergunta sobre "arte e arquitetura cristãs" como se isso identificasse uma discordância substantiva com Barth. A referência à teo-lógica do discurso de Barth sobre as "parábolas seculares da verdade" e o desenvolvimento posterior do tema das "pequenas luzes" da criação aborda essa questão. A afirmação de Pinsent parece estar ligada a uma crítica ao *sola scriptura* que só funciona se o princípio orientar as diversas tradições protestantes a usarem apenas/só/unicamente as

---

[114] Lash, *Easter in Ordinary*, p. 13.
[115] Williams, "Teaching the Truth", p. 37.

Escrituras. Ela falha quando o princípio, em vez disso, funciona para apelar à autoridade reguladora das Escrituras, por meio da qual a graça de Deus é entendida como referindo *tudo* ao estatuto de criaturidade. Embora esteja devidamente sensível a qualquer acusação de que minha leitura crítica (e até mesmo percepção) das afirmações de Barth seja enganosamente sutil, conceitualmente elusiva e imprecisa, considerando a resposta de pelo menos três críticos (Moser, Taliaferro e Pinsent), neste momento eu sugeriria que essas interpretações equivocadas não necessitam de maiores comentários.

Sobre outro detalhe, McGrath afirma que "as opiniões de Barth sobre a teologia natural são expressas de forma mais nítida em seu debate de 1934 com Emil Brunner". Certamente, é um bom ponto de observação que, embora Barth esteja plenamente ciente de que a tradição reformada não é homogênea, sua improvisação teológica sobre essa tradição o leva a acusar figuras como João Calvino de não serem consistentes em relação a outros elementos de sua teologia. Se Barth é ou não dissimulado, não me interessa (afinal, não sou necessariamente um defensor de sua perspectiva). No entanto, é precisamente por causa dessa leitura das preocupações da tradição reformada primitiva que Barth afirma que ela é, ou deveria ser, hostil à "teologia natural". Em muitos lugares, especialmente nas seções de letras pequenas da *Church Dogmatics*, ele explica onde e porque o escolasticismo protestante não consegue se mover nessa direção teológica. Por outro lado, o tipo de retórica ocasionalista e atualista que Barth tende a empregar contra Brunner pode ser facilmente mal interpretado. Sua crítica assume uma ressonância retórica diferente quando ele desenvolve sua ontologia cristã da eleição. Meu encorajamento para McGrath, então, é passar do Barth que diz *Nein!* àquele do parágrafo da *CD* II/2, III/1, e IV/3.1. Da mesma forma, a articulação de vários desses textos teológicos fornece o recurso para abordar a questão de Pinsent com a aparente remoção de pontes barthianas.[116] Aqui, o quadro inclusivista ou participativo para a abordagem da dialética (de Deus para o mundo *e* do mundo para Deus) funciona cristologicamente.

Voltando aos parâmetros mais amplos do tema da teologia natural, esta pode ser concebida como uma forma de atividade racional que necessita tomar consciência de sua historicidade e contingência intelectual. Mediante essa configuração ascética, ela pode muito bem conseguir pelo menos três coisas, o que implica que não pode ser reduzida nem à idolatria nem à simples ociosidade intelectual.

Primeiro, a teologia natural pode continuar a raciocinar acerca da inteligibilidade de falar sobre a existência das coisas no que toca à criação e dependência absoluta.

---

[116] A metáfora da ponte, contudo, é nitidamente limitada: se não for devidamente qualificada, pode sugerir uma binariedade ontológica. Sobre isso, veja Williams, *On Christian Theology*, cap. 8.

Como observa Hans Schwarz: "Nos últimos tempos, cada vez menos pessoas parecem sentir-se compelidas a pensar na ideia de Deus, porque para um número cada vez maior de pessoas o mundo faz sentido sem nunca pensar em Deus."[117]

Em segundo lugar, o outro lado dessa questão é o que a retórica filosófica por vezes chama de "derrotar os anuladores" (o termo, no entanto, implica retoricamente que os processos de curiosidade do conhecimento e a dialética vulnerável do argumento devem ser configurados, em vez disso, como uma disputa antagônica). A teologia natural deve interrogar de maneira perene os avais por trás das fortes afirmações relativas à brutalidade da existência. Uma afirmação sobre a "plena presença do ser" não seria menos um compromisso aprendido da imaginação intelectual do que um compromisso teísta.[118] Mesmo que "todas" as pessoas "conhecessem Deus 'naturalmente'", isto é, em virtude de sua natureza como criaturas, "eles nem sempre reconhecem" Deus. Assim argumenta de Lubac. "Mil obstáculos, alguns internos, alguns externos, impedem esse reconhecimento."[119] Nesse ponto, a teologia natural pode expor o que Paul Ricoeur chama de "a ininteligibilidade do trivial" que vem de "uma falsa clareza" e, assim, remove os obstáculos que impedem a formulação da questão acerca da contingência (por que existe algo em vez de nada?).[120]

Terceiro, a teologia natural pode reconfigurar os tipos de justaposição entre fé e razão que isentam claramente os "fiéis" de exercerem sua responsabilidade racional. Afinal de contas, é o "pensamento ilusório", argumenta Herbert McCabe, que permite que "nossos desejos o influenciem para que você pense que um argumento ruim é um bom argumento".[121] A fé não é uma forma de conhecimento que seja contextualmente inocente, desprovida do condicionamento por histórias de perspectivas e formas contingentes de aprendizagem. O tipo de fé que faz do ato de evasão da reflexão racional uma virtude chega, de forma suspeita, perto de sugerir que o objeto ou conteúdo dessa fé é nada (não uma não coisa, como nas tradições apofáticas), que a fé não tem nada sobre o que falar, e que esse conteúdo não exige responsabilidade por questionar sua coerência, consistência ou integridade. A reflexão racional honesta requer uma crítica da ilusão de autoproteção que molda a religião para oferecer "consolo" ou "abrigo", e que mitiga de maneira idólatra a "*ascese* do desejo" no modo profético da religião, como se não devesse ser direcionado para a atividade do "amor à criação".[122]

A teologia natural, portanto, pode ser importante quando é responsável por manter aberta a questão da contingência da materialidade e a curiosidade que ela

---

[117] Schwarz, *The God Who Is*, p. 43.
[118] Citação de Arendt, *Life of the Mind*, p. 87.
[119] De Lubac, *Discovery of God*, p. 75.
[120] Ricoeur, "Religion, Atheism, and Faith", p. 74.
[121] McCabe, *Faith within Reason*, p. 16.
[122] Ricoeur, "Religion, Atheism, and Faith", p. 60, p. 86, p. 97.

provoca na reflexão verdadeira, sem se abrigar no controle conceitual arbitrário proporcionado pela intuição individualizada, pelo sentimento privado e pelas formas não curiosas do sofisma apologético. Talvez se possa falar desse processo, com Pinsent, considerando a "catolicidade", pelo menos quando esse termo está adequadamente atento à atividade racional de "criaturas finitas, corporizadas e frágeis", de modo que seja purgado do isolamento murado e autoprotetor da soberania eclesiástica.[123] "Graças à natureza daquilo de que falamos, a liberdade de Deus, não chegamos ao fim."[124]

---

[123] Citação de Benhabib, *Situating the Self*, p. 5. A imagem da soberania murada que desvanece é tomada de Brown, *Walled States, Waning Sovereignty*.
[124] Williams, "Teaching the Truth", p. 35.

CONCLUSÃO

James K. Dew e Ronnie P. Campbell Jr.

No final de livros como este, os leitores ficam muitas vezes se perguntando: "E agora?" A seguir, nosso objetivo é fornecer exatamente essa resposta ao leitor. Em vez de resumir cada um dos pontos de vista e considerar os pontos de convergência e divergência, oferecemos ao leitor dois desafios: o desafio da fé e da razão e o desafio da teologia e do sentido cristãos. Estes desafios não pretendem ser exaustivos, nem têm como objetivo conquistar o leitor para uma ou outra via. Em vez disso, cada desafio é apresentado porque é relevante para o debate sobre a teologia natural, dando ao leitor pontos de referência adicionais para um estudo mais aprofundado, à medida que se debate com a própria compreensão da teologia natural. Vamos agora considerar cada um deles ordenadamente?

O DESAFIO DA FÉ E DA RAZÃO

Em muitos aspectos, este debate sobre a teologia natural partilha afinidades com o debate sobre a relação entre fé e razão. Quem está familiarizado com o debate poderá lembrar-se de que uma das questões centrais é a extensão da capacidade de raciocínio de um ser humano, especialmente quando se consideram os efeitos noéticos do pecado. Desde já, devemos perguntar-nos: até que ponto o pecado afetou nossa capacidade de raciocinar sobre Deus, sua existência e a natureza divina? Além disso, até que ponto podemos conhecer essas coisas sem a autorrevelação divina e a intervenção sobrenatural? Para alguns, a resposta é óbvia — é impossível! O pecado prejudicou radicalmente nossa capacidade de raciocinar, destruindo toda a esperança de conhecer a verdade sobre Deus, independentemente da autorrevelação divina e da obra sobrenatural de Deus na vida da pessoa. Não só nossa capacidade de raciocinar foi prejudicada, mas também nosso coração e mente foram obscurecidos e não buscamos as coisas de Deus. Alguns que se enquadram nesse campo acreditam que, uma vez que Deus tenha trabalhado de maneira sobrenatural na vida do crente, regenerando a pessoa, a capacidade de raciocinar de modo adequado sobre Deus foi restaurada. A partir da fé, ela pode então raciocinar e apreender as verdades que Deus revelou sobre sua existência, natureza e interações no mundo. A partir da fé, começamos então a ver o mundo de maneiras novas e renovadas. Outros, porém, são mais pessimistas quanto à extensão de nossas capacidades de raciocínio, mesmo após a regeneração. Esta última visão, conhecida como fideísmo, considera a fé principalmente relacional e não racional.

No outro lado do debate entre fé e razão, acredita-se que, embora os seres humanos estejam decaídos, eles podem usar suas faculdades cognitivas para raciocinar em direção à verdade e até, talvez, em direção a Deus — embora com limitações. Os seres humanos continuam a ser vítimas dos efeitos noéticos do pecado. Ainda assim, por meio de algum mecanismo como a graça preveniente, Deus proporciona ao indivíduo a capacidade de acreditar e confiar nele, apesar de sua queda. Como diz Craig A. Boyd: "Deus dotou os seres humanos com capacidades racionais, e essas capacidades, por si só, não nos oferecem e nem podem nos oferecer a salvação."[1] No entanto, Boyd e outros que defendem essa visão acreditam que o pecado, embora seja um categoria teológica importante, não é primária. Em vez disso, o pecado é um parasita da categoria mais fundamental da "natureza". Na visão de Boyd, que ele chama de "visão de síntese", embora o pecado tenha corrompido a natureza e embora os efeitos do pecado a tenham danificado, a natureza mantém a continuidade com o estado original, que "reflete a bondade de Deus".[2] Esse é o caso com nossa capacidade de raciocinar, que, segundo aqueles que defendem essa visão, está fundamentada na *imago Dei*. Embora manchadas pelo pecado, nossas faculdades cognitivas e capacidade de raciocínio permanecem intactas.

É preciso pouco esforço para ver quão relevante é o debate sobre fé e razão para nossa abordagem nesta obra sobre teologia natural. Alguém que subscreva ao fideísmo tornaria impossível a tarefa da teologia natural. Por quê? Porque o pecado contaminou nossa capacidade de raciocinar, especialmente de conhecer e compreender a natureza, a existência e o funcionamento de Deus, de maneira independente da revelação e regeneração especiais. Mesmo na fé, a teologia natural teria pouco ou nenhum benefício. Outros reconhecem que o pecado prejudica nossa capacidade de conhecer e compreender as coisas de Deus; contudo, na fé e por causa da regeneração, a capacidade de raciocínio do crente foi restaurada e, portanto, a teologia natural pode trazer algum benefício. A teologia natural, assim, talvez sirva para confirmar as verdades da fé ou mesmo proporcionar uma compreensão mais profunda da relação de Deus com o mundo que ele criou. Por fim, para aqueles que defendem uma visão estreitamente alinhada com a de Boyd, a teologia natural pode ser de grande valor. Embora o pecado tenha contaminado nossa capacidade de raciocinar, e embora ninguém possa chegar a Deus sem a graça, os argumentos a favor da existência de Deus podem dizer-nos verdades

---

[1] Boyd, "Synthesis of Reason and Faith", p. 133.
[2] Boyd, "Synthesis of Reason and Faith", p. 135.

reais sobre a natureza de Deus e de nosso mundo, e podem servir como indicadores para o Criador.

O DESAFIO DA TEOLOGIA CRISTÃ E DO SIGNIFICADO

Já abordamos a categoria teológica do pecado e seu efeito em nossa capacidade de raciocinar sobre Deus, e consideramos brevemente a doutrina da *imago Dei*. Poderíamos considerar outros tópicos teológicos semelhantes à medida que se relacionam com a teologia natural. Mas, nesta seção, pretendemos fazer algo mais interessante. A seguir, procuramos explorar a interseção entre a teologia cristã, a teologia natural e o sentido. Faremos isso nos defrontando com as seguintes questões: (1) Que valor tem a teologia natural para distinguir o teísmo cristão de outros sistemas teístas? (2) Que valor tem a teologia natural na distinção de crenças no teísmo cristão? (3) Que valor tem a teologia natural para encontrar significado e sentido em nosso mundo? Nosso objetivo aqui não é responder de uma ou de outra forma, mas fornecer aos leitores um caminho a seguir enquanto pensam e meditam sobre essas questões.

Antes de podermos começar a explorar essas questões, precisamos considerar primeiro a distinção de Richard Swinburne entre aquilo que ele chama de teologia natural "simples" (TNS) e teologia natural "ramificada" (TNR). Por um lado, a TNS é a tentativa de usar a teologia natural para chegar a um conceito genérico de Deus, talvez um Deus que seja Criador, todo-poderoso, a causa do universo, um projetista inteligente e um agente moral — o essencial daquilo com que a maioria dos teístas concorda quando pensa no conceito de Deus. Por outro lado, a TNR é uma "extensão natural" da TNS, buscando levar o teólogo natural além de uma ideia genérica de divindade para as reivindicações exclusivas de um sistema religioso específico.[3]

Em relação à primeira questão, várias tentativas foram feitas para distinguir o cristianismo de outros sistemas teístas ou religiosos que utilizam a TNR. Muitas vezes, essas tentativas se concentram nas afirmações de milagres da Bíblia, na afirmação da divindade ou ressurreição de Jesus. O livro de Swinburne, *Was Jesus God?* [Jesus era Deus?], é um excelente exemplo dessa tentativa. Nesta obra, Swinburne lida com a questão: se Deus existe, por que deveríamos supor que esse Deus é o Deus cristão? Seu principal objetivo é mostrar que, se Deus existe, aquelas doutrinas singulares no cristianismo, assim como a encarnação, a expiação, a ressurreição, a igreja e a Bíblia, "muito provavelmente são verdadeiras".[4]

---

[3] Swinburne, "Natural Theology", p. 533.
[4] Swinburne, *Was Jesus God?*, p. 1.

Outros, como N. T. Wright, Gary Habermas, Mike Licona, William Lane Craig e Tim e Lydia McGrew, concentram seus esforços na defesa dos milagres e da ressurreição de Jesus.[5] Wright, por exemplo, em suas *Gifford Lectures*, reflete em seu trabalho como acadêmico e historiador bíblico e rotula-o como uma tentativa de teologia natural. Em suas palestras, Wright levanta uma questão interessante. Muitas vezes, a Bíblia é excluída nas tentativas de teologia natural, mas por que isso deveria acontecer? Sobre isto, Wright continua:

> Mas seja qual for o significado que damos à "teologia natural" em si, e como quer que a avaliemos, há algo de estranho em excluir a Bíblia da "natureza". Afinal, a Bíblia foi escrita e editada no mundo do espaço e do tempo, por boa parte dos indivíduos situados em comunidades e ambientes "naturais" [...] A Bíblia, afinal, pretende oferecer não apenas ensinamentos "espirituais" ou "teológicos", mas [também] descrever acontecimentos no mundo "natural", principalmente a carreira pública de Jesus de Nazaré, um judeu do primeiro século que viveu e morreu no curso "natural" da história do mundo... E isso significa investigar o mundo histórico real de Jesus de Nazaré, um mundo turbulento e muito estudado sobre o qual existe conhecimento real e que, quando estudado com cuidado, inclui crenças fundamentais sobre a sobreposição do mundo de Deus e do mundo humano ("céu" e "terra"), e a interação regular da Era Futura com a Era Atual. Isso contextualiza Jesus e sua proclamação do reino de formas notavelmente desconhecidas nos estudos do "Jesus histórico" durante os séculos 19 e 20.[6]

Aqui citamos Wright extensivamente, pois ele levanta uma questão importante no que diz respeito à interseção entre a teologia cristã e a teologia natural, principalmente no que tange a argumentar as características distintivas do cristianismo em contraste com outros sistemas religiosos e não religiosos: até que ponto devemos fazer essa divisão entre revelação geral e especial? Afinal, como Wright argumentou, a própria Bíblia é um livro que não é meramente espiritual ou lógico por natureza, mas também representa o que os cristãos acreditam ser eventos históricos, ocorrendo no espaço e no tempo reais — o "mundo natural", como Wright coloca.

Por fim, em relação a essa primeira questão, David Baggett e Ronnie Campbell sugeriram que certos argumentos a favor de Deus, como o argumento moral, devem ser usados pelos cristãos para apontar para uma concepção de Deus que seja "a mais digna de adoração; e é essa concepção de Deus que os cristãos devem

---

[5] Wright, *Resurrection of the Son of God*; [edição em português: *A ressurreição do filho de Deus* (São Paulo: Paulus, 2020)]. Habermas, *Risen Jesus and Future Hope*; Licona, *Resurrection of Jesus*; Craig, *Son Rises*; T. McGrew and L. McGrew, "Argument from Miracles".
[6] Wright, *History and Eschatology*, p. xi-xii [edição em português: *História e escatologia: Jesus e a promessa da teologia natural* (Rio de Janeiro: Thomas Nelson Brasil, 2021)].

afirmar que realmente existe". Sobre isso, eles continuam: "À medida que os argumentos morais apontam para um Deus nada menos que onibenevolente e essencialmente amoroso, as evidências apontam para além das teologias contidas em outras religiões e entre os cristãos que retratam Deus como menos do que perfeitamente amoroso."[7]

E quanto à segunda questão? Alguns, como Travis Dumsday, Baggett e Campbell, e outros, argumentaram que a TNR não só distingue o cristianismo de outras religiões, mas também avança de maneira significativa no diálogo interno entre os cristãos.[8] Dumsday acredita que a TNR é inevitável e deve ser praticada por cristãos. Ele fornece vários exemplos onde isso ocorre, como debates sobre batismo infantil em contraste com batismo de crentes, ou debates sobre a dupla predestinação. Inicialmente, essas tentativas apelam às Escrituras, mas as questões teológicas recorrem rapidamente a preocupações filosóficas inevitáveis.

Tomemos, por exemplo, a dupla predestinação. O problema não é apenas debatido com base nas Escrituras, mas também inclui questões como a soberania de Deus, por um lado, e a justiça de Deus, por outro. Para aqueles que argumentam que esses debates deveriam ser decididos apenas pelas Escrituras, Dumsday acredita que essa afirmação "vacila diante de alguns dos debates mais amplos entre denominações, como o debate sobre a *sola scriptura*."[9] Afinal, teólogos católicos e ortodoxos orientais e os apologistas recorrem à tradição e à Igreja como uma "fonte autorizada de doutrina" e acreditam que há uma genuína "necessidade de um intérprete estável e institucional das Escrituras, que deve ser guiado por Deus, o que por sua vez aponta para a necessidade de um Igreja visível e autoritativa".[10] A TNR não apenas trata dessas questões doutrinárias, mas também se refere a certos fenômenos sobrenaturais religiosamente significativos. De acordo com Dumsday, uma série de fenômenos sobrenaturais são compartilhados sob a égide do que C. S. Lewis chamou de "cristianismo puro e simples", mas existem fenômenos sobrenaturais diferentes, muitas vezes compartilhados por cristãos de algumas denominações (por exemplo, visões de Jesus e Maria; milagres envolvendo ícones, relíquias e objetos abençoados; a presença real na Eucaristia; falar em línguas) que são rejeitados ou não compartilhados por outros. Dumsday acredita que a TNR oferece uma forma de resolver essas disputas. Tomemos, por exemplo, relatos de ícones que choram. Esses acontecimentos seriam indicadores de interação sobrenatural no mundo ou podemos explicar esses fenômenos por meio de explicações naturalistas? Como nos lembra Dumsday: "Esta não é uma questão que possa ser respondida *a priori*, mas requer, aliás, uma análise detalhada

---

[7] Baggett and Campbell, "Omnibenevolence", p. 346.
[8] Dumsday, "Ramified Natural Theology"; Baggett e Campbell, "Omnibenevolence", p. 346–52.
[9] Dumsday, "Ramified Natural Theology", p. 330.
[10] Dumsday, "Ramified Natural Theology", p. 330-31.

dos dados. E a relevância dos dados para a teologia natural ramificada indica claramente a importância desse exame."[11]

Por fim, abordamos nossa última questão sobre a interseção entre a teologia natural, a teologia cristã e o sentido. Aqui, pedimos a nosso leitor que considere a natureza dos tipos de argumentos muitas vezes apresentados na teologia natural: cosmológicos, teleológicos e morais. Muitas vezes, esses argumentos são empregados para defender a existência de Deus. Nesta obra, debatemos se essa é uma possibilidade viável e qual o valor dessas tentativas para o crente. Mas talvez haja outra razão para a consideração da importância da teologia natural, qual seja, o fato desses argumentos nos dizerem ou reafirmarem algo de sentido ou significado sobre a natureza do próprio mundo e a relação de Deus com ele. Não podemos explorar aqui a profundidade de cada uma dessas famílias de argumentos, mas faremos apenas algumas breves sugestões. Tomemos, por exemplo, os argumentos cosmológicos: seu objetivo é mostrar que existe uma causa ou explicação última por trás do universo. Contudo, certos argumentos cosmológicos apontam para algo mais profundo, isto é, que o próprio universo (e toda a realidade que não seja Deus) é radicalmente *contingente*. Isso implica ainda que tudo no universo é também radicalmente contingente, devendo sua existência a essa causa última. Do mesmo modo, os argumentos morais vão além da defesa da existência de Deus, mostrando que um fio condutor profundamente moral percorre toda a criação. Em outras palavras, a estrutura da moralidade no mundo é uma caraterística fundamental da realidade: *vivemos em um universo moral*.

REFLEXÃO FINAL

A esta altura, você já leu cada uma das visões. Viu as nuances de cada posição e testemunhou os pontos fortes e fracos de cada ponto de vista por meio do diálogo com réplicas. Além disso, foi desafiado a considerar outras áreas que se cruzam com a teologia natural. Convidamos você a continuar refletindo profundamente sobre este debate crucial.

Como em todas as obras com múltiplas perspectivas, este livro inclui diálogos sérios e, às vezes, profundas discordâncias. No entanto, as discordâncias não devem nos levar a desconsiderar a importância desse debate, nem devem nos impedir de adotar uma posição. Essas disputas devem nos forçar a investigar a fundo e a confrontar a questão em pauta, mesmo que isso signifique mais estudo. Esperamos que este livro tenha feito isso por você. Nosso desejo é que ele se torne um catalisador para mais pesquisas, levando o leitor a uma compreensão e adoração mais profunda do único Deus verdadeiro.

---

[11] Dumsday, "Ramified Natural Theology", p. 334-35.

BIBLIOGRAFIA

ADAMS, Edward. "Calvin's View of Natural Knowledge of God". *International Journal of Systematic Theology* 3, nº 3 (2001). p. 280-92.
ADAMS, Marilyn McCord. *Horrendous Evils and the Goodness of God*. Ithaca, NY: Cornell University Press, 1999.
ADORNO, Theodor, e HORKHEIMER, Max. *Towards a New Manifesto*. Traduzido por Rodney Livingstone. Londres: Verso, 2011.
AGAMBEN, Giorgio. *Taste*. Traduzido por Cooper Francis. Nova York: Seagull Books, 2017.
_____. *Gosto* (Belo Horizonte: Autêntica, 2017).
AGOSTINHO, de Hipona. *Augustine: Homilies on the Gospel of John, Homilies on the First Epistle of John, Soliloquies*. Editado por Philip Schaff. Traduzido por John Gibb e James Innes. Peabody, MA: Hendrickson, 1995.
_____. *City of God*. Editado por Vernon Bourke. Traduzido por Gerald G. Walsh et al. Nova York: Doubleday, 1958.
_____. *Santo Agostinho: a cidade de Deus* (São Paulo: Paulus, 2023).
_____. *Confessions*. Traduzido por Henry Chadwick. Oxford: Oxford University Press, 1991.
_____. *Santo Agostinho: Confissões* (São Paulo: Paulus, 1997).
_____. *The First Catechetical Instruction*. Traduzido por Joseph P. Christopher. *Ancient Christian Writers* 2. Westminster, MD: Newman, 1946.
ALSTON, William P. "Mysticism and Perceptual Awareness of God". In *The Blackwell Guide to the Philosophy of Religion*, Editado por William E. Mann, 198–219. Oxford: Blackwell, 2005.
_____. *Perceiving God: The Epistemology of Religious Experience*. Ithaca, NY: Cornell University Press, 1991.
_____. *Percebendo Deus: a experiência religiosa justificada* (Natal: Carisma, 2020).
ANDERSON, Douglas. "The Evolution of Peirce's Concept of Abduction". *Transactions of the Charles S. Peirce Society* 22, no. 2 (1986). p. 145-64.
ANSELMO. *Anselm of Canterbury: The Major Works*. Editado por Brian Davies e G. R. Evans. Nova York: Oxford University Press, 2008.
APEL, Karl-Otto, e KETTNER, Matthias, eds. *Die eine Vernunft und die vielen Rationalitäten*. Frankfurt am Main: Suhrkamp, 1996.
AQUINO, Tomás. *Summa contra Gentiles*. Traduzido por the English Dominican Fathers. Nova York: Benziger Brothers, 1924.
_____. *Suma contra os gentios* (São Paulo: Loyola, 2015).
_____. *The Summa Theologiae*. Traduzido por Fathers of the English Dominican Province. 3 vols. Nova York: Benziger Brothers, 1948.
_____. *Suma teológica* (São Paulo: Loyola, 2001).

ARENDT, Hannah. *The Life of the Mind*. Nova York: Harcourt Brace Jovanovich, 1971.

ARISTÓTELES. *Metaphysics*. Traduzido por W. D. Ross. In vol. 2 of *The Complete Works of Aristotle: The Revised Oxford Translation*, editado por Jonathan Barnes, 1552-728. Princeton: Princeton University Press, 1984.

_____. *Metafísica* (São Paulo: Vozes, 2024).

ATANÁSIO. *De incarnatione. St. Athanasius: On the Incarnation* (1885). Editado por Archibald Robertson. Kessinger's Legacy Reprints. Whitefish, MT: Kessinger, 2010.

_____. *Santo Atanásio: a encarnação do verbo* (São Paulo: Paulus, 2002).

BAGGETT, David, e CAMPBELL, Ronnie. "Omnibenevolence, Moral Apologetics, and Doubly Ramified Natural Theology". *Philosophia Christi* 15, no. 2 (2013). p. 337-52.

BAILLIE, John, ed. *Natural Theology, Comprising "Nature and Grace" by Emil Brunner and the Reply 'No!' by Karl Barth"*. Traduzido por Peter Fraenkel. Londres: Centenary, 1946.

BARR, James. *Biblical Faith and Natural Theology*. Oxford: Clarendon, 1993.

BARRETT, Anthony J., Jr. *Sacrifice and Prophecy in Turkana Cosmology*. Nairobi: Pauline Publications Africa, 1998.

_____. *Turkana-English Dictionary*. Londres: Macmillan Education, 1990.

BARRETT, Justin L. *Born Believers: The Science of Children's Religious Belief*. Nova York: Free Press, 2012.

_____. *Why Would Anyone Believe in God?* Lanham, MD: AltaMira, 2004.

BARTH, Christoph. *God with Us: A Theological Introduction to the Old Testament*. Grand Rapids: Eerdmans, 1991.

BARTH, Karl. *Anselm: Fides quaerens intellectum: Anselm's Proof of the Existence of God in the Context of His Theological Scheme*. Traduzido da 2ª ed. por Ian W. Robertson. Londres: SCM, 1960.

_____. *The Christian Life; Church Dogmatics IV,4 Lecture Fragments*. Traduzido por Geoffrey W. Bromiley. Edimburgo: T&T Clark, 1981.

_____. *Church Dogmatics [CD]*. Editado e traduzido por Thomas F. Torrance e Geoffrey W. Bromiley. 14 volumes. Edimburgo: T&T Clark, 1956-75.

_____. *Dogmática Eclesiástica* (São Paulo: Fonte Editorial, 2017).

_____. *Dogmatics in Outline*. Traduzido por G. T. Thomson. Londres: SCM, 1949.

_____. *The Epistle to the Romans*. Traduzido da 6ª ed. por Edwyn C. Hoskyns. Oxford: Oxford University Press, 1968.

_____. *A carta aos romanos* (São Leopoldo: Sinodal, 2015).

_____. *Evangelical Theology: An Introduction*. Traduzido por Grover Foley. Londres: Collins, 1963.

_____. *Introdução à teologia evangélica* (São Leopoldo: Sinodal, 2007).

_____. "The First Commandment as an Axiom of Theology". In *The Way of Theology in Karl Barth: Essays and Comments*, editado por H. Martin Rumscheidt, p. 63-78. Allison Park, PA: Pickwick, 1986.

_____. *The Göttingen Dogmatics: Instruction in the Christian Religion*. Vol. 1. Traduzido por Geoffrey W. Bromiley. Grand Rapids: Eerdmans, 1990.

———. *How I Changed My Mind*. Editado por John Godsey. Edimburgo: Saint Andrew, 1969.

———. *The Knowledge of God and the Service of God according to the Teaching of the Reformation: Recalling the Scottish Confession of 1560*. Traduzido por J. L. M. Haire e Ian Henderson. *The Gifford Lectures*, University of Aberdeen, 1937-38. Londres: Hodder & Stoughton, 1938.

———. *Predigten 1914*. Editado por Ursula Fähler e Jochen Fähler. Zurique: Theologischer Verlag, 1974.

———. *Protestant Theology in the Nineteenth Century: Its Background and History*. Traduzido por Brian Cozens e John Bowden. Londres: SCM, 1959.

———. *A Shorter Commentary on Romans*. Traduzido por D. H. van Daalen. Aldershot, UK, Burlington, VT: Ashgate, 2007.

———. *Wolfgang Amadeus Mozart*. Traduzido por C. K. Pott. Grand Rapids: Eerdmans, 1986.

BAUERSCHMIDT, Frederick Christian. *Thomas Aquinas: Faith, Reason, and Following Christ*. Oxford: Oxford University Press, 2015.

BELCHER, Richard P. *Finding Favour in the Sight of God: A Theology of Wisdom Literature*. Downers Grove, IL: InterVarsity, 2018.

BENHABIB, Seyla. *Situating the Self: Gender, Community and Postmodernism in Contemporary Ethics*. Cambridge: Polity, 1992.

BENJAMIN, Walter. *Illuminations: Essays and Reflections*. Traduzido por Leon Wieseltier. Nova York: Schocken Books, 1968.

BERMAN, Harold J. *Law and Revolution: The Formation of the Western Legal Tradition*. Cambridge, MA: Harvard University Press, 1983.

———. *Direito e revolução: a formação da tradição jurídica ocidental* (São Leopoldo: Unisinos, 2006).

BISHOP, John. "Evidence". In *The Routledge Companion to Theism*, editado por Charles Taliaferro, Victoria S. Harrison, e Stewart Goetz, p. 161-87. Nova York: Routledge, 2013.

BLAIR, Ann, e GREYERZ, Kaspar von, eds. *Physico-Theology: Religion and Science in Europe, 1650-1750*. Baltimore: Johns Hopkins University Press, 2020.

BLUMENBERG, Hans. *Die Lesbarkeit der Welt*. Frankfurt: Suhrkamp, 1986.

BOAVENTURA. *The Journey of the Mind to God*. Editado por Stephen F. Brown. Traduzido por Philotheus Boehner, OFM. Hackett Classics. Indianapolis: Hackett, 1993.

BORK, Kennard B. "Natural Theology in the Eighteenth Century, as Exemplified in the Writings of Élie Bertrand (1713-1797), a Swiss Naturalist and Protestant Pastor". *Geological Society, Londres, Special Publications 310* (2009). p. 277-88.

BOYD, Craig A. "The Synthesis of Reason and Faith". In *Faith and Reason: Three Views*, editado por Steve Wilkens, p. 131-74. Downers Grove, IL: InterVarsity, 2014.

BOYLE, Robert. "Of the Study of the Book of Nature". In vol. 13 of *The Works of Robert Boyle*, editado por M. Hunter e E. B. Davis, p. 147-72. 14 vols. Londres: Pickering & Chatto, 1999-2000.

Bradley, W. L., e Forsyth, P. T. *The Man and His Work*. Londres: Independent Press, 1952.

Bradshaw, David, e Swinburne, Richard, eds. *Natural Theology in the Eastern Orthodox Tradition*. St. Paul: Iota, 2020.

Brooke, John Hedley. "Like Minds: The God of Hugh Miller". In *Hugh Miller and the Controversies of Victorian Science*, editado por Michael Shortland, p. 171-86. Oxford: Clarendon, 1996.

_____. "Science and the Fortunes of Natural Theology: Some Historical Perspectives". *Zygon* 24 (1989). p. 3-22.

Brown, Wendy. *Walled States, Waning Sovereignty*. Nova York: Zone Books, 2014.

Brunner, Emil. *The Christian Doctrine of the Church, Faith, and the Consummation*. Traduzido por David Cairns. Vol. 3 of Dogmatics. Londres: Lutterworth, 1962.

_____. "The New Barth: Observations on Karl Barth's Doctrine of Man". *Scottish Journal of Theology* 4 (1951). p. 123-35.

_____. "The Risen and Exalted Lord". In *The Christian Doctrine of Creation and Redemption*, Traduzido por Olive Wyon, p. 363-78. Vol. 2 of Dogmatics. Philadelphia: Westminster, 1952.

Buckley, Michael J. *At the Origins of Modern Atheism*. New Haven: Yale University Press, 1987.

Bujanda, J. M. de. "L'influence de Sebond en Espagne au XVIe siècle". *Renaissance and Reformation* 10, no. 2 (1974). p. 78-84.

Bulgakov, Sergius. *The Bride of the Lamb*. Traduzido por Boris Jakim. Edimburgo: T&T Clark, 2002.

Burrell, David. *Faith and Freedom: An Interfaith Perspective*. Oxford: Blackwell, 2004.

Busch, Eberhard. *The Great Passion: An Introduction to Karl Barth's Theology*. Traduzido por Geoffrey W. Bromiley. Grand Rapids: Eerdmans, 2004.

Butler, Joseph. *The Analogy of Religion*. Editado por David McNaughton. Oxford: Oxford University Press, 2021.

Caldecott, Stratford. *Beauty for Truth's Sake: On the Re-enchantment of Education*. Grand Rapids: Brazos, 2009.

Calvino, João. *Institutes of the Christian Religion*. Editado por John T. McNeill. Traduzido por Ford Lewis Battles. 2 vols. Philadelphia: Westminster, 1960.

_____. *A instituição da religião cristã* (São Paulo: Unesp, 2008).

Campbell, Douglas A. "Natural Theology in Paul? Reading Romans 1.19,20". *International Journal of Systematic Theology* 1 (1999). p. 231-52.

Catarina de Siena. *The Dialogue of St. Catherine of Siena: A Conversation with God on Living Your Spiritual Life to the Fullest*. Ed. abreviada. Charlotte: Tan Books, 1991.

Cicero. *The Nature of the Gods*. Traduzido por P. G. Walsh. Oxford World's Classics. Oxford: Oxford University Press, 2008.

Clines, David J. A. *Job 38–42*. Word Biblical Commentary. Nashville: Nelson, 2011.

Cobb, John B. *A Christian Natural Theology: Based on the Thought of Alfred North Whitehead*. Philadelphia: Westminster, 1965.

COLISH, Marcia. "The Sentence Collection and the Education of Professional Theologians in the Twelfth Century". In The Intellectual Climate of the Early University, Editado por N. van Deusen, 1–26. Kalamazoo: Western Michigan University, 1997.

COLLINS, John J. "The Biblical Precedent for Natural Theology". Journal of the American Academy of Religion 45, no. 1, Supplement B (1977): 35–67.

_____. "Natural Theology and Biblical Tradition: The Case of Hellenistic Judaism". Catholic Biblical Quarterly 60 (1998). p. 1-15.

COLLINS, Robin. "Naturalism". In The Routledge Companion to Theism, editado por Charles Taliaferro, Victoria S. Harrison, e Stewart Goetz, p. 182-95. Nova York: Routledge, 2013.

CONE, James H. God of the Oppressed. Londres: SPCK, 1977.

_____. O Deus dos oprimidos (São Paulo: Recriar, 2020).

COTTINGHAM, John. "Transcending Science: Humane Models of Religious Under- standing". In New Models of Religious Understanding, editado por Fiona Ellis, p. 23-41. Oxford: Oxford University Press, 2018.

COUENHOVEN, Jesse. Stricken by Sin, Cured by Christ: Agency, Necessity, and Culpability in Augustinian Theology. Nova York: Oxford University Press, 2013.

CRAIG, William Lane. The Son Rises: The Historical Evidence for the Resurrection of Jesus. 1981. Reimpressão, Eugene, OR: Wipf & Stock, 2001.

CRAIG, William Lane, e MORELAND James Porter, eds. The Blackwell Companion to Natural Theology. Malden, MA: Wiley-Blackwell, 2009.

CULLEN, Christopher M. Bonaventure. Oxford: Oxford University Press, 2006.

DALFERTH, Ingolf. Theology and Philosophy. Oxford: Blackwell, 1988.

DAVIS, Caroline. The Evidential Force of Religious Experience. Oxford: Clarendon, 1989.

DAVIS, Philip J., e HERSH, Reuben. The Mathematical Experience. New ed. Nova York: Penguin Books, 1990.

DAVIS, Stephen T. God, Reason and Theistic Proofs. Grand Rapids: Eerdmans, 1997.

DAVIS, William H. Peirce's Epistemology. The Hague: Nijhoff, 1972.

DEAR, Peter. "Reason and Common Culture in Early Modern Natural Philosophy: Variations on an Epistemic Theme". In Conflicting Values of Inquiry: Ideologies of Epistemology in Early Modern Europe, editado por Tamás Demeter, Kathryn Murphy, e Claus Zittel, p. 10-38. Leiden: Brill, 2014.

DE BOLLA, Peter. Art Matters. Cambridge, MA: Harvard University Press, 2001.

DE CRUZ, Helen. A Natural History of Natural Theology: The Cognitive Science of Theology and Philosophy of Religion. Cambridge, MA: MIT Press, 2015.

DE CRUZ, Helen, e SMEDT, Johan de. "Intuitions and Arguments: Cognitive Foundations of Argumentation in Natural Theology". European Journal for Philosophy of Religion 9, no. 2 (2017). p. 57-82.

DE LUBAC, Henri. The Discovery of God. Traduzido por Alexander Dru. Edimburgo: T&T Clark, 1960.

DENZINGER, Henry. The Sources of Catholic Dogma. Fitzwilliam, NH : Loreto Publications, 2002.

DE PUIG, Jaume. *La filosofia de Ramon Sibiuda*. Barcelona: Institut d'Estudis Catalans, 1997.

DESCARTES, René. *Discourse on Method and Related Writings*. Traduzido por Desmond M. Clarke. Nova York: Penguin Books, 2003.

_____. *Discurso do método e ensaios* (São Paulo: Unesp, 2018).

DIHLE, Albrecht. "Die Theologia tripertita bei Augustin." In *Geschichte—Tradition— Reflexion: Festschrift für Martin Hengel zum 70. Geburtstag*, editado por Hubert Cancik, p. 183-202. Tübingen, Mohr Siebeck, 1996.

DIVE, Bernard. *John Henry Newman and the Imagination*. Londres : Bloomsbury T&T Clark, 2018.

DONALDSON, James, e ROBERTS, Alexander, eds. *The Apostolic Fathers with Justin Martyr and Irenaeus*. Vol. 1 of *Ante-Nicene Christian Library: Translations of the Writings of the Fathers down to A.D. 325*. Edimburgo: T&T Clark, 1867.

DULLES, Avery. *A History of Apologetics*. 2ª ed. São Francisco: Ignatius, 2005.

_____. "Reason, Philosophy, and the Grounding of Faith: A Reflection on 'Fides et Ratio'". *International Philosophical Quarterly* 40, no. 4 (2000). p. 479-90.

DUMSDAY, Travis. "Ramified Natural Theology in the Context of Interdenominational Debate". *Philosophia Christi* 15, no. 2 (2013), 329-36.

EAGLETON, Terry. *The Ideology of the Aesthetic*. Oxford: Blackwell, 1990.

_____. *Ideologia da estética* (Rio de Janeiro: Zahar, 1993).

_____. *Reason, Faith, and Revolution: Reflections on the God Debate*. New Haven: Yale University Press, 2009.

_____. *O debate sobre Deus: razão, fé e revolução* (Rio de Janeiro: Nova Fronteira, 2011).

EBRAHIM, Azadegan. "Divine Hiddenness and Human Sin: The Noetic Effect of Sin." *Journal of Reformed Theology* 7, no. 1 (2013). p. 69-90.

EDWARDS, Jonathan. *Works*. 26 vols. New Haven: Yale University Press, 1977-2009.

ELLIS, Fiona. *God, Nature, and Value*. Oxford: Oxford University Press, 2014.

FEINGOLD, Lawrence. *The Natural Desire to See God according to St. Thomas and His Interpreters*. Roma: Apollinare studi, 2001.

FERGUSSON, David. "Types of Natural Theology". In The Evolution of Rationality: Interdisciplinary Essays in Honor of J. Wentzel van Huyssteen, editado por F. Le Ron Schults, p. 380-93. Grand Rapids: Eerdmans, 2007.

FLETCHER, Patrick J. "Newman and Natural Theology". *Newman Studies Journal* 5, no. 2 (2008). p. 26-42.

FLÓREZ, Jorge Alejandro. "Peirce's Theory of the Origin of Abduction in Aristotle". *Transactions of the Charles S. Peirce Society* 50, no. 2 (2014). p. 265–80.

FORBES, Robert J. *Short History of the Art of Distillation from the Beginnings up to the Death of Cellier Blumenthal*. 1948. Reprint. Leiden: Brill, 1970.

FORD, David F. *Christian Wisdom: Desiring God and Learning in Love*. Cambridge: Cambridge University Press, 2007.

FORSYTH, P.T. *The Holy Father and the Living Christ*. Londres: Hodder & Stoughton, 1897.

_____. *The Person and Place of Jesus Christ*. Londres: Independent Press, 1909.

_____. *The Principle of Authority*. Londres: Hodder & Stoughton, 1912.

_____. "Revelation and the Person of Christ". In *Faith and Criticism: Essays by Congregationalists*, p. 95-144. Londres: Sampson Low Marston, 1893.

FREI, Hans. "Eberhard Busch's Biography of Karl Barth". In *Karl Barth in Re-View*, editado por H. Martin Rumscheidt, p. 95-116. Pittsburgh: Pickwick, 1981.

_____. *Types of Christian Theology*. New Haven: Yale University Press, 1992.

FÜHRER, Marks L. "Albertus Magnus' Theory of Divine Illumination". In *Albertus Magnus: Zum Gedenken nach 800 Jahren: Neue Zugänge, Aspekte und Perspektiven*, editado por Walter Senner, p. 141-56. Berlim: de Gruyter, 2001.

FUNKESTEIN, Amos. *Theology and the Scientific Imagination: From the Middle Ages to the Seventeenth Century*. Princeton: Princeton University Press, 1986.

FYFE, Aileen. "Publishing and the Classics: Paley's Natural Theology and the Nineteenth--Century Scientific Canon". *Studies in the History and Philosophy of Science* 33 (2002). p. 433-55.

_____. "The Reception of William Paley's Natural Theology in the University of Cambridge". *British Journal for the History of Science* 30 (1997). p. 321-35.

GADAMER, Hans-Georg. "What Is Truth?" Traduzido por Brice R. Wachterhauser. In *Hermeneutics and Truth*, editado por Brice R. Wachterhauser, p. 33-46. Evanston, IL: Northwestern University Press, 1994.

GALE, Richard M. *On the Nature and Existence of God*. Cambridge: Cambridge University Press, 1991.

GALES, Evan. "Naturalism and Physicalism". In *The Cambridge Companion to Atheism*, editado por Michael Martin, p. 118-34. Cambridge: Cambridge University Press, 2006.

GÄRTNER, Bertil. *The Areopagus Speech and Natural Revelation*. Uppsala: Almqvist & Wiksells, 1955.

GEIVETT, R. Douglas. "The Evidential Value of Religious Experience". In *The Rationality of Theism*, editado por Paul Copan e Paul K. Moser, p. 175-203. Londres: Routledge, 2003.

GELLMAN, Jerome. "Religious Experience". In *The Routledge Handbook of Contemporary Philosophy of Religion*, editado por Graham Oppy, p. 155-66. Nova York: Routledge, 2015.

GERBER, Judith. "Beyond Dualism: The Social Construction of Nature and the Natural and Social Construction of Human Beings". *Progress in Human Geography* 21, no. 1 (1997). p. 1-17.

GILL, Theodore A. "Barth and Mozart". *Theology Today* 43 (1986). p. 403-11.

GILLESPIE, Neal. *Charles Darwin and the Problem of Creation*. Chicago: University of Chicago Press, 1979.

GRABILL, Stephen John. *Rediscovering the Natural Law in Reformed Theological Ethics*. Grand Rapids: Eerdmans, 2006.

GREENHAM, Paul. "Clarifying Divine Discourse in Early Modern Science: Divinity, Physico-Theology, and Divine Metaphysics in Isaac Newton's Chymistry". *The Seventeenth Century* 32, no. 2 (2017). p. 191-215.

GREGORY, Brad S. *The Unintended Reformation: How a Religious Revolution Secularized Society*. 2012. Reimpressão. Cambridge, MA: Belknap, Harvard University Press, 2015.

GREGORY I, Pope. *Epistola 76: Letter to Abbot Mellitus*. In vol. 77 de *Patrologia Latina*, editado por J. P. Migne, 1215-16. https://sourcebooks.fordham.edu/source/601gregory-1-lettertomellitus.asp.

GUNTON, Colin E. *The Promise of Trinitarian Theology*. Edimburgo: T&T Clark, 1991.

———. "The Trinity, Natural Theology, and a Theology of Nature". In *The Trinity in a Pluralistic Age*, editado por Kevin Vanhoozer, p. 88-103. Grand Rapids : Eerdmans, 1997.

GUY, Alain. "La Theologia naturalis en son temps: Structure, portée, origines." In *Montaigne, Apologie de Raimond Sebond: De la theologia à la théologie*, editado por Claude Blum, p. 13-47. Paris: Honoré Champion, 1990.

HABERMAS, Gary R. *The Risen Jesus and Future Hope*. Lanham, MD: Rowman & Littlefield, 2003.

HABERT, Mireille. *Montaigne traducteur de la Théologie naturelle: Plaisantes et sainctes imaginations*. Paris: Classiques Garnier, 2010.

HAINES, David. *Natural Theology: A Biblical and Historical Introduction and Defense*. Oxford: Davenport, 2021.

HALDANE, John. "Philosophy, the Restless Heart, and the Meaning of Theism". *Ratio* 19, no. 4 (2006). p. 421-40.

HARRISON, Peter. "Physico-Theology and the Mixed Sciences: The Role of Theology in Early Modern Natural Philosophy". In *The Science of Nature in the Seventeenth Century*, editado por Peter Anstey e John Schuster, p. 165-83. Dordrecht: Springer, 2005.

———. "Supernatural Belief in a Secular Age". Palestra apresentada nas Bampton Lectures, Universidade de Oxford, Inglaterra, 12 de fevereiro de 2019. Vídeo de YouTube, 1:02:19. Disponível em: https://youtu.be/paTZeJjH43Y.

———. *The Territories of Science and Religion*. Chicago: University of Chicago Press, 2015.

———. *Os territórios da ciência e da religião* (Viçosa: Ultimato, 2017).

——— e ROBERTS, Jon H., eds. *Science without God? Rethinking the History of Scientific Naturalism*. Nova York:, Oxford University Press, 2019.

HARTSHORNE, Charles. *A Natural Theology for Our Time*. La Salle, IL: Open Court, 1973.

HAUERWAS, Stanley. "The Demands of a Truthful Story: Ethics and the Pastoral Task". Chicago Studies 21 (1982). p. 59-71.

———. *With the Grain of the Universe: The Church's Witness and Natural Theology*. Londres: SCM, 2001.

HELM, Paul. "John Calvin, the Sensus Divinitatis and the Noetic Effects of Sin". *International Journal of Philosophy of Religion* 43 (1998). p. 87-107.

HOLDER, Rodney D. *Ramified Natural Theology in Science and Religion: Moving Forward from Natural Theology*. Londres: Routledge, 2020.

HOSPERS, John. *An Introduction to Philosophical Analysis*. Nova York: Pearson, 1996.

HOWARD-SNYDER, Daniel, e GREEN, Adam. "Hiddenness of God". In *The Stanford Encyclopedia of Philosophy* (edição de outono de 2022), editado por Edward N. Zalta e Uri

Nodelman. Disponível em: https://plato.stanford.edu/archives/fall2022/entries/divine-hiddenness/.

HOWELL, Kenneth J. *God's Two Books: Copernican Cosmology and Biblical Interpretation in Early Modern Science*. Notre Dame, IN: University of Notre Dame Press, 2002.

HOYLE, Fred. "The Universe: Past and Present Reflections". *Annual Review of Astronomy and Astrophysics* 20 (1982). p. 1-35.

HUBBARD, Moyer. *New Creation in Paul's Letters and Thought*. Cambridge: Cambridge University Press, 2002.

HUEBNER, Sabine R., e LAES, Christian, eds. *The Single Life in the Roman and Later Roman World*. Cambridge: Cambridge University Press, 2019.

HUGHES, John. "Proofs and Arguments". In I*maginative Apologetics: Theology, Philosophy and the Catholic Tradition*, editado por Andrew Davison, p. 3-11. Londres: SCM, 2011.

HUME, David. *Dialogues concerning Natural Religion*. Londres: Penguin Books, 1990.

_____. *Diálogos sobre a religião natural* (Bahia: Edufba, 2016).

HUNSINGER, George. *Evangelical, Catholic, and Reformed: Doctrinal Essays on Barth and Related Themes*. Grand Rapids: Eerdmans, 2015.

_____. *How to Read Karl Barth: The Shape of His Theology*. Nova York: Oxford University Press, 1991.

HUSBANDS, Mark. "Calvin on the Revelation of God in Creation and Scripture: Modern Reception and Contemporary Possibilities". In *Calvin's Theology and Its Reception*, editado por J. Todd Billings e I. John Hesselink, p. 25-48. Louisville: Westminster John Knox, 2012.

ILIFFE, Rob. *Priest of Nature: The Religious Worlds of Isaac Newton*. Oxford: Oxford University Press, 2017.

IRLENBORN, Bernd. "Konsonanz von Theologie und Naturwissenschaft? Fundamentaltheologische Bemerkungen zum interdisziplinären Ansatz von John Polkinghorne". *Trierer Theologische Zeitung* 113 (2004). p. 98-117.

JAGER, Colin. "Mansfield Park and the End of Natural Theology". *Modern Language Quarterly* 63 (2002). p. 31-63.

JAKI, Stanley L. *Science and Creation*. Lanham, MD: University Press of America, 1990.

JAMES, William. *Varieties of Religious Experience*. Nova York: Modern Library, 1902.

_____. *As variedades da experiência religiosa: um estudo sobre a natureza humana* (São Paulo: Cultrix, 2017).

_____. *The Will to Believe*. Nova York: Dover, 1956.

_____. *A vontade de crer* (São Paulo: Loyola, 2018).

JANTZEN, Grace M. *Becoming Divine: Towards a Feminist Philosophy of Religion*. Manchester: Manchester University Press, 1998.

_____. *Power, Gender and Christian Mysticism*. Cambridge: Cambridge University Press, 1995.

JOHNSON, Keith L. *Karl Barth and the Analogia Entis*. Londres: T&T Clark, 2010.

———. "Natural Revelation in Creation and Covenant". In *Thomas Aquinas and Karl Barth: An Unofficial Catholic-Protestant Dialogue*, editado por Bruce L. McCormack e Thomas Joseph White, p. 129-56. Grand Rapids: Eerdmans, 2013.

JONES, Steven E. *Roberto Busa, S. J., and the Emergence of Humanities Computing: The Priest and the Punched Cards*. Nova York: Routledge, 2018.

JOYCE, George Hayward. *Principles of Natural Theology*. Londres: Longmans, Green, 1922.

JÜNGEL, Eberhard. *God as Mystery of the World: On the Foundation of the Theology of the Crucified One in the Dispute between Theism and Atheism*. Traduzido por Darrell L. Guder. Grand Rapids: Eerdmans, 1983.

KASS, Leon R. *The Hungry Soul: Eating and the Perfecting of Our Nature*. New ed. Chicago: University of Chicago Press, 1999.

KERR, Fergus. *After Aquinas: Versions of Thomism*. Oxford: Blackwell, 2002.

———. "Cartesianism according to Karl Barth". *New Blackfriars* 77 (1996): 358-68.

———. *Immortal Longings: Versions of Transcending Humanity*. Londres: SPCK, 1997.

KILBY, Karen. "Philosophy". In *The Cambridge Companion to the Summa Theologiae*, editado por Philip McCosker and Denys Turner, 62-73. Cambridge: Cambridge University Press, 2016.

KIM, Yung Han. "The Identity of Reformed Theology and Its Ecumenicity in the Twenty-First Century". In *Reformed Theology: Identity and Ecumenicity*, editado por Wallace M. Alston e Michael Welker, p. 1-19. Grand Rapids: Eerdmans, 2003.

KLAUBER, Martin. "Jean-Alphonse Turrettini (1671-1737) on Natural Theology: The Triumph of Reason over Revelation at the Academy of Geneva". *Scottish Journal of Theology* 47 (1994). p. 301-25.

KOCK, Christoph. *Natürliche Theologie: Ein evangelischer Streitbegriff*. Neukirchen-Vluyn: Neukirchener Verlag, 2001.

KRETZMANN, Norman. *The Metaphysics of Theism: Aquinas's Natural Theology in Summa contra Gentiles I*. Oxford: Clarendon, 1997.

KWAN, Kai-Man. "The Argument from Religious Experience". In *Contemporary Arguments in Natural Theology: God and Rational Belief*, editado por Colin Ruloff e Peter Horban, p. 251-70. Londres: Bloomsbury Academic, 2021.

LANE, Belden C. "Jonathan Edwards on Beauty, Desire, and the Sensory World". *Theological Studies* 65, no. 1 (2004). p. 44-68.

LASH, Nicholas. *Easter in Ordinary: Reflections on Human Experience and the Knowledge of God*. Londres: SCM, 1988.

———. *His Presence in the World: A Study in Eucharistic Worship and Theology*. Londres: Sheed & Ward, 1968.

———. *Holiness, Speech and Silence: Reflections on the Question of God*. Aldershot, UK: Ashgate, 2004.

———. *A Matter of Hope: A Theologian's Reflections on the Thought of Karl Marx*. Londres: Darton, Longman & Todd, 1981.

———. *Theology on the Way to Emmaus*. Londres: SCM, 1986.

LÉCHOT, Pierre-Olivier. "Calvin et la connaissance naturelle de Dieu: Une relecture". *Études théologiques et religieuses* 93, no. 2 (2018). p. 271-99.

LEFEBURE, Leo D. "The Wisdom Tradition in Recent Christian Theology." *Journal of Religion* 76, no. 2 (1996), p. 338-48.

LEWIS, C. S. *The Great Divorce*. Nova York: Macmillan, 1946.

_____. *O grande divórcio* (Rio de Janeiro: Thomas Nelson Brasil, 2020).

_____. *Mere Christianity*. Londres: HarperCollins, 2001.

_____. *Cristianismo puro e simples* (Rio de Janeiro: Thomas Nelson Brasil, 2017).

_____. *That Hideous Strength*. Londres: HarperCollins, 2005.

_____. *Aquela fortaleza medonha* (Rio de Janeiro: Thomas Nelson Brasil, 2019).

LICONA, Michael R. *The Resurrection of Jesus: A New Historiographical Approach*. Downers Grove, IL: InterVarsity, 2010.

LIGHTBODY, Brian. *Philosophical Genealogy: An Epistemological Reconstruction of Nietzsche and Foucault's Genealogical Method*. Nova York: Peter Lang, 2010.

LINZEY, Andrew. *Animal Theology*. Urbana: University of Illinois Press, 1995.

LOKE, Andrew. *The Teleological and Kalam Cosmological Arguments Revisited*. Nova York: Palgrave Macmillan, 2021.

LONERGAN, Bernard J. F. "The General Character of the Natural Theology of Insight". In *Philosophical and Theological Papers, 1965–1980*, editado por Robert C. Croken e Robert M. Doran, p. 3-9. Vol. 17 of *The Collected Works of Bernard Lonergan*. Toronto: University of Toronto Press, 2004.

_____. *Insight: A Study of Human Understanding*. Editado por Frederick E. Crowe e Robert M. Doran. 5ª ed. Vol. 3 de *The Collected Works of Bernard Lonergan*. Toronto: University of Toronto Press, 1988.

LONG, D. Stephen. *Saving Karl Barth: Hans Urs von Balthasar's Preoccupation*. Minneapolis: Fortress, 2014.

LONG, Tony. "May 13, 1637: Cardinal Richelieu Makes His Point". Wired, 13 de maio de 2011. Disponível em https://www.wired.com/2011/05/0513cardinal-richelieu-invents--table-knife/.

LOSSKY, Vladimir. *Orthodox Theology: An Introduction*. Traduzido por Ian Kesarcodi Watson e Ihita Kesarcodi-Watson. Crestwood, NY: St. Vladimir's Seminary Press, 1978.

LYCAN, William. *On Evidence in Philosophy*. Oxford: Oxford University Press, 2019.

MACINTYRE, Alasdair. *Difficulties in Christian Belief*. Londres: SCM, 1959.

_____. *Ethics and Politics*. Vol. 2 de *Selected Essays*. Cambridge: Cambridge University Press, 2006.

_____. *Whose Justice? Which Rationality?* Londres: Duckworth, 1988.

_____. *Justiça de quem? Qual racionalidade?* (São Paulo: Loyola, 1991).

MACKIE, J. L. *The Miracle of Theism*. Oxford: Clarendon, 1982.

MACSWAIN, Robert, e WARD, Michael, eds. *The Cambridge Companion to C. S. Lewis*. Cambridge: Cambridge University Press, 2010.

Malcolm, Norman. "Is It a Religious Belief That 'God Exists'?" In *Faith and the Philosophers*, editado por John Hick, p. 103-11. Londres: Macmillan, 1966.

Mallinson, Jeffrey. *Faith, Reason, and Revelation in Theodore Beza, 1519–1605*. Oxford: Oxford University Press, 2003.

Mandelbrote, Scott. "The Uses of Natural Theology in Seventeenth-Century England". *Science in Context* 20 (2007). p. 451–80.

Martin, C. B. "Religious Experience: A Religious Way of Knowing". In *Readings in the Philosophy of Religion*, editado por Kelly James Clark, p. 119-24. 2nd ed. Nova York: Broadview, 2008.

Mawson, T. J. *Belief in God: An Introduction to the Philosophy of Religion*. Oxford: Clarendon, 2005.

McCabe, Herbert. *Faith within Reason*. Editado por Brian Davies. Nova York: Continuum, 2007.

_____. *The Good Life: Ethics and the Pursuit of Happiness*. Nova York: Continuum, 2005.

_____. *Law, Language, Love*. Nova York: Continuum, 2003.

McCormack, Bruce L. "Karl Barth's Version of an 'Analogy of Being': A Dialectical No and Yes to Roman Catholicism". In T*he Analogy of Being: Invention of the Antichrist or the Wisdom of God?*, editado por Thomas Joseph White, p. 88–144. Grand Rapids: Eerdmans, 2011.

McDowell, John C. "The Ascent of Theological Reading: Iconoclasm and the Divine Event of Making Readers". In *Ears That Hear: Explorations in Theological Interpretation of Scripture*, editado por Joel Green e Tim Meadowcroft, p. 94-113. Sheffield: Sheffield Phoenix, 2013.

_____. "Being and Becoming in Gratuity: Barth after Maury". In *Election, Barth, and the French Connection: How Pierre Maury Gave a "Decisive Impetus" to Karl Barth's Doctrine of Election*, Editado por Simon Hattrell, p. 235-56. 2ª ed. Eugene, OR: Pickwick, 2019.

_____. "Much Ado about Nothing: Karl Barth's Being Unable to Do Nothing about Nothingness". *International Journal of Systematic Theology* 4, no. 3 (2002). p. 319-35.

_____. "T. F. Torrance on Revelation". In *T&T Clark Handbook of Thomas F. Torrance*, editado por Paul Molnar e Myk Habets, p. 127-41. Nova York: Bloomsbury T&T Clark, 2020.

_____. "Theology as Conversational Event: Karl Barth, the Ending of 'Dialogue' and the Beginning of 'Conversation'". *Modern Theology* 19, no. 4 (2003). p. 483-509.

_____. "The Unnaturalness of Natural Theology: The Witness of Rodney Holder's Barth". *Colloquium* 44, no. 2 (2012): 243–55.

McGrath, Alister E. "Arrows of Joy: Lewis's Argument from Desire". In *The Intellectual World of C. S. Lewis*, p. 105-28. Oxford: Wiley-Blackwell, 2013.

_____. "Chance and Providence in the Thought of William Paley". In *Abraham's Dice: Chance and Providence in the Monotheistic Traditions*, editado por Karl Giberson, p. 240-59. Oxford: Oxford University Press, 2016.

_____. *Emil Brunner: A Reappraisal*. Chichester: Wiley-Blackwell, 2014.

_____. *A Fine-Tuned Universe: The Quest for God in Science and Theology*. Louisville: Westminster John Knox, 2009.

_____. *O ajuste fino do universo: em busca de Deus na ciência e na teologia* (Viçosa: Ultimato, 2017).

_____. "A Manifesto for Intellectual Engagement: Reflections on Thomas F. Torrance's Theological Science (1969)." *Participatio: The Journal of the T. F. Torrance Theological Fellow*ship 7 (2018). p. 1-16.

_____. *Natural Philosophy: On Retrieving a Lost Disciplinary Imaginary*. Oxford: Oxford University Press, 2022.

_____. "Natürliche Theologie: Ein Plädoyer für eine neue Definition und Bedeutungserweiterung". *Neue Zeitschrift für systematische Theologie und Religionsphi- losophie* 59, no. 3 (2017). p. 297-310.

_____. *The Open Secret: A New Vision for Natural Theology*. Oxford: Blackwell, 2008.

_____. *Teologia natural: uma nova abordagem* (São Paulo: Vida Nova, 2019).

_____. "Place, History, and Incarnation: On the Subjective Aspects of Christology". *Scottish Journal of Theology* 75, no. 2 (2022). p. 137-47.

_____. "Reason, Experience, and Imagination: Lewis's Apologetic Method". In *The Intellectual World of C. S. Lewis*, p. 129-46. Oxford: Wiley-Blackwell, 2013.

_____. *The Reenchantment of Nature: The Denial of Religion and the Ecological Crisis*. Nova York: Doubleday, 2002.

_____. *Re-Imagining Nature: The Promise of a Christian Natural Theology*. Oxford: Wiley-Blackwell, 2016.

_____. *The Science of God*. Grand Rapids: Eerdmans, 2004.

_____. *A ciência de Deus: uma introdução à teologia científica* (Viçosa: Ultimato, 2016).

_____. *A Scientific Theology*. 3 vols. Grand Rapids: Eerdmans, 2001-3.

_____. *The Territories of Human Reason: Science and Theology in an Age of Mul- tiple Rationalities*. Oxford: Oxford University Press, 2019.

_____. "Theologie als Mathesis Universalis? Heinrich Scholz, Karl Barth, und der wissenschaftliche Status der christlichen Theologie". *Theologische Zeitschrift* 62 (2007) p. 44-57.

McGrew, Timothy, e McGrew, Lydia. "The Argument from Miracles: A Cumulative Case for the Resurrection of Jesus of Nazareth". In *The Blackwell Companion to Natural Theology*, editado por William Lane Craig e J. P. Moreland, p. 593-662. Malden, MA: Wiley-Blackwell, 2009.

McLeish, Tom. *The Poetry and Music of Science: Comparing Creativity in Science and Art*. Oxford: Oxford University Press, 2019.

Mews, Constant J. "The World as Text: The Bible and the Book of Nature in Twelfth- Century Theology". In *Scripture and Pluralism: Reading the Bible in the Religiously Plural Worlds of the Middle Ages and Renaissance*, editado por Thomas J. Heffernan e Thomas E. Burman, p. 95-122. Leiden: Brill, 2005.

Midgley, Mary. *Science and Poetry*. Londres: Routledge, 2001.

MONGRAIN, Kevin. "The Eyes of Faith: Newman's Critique of Arguments from Design". *Newman Studies Journal* 6 (2009). p. 68-86.

MORLEY, Georgina. *John Macquarrie's Natural Theology: The Grace of Being*. Aldershot, UK: Ashgate, 2003.

MORSE, Christopher. *Not Every Spirit: A Dogmatics of Christian Disbelief*. Harrisburg, PA: Trinity Press International, 1994.

MOSER, Paul K. "Attributes of God: Goodness, Hiddenness, Everlastingness". In *Philosophy of Religion*, editado por Donald Borchert, p. 17-31. Macmillan Interdisciplinary Handbooks, *Philosophy Series* 8. Nova York: Macmillan, 2017.

_____. "Biblical Theodicy of Righteous Fulfillment: Divine Promise and Proximity". *Irish Theological Quarterly* 88, no. 2 (2023). p. 1-16.

_____. "Christian Philosophy and Christ Crucified: Fragmentary Theory in Scandalous Power". In *Christian Philosophy: Conceptions, Continuations, and Challenges*, editado por Aaron Simmons e Tom Perridge, p. 209-28. Nova York: Oxford University Press, 2019.

_____. "Convictional Knowledge, Science, and the Spirit of Christ". In *Christ and the Created Order*, editado por Andrew Torrance e Tom McCall, p. 197-213. Grand Rapids: Zondervan Academic, 2018.

_____. *The Divine Goodness of Jesus*. Cambridge: Cambridge University Press, 2021.

_____. *Divine Guidance*. Cambridge: Cambridge University Press, 2022.

_____. "Divine Hiddenness, Agapē Conviction, and Spiritual Discernment". In *Perceiving Things Divine: Towards a Constructive Account of Spiritual Perception*, editado por Paul Gavrilyuk e Fred Aquino, p. 177-92. Oxford: Oxford University Press, 2022.

_____. "Divine Self-Disclosure in Filial Values: The Problem of Guided Goodness". *Modern Theology* 39, no. 1 (2023). p. 68-88.

_____. "Doxastic Foundations: Theism". In *Theism and Atheism: Opposing View- points in Philosophy*, editado por Joseph Koterski and Graham Oppy, 103–18. Nova York: Macmillan Reference, 2019.

_____. "Experiential Dissonance and Divine Hiddenness". *Roczniki Filozoficzne* [Annals of philosophy] 69, no. 3 (2021). p. 29-42.

_____. *The God Relationship: The Ethics for Inquiry about the Divine*. Cambridge: Cambridge University Press, 2017.

_____. *Knowledge and Evidence*. Cambridge: Cambridge University Press, 1989.

_____. "Paul the Apostle". In *The Oxford Handbook of the Epistemology of Theology*, editado por William Abraham e Fred Aquino, p. 327-39. Oxford: Oxford University Press, 2017.

_____. *The Severity of God: Religion and Philosophy Reconceived*. Cambridge: Cambridge University Press, 2013.

_____. "Theodicy, Christology, and Divine Hiding: Neutralizing the Problem of Evil". *Expository Times* 130 (2018). p. 1-10.

_____. *Understanding Religious Experience*. Cambridge: Cambridge University Press, 2020.

MOSER, Paul K., e MEISTER, Chad. "Introduction: Religious Experience". In *The Cambridge Companion to Religious Experience*, editado por Paul K. Moser e Chad Meister, p. 1-22. Cambridge: Cambridge University Press, 2020.

——— e NEPTUNE, Clinton. "Is Traditional Natural Theology Cognitively Presumptuous?" *European Journal for Philosophy of Religion* 9 (2017). p. 213-22.

MURPHY, Francesca Aran. "Hans Urs von Balthasar: Beauty as a Gateway to Love". In *Theological Aesthetics after von Balthasar*, editado por Oleg V. Bychkov e James Fodor, p. 5-17. Burlington, VT: Ashgate, 2008.

NAGEL, Thomas. *The Last Word*. Oxford: Oxford University Press, 2001.

———. *A última palavra* (São Paulo: Unesp, 2001).

NASH, Ronald H. *Faith and Reason*. Grand Rapids: Zondervan, 1988.

NEWMAN, John Henry. *Lectures on Certain Difficulties Felt by Anglicans in Submitting to the Catholic Church*. 2ª ed. Londres: Burns & Lambert, 1850.

———. "Letter to William Robert Brownlow, April 13, 1870". In The Letters and Diaries of John Henry Newman. 29 vols. Oxford: Clarendon, 1973.

———. "Sermon XXIV: The Religion of the Day". In vol. 1 of Parochial and Plain Sermons, 198–207. Nova edição. Londres: Longmans, Green, 1891.

NICOLAU DE CUSA. *On Learned Ignorance*. In *Nicholas of Cusa: Selected Spiritual Writings*, traduzido por H. Lawrence Bond, p. 85-206. Nova York: Paulist Press, 1997.

———. *On Seeking God*. In *Nicholas of Cusa: Selected Spiritual Writings*, traduzido por H. Lawrence Bond, p. 215-31. Nova York: Paulist Press, 1997.

NIINILUOTO, Ilkka. "Hintikka and Whewell on Aristotelian Induction". *Grazer Philosophische Studien* 49 (1994). p. 40-61.

NORRIS, Frederick W. *Faith Gives Fullness to Reasoning: The Five Theological Orations of Gregory of Nazianzen*. Leiden: Brill, 1991.

OAKES, Kenneth. "Revelation and Scripture". In *The Oxford Handbook of Karl Barth*, editado por Paul Dafydd Jones e Paul T. Nimmo, p. 246-62. Oxford: Oxford University Press, 2019.

ODOM, Herbert H. "The Estrangement of Celestial Mechanics and Religion". *Journal of the History of Ideas* 27 (1966). p. 533–58.

O'MEARA, Thomas F. *Mary in Protestant and Catholic Theology*. Nova York: Sheed & Ward, 1966.

OPPY, Graham. *Arguing about Gods*. Cambridge: Cambridge University Press, 2006.

———. *Ontological Arguments*. Cambridge: Cambridge University Press, 2018.

ORMEROD, Neil. "In Defence of Natural Theology: Bringing God into the Public Realm". *Irish Theological Quarterly* 72, no. 3 (2007). p. 227-41.

OSLER, Margaret J. *Divine Will and the Mechanical Philosophy*. Nova York: Cambridge University Press, 1994.

OTT, Ludwig. *Fundamentals of Catholic Dogma*. Editado por James Bastible. Traduzido por Patrick Lynch. 4ª ed. Rockford, IL: Tan Books, 1960.

PADGETT, Alan G. "Theologia Naturalis: Philosophy of Religion or Doctrine of Creation?" *Faith and Philosophy* 21 (2004). p. 493-502.

PALEY, William. *Natural Theology*. Oxford: Oxford University Press, 2006.
PELIKAN, Jaroslav. *Christianity and Classical Culture: The Metamorphosis of Natural Theology in the Christian Encounter with Hellenism*. New Haven: Yale University Press, 1993.
PETERFREUND, Stuart. *Turning Points in Natural Theology from Bacon to Darwin: The Way of the Argument from Design*. Nova York: Palgrave Macmillan, 2012.
PHILLIPS, D. Z. "God and Grammar: An Introductory Invitation". In *Whose God? Which Tradition? The Nature of Belief in God*, editado por D. Z. Phillips, p. 1-17. Nova York: Routledge, 2016.
_____. *Religion without Explanation*. Oxford: Blackwell, 1976.
PICKERING, David. "New Directions in Natural Theology". *Theology* 124, no. 5 (2021). p. 349-57.
PINNOCK, Clark. "Karl Barth and Christian Apologetics". *Themelios* 2 (1977). p. 66-71.
PINSENT, Andrew, ed. *The History of Evil in the Medieval Age*. Vol. 2 of *The History of Evil*. Nova York: Routledge, 2018.
_____. "Limbo and the Children of Faerie". *Faith and Philosophy* 33, no. 3 (2016). p. 293-310.
_____. *The Second-Person Perspective in Aquinas's Ethics: Virtues and Gifts*. Nova York: Routledge, 2012.
PIO XII. "Apostolic Constitution, Munificentissimus Deus Defining the Dogma of the Assumption". *Acta Apostolicae Sedis* 42, no. 15 (1950): 753–73.
PLACHER, William C. *The Domestication of Transcendence: How Modern Thinking about God Went Wrong*. Louisville: Westminster John Knox, 1996.
_____. *Unapologetic Theology: A Christian Voice in a Pluralistic Conversation*. Louisville: Westminster John Knox, 1989.
PLANTINGA, Alvin, e WOLTERSTORFF, Nicholas. *Faith and Rationality*. Notre Dame, IN: University of Notre Dame Press, 1984.
PLATO [PLATÃO]. *Plato: Complete Works*. Indianapolis: Hackett, 1997.
POLKINGHORNE, John. "The New Natural Theology". *Studies in World Christianity* 1, no. 1 (1995). p. 41-50.
POPPER, Karl R. *The Open Society and Its Enemies*. 2 vols. Londres: Routledge, 1945.
PORTER, Jean. "A Tradition of Civility: The Natural Law as a Tradition of Moral Inquiry." *Scottish Journal of Theology* 56, no. 1 (2003). p. 27-48.
PRICE, H. H. "Faith and Belief". In *Faith and the Philosophers*, editado por John Hick, p. 3-25. Londres: Macmillan, 1966.
PSEUDO-DIONÍSIO. *The Divine Names*. In *Pseudo-Dionysius: The Complete Works*, traduzido por Colm Luibheid e Paul Rorem, p. 47-132. Nova York: Paulist Press, 1987.
REICHENBACH, Bruce. "Cosmological Argument". In *The Stanford Encyclopedia of Philosophy*, editado por Edward N. Zalta e Uri Nodelman. Publicado em 13 de julho de 2004. Disponível em: https://plato.stanford.edu/entries/cosmological-argument/.
REMANNING, Russell, BROOKE, John Hedley, e WATTS, Fraser, eds. *The Oxford Handbook of Natural Theology*. Oxford: Oxford University Press, 2013.

RICOEUR, Paul. "Religion, Atheism, and Faith". In *The Religious Significance of Atheism*, por Alasdair MacIntyre e Paul Ricoeur, p. 57-98. Nova York: Columbia University Press, 1969.

ROBINSON, Andrew. *God and the World of Signs: Trinity, Evolution, and the Metaphysical Semiotics of C. S. Peirce*. Leiden: Brill, 2010.

ROBINSON, Dominic. *Understanding the "Imago Dei": The Thought of Barth, von Balthasar and Moltmann*. Londres: Routledge, 2016.

ROBINSON, N. H. G. *Christ and Conscience*. Londres: Nisbet, 1956.

ROSENBERG, Alex. *The Atheist's Guide to Reality*. Nova York: Norton, 2012.

RUSHDIE, Salman. *Is Nothing Sacred? The Herbert Read Memorial Lecture, 1990*. Cambridge: Granta, 1990.

SCHILLEBEECKX, Edward. *Church: The Human Story of God*. Traduzido por John Bowden. Nova York: Crossroad, 1990.

SCHREINER, Susan Elizabeth. *The Theater of His Glory: Nature and the Natural Order in the Thought of John Calvin*. Durham, NC: Labyrinth, 1991.

SCHUMACHER, Lydia. "The Lost Legacy of Anselm's Argument: Rethinking the Purpose of Proofs for the Existence of God". *Modern Theology* 27, no. 1 (2011). p. 87-101.

SCHWARZ, Hans. *The God Who Is: The Christian God in a Pluralistic World*. Eugene, OR: Cascade Books, 2011.

SCRUTON, Roger. *I Drink Therefore I Am: A Philosopher's Guide to Wine*. Nova York: Bloomsbury Continuum, 2019.

_____. *Bebo, logo existo: guia de um filósofo para o vinho* (São Paulo: Octavo, 2011).

SEARLE, John. "Chinese Room Argument". In *The MIT Encyclopedia of the Cognitive Sciences*, editado por Robert A. Wilson e Frank Keil, p. 115,16. Cambridge, MA: MIT Press, 1999.

SEIPEL, Peter. "In Defense of the Rationality of Traditions". *Canadian Journal of Philosophy* 45, no. 3 (2015). p. 257-77.

SENNETT, James F., e GROOTHUIS, Douglas. "Introduction". In *In Defense of Natural Theology*, editado por James F. Sennett e Douglas Groothuis, p. 9-18. Downers Grove, IL: InterVarsity, 2005.

SINISCALCHI, Glenn B. "Contemporary Trends in Atheist Criticism of Thomistic Natural Theology". *Heythrop Journal* 59, no. 4 (2018). p. 689-706.

SLATTERY, William J. *Heroism and Genius: How Catholic Priests Helped Build – and Can Help Rebuild – Western Civilization*. San Francisco: Ignatius, 2016.

SMITH, James K. A. *Imagining the Kingdom: How Worship Works*. Grand Rapids: Baker Academic, 2013.

_____. *Imaginando o reino* (São Paulo: Vida Nova, 2019).

SOSA, Ernest. "Natural Theology and Naturalist Atheology: Plantinga's Evolutionary Argument against Naturalism". In *Alvin Plantinga*, editado por Deane-Peter Baker, p. 93-106. Cambridge: Cambridge University Press, 2007.

SPAEMANN, Robert. *Persons: The Difference between "Someone" and "Something"*. Oxford: Oxford University Press, 2006.

STUMP, Eleonore. *Atonement*. Nova York: Oxford University Press, 2018.

_____. *The Image of God: The Problem of Evil and the Problem of Mourning*. Oxford: Oxford University Press, 2022.

SUDDUTH, Michael. *The Reformed Objection to Natural Theology*. Farnham: Ashgate, 2009.

SWEET, William. "Paley, Whately, and 'Enlightenment Evidentialism'". *International Journal for Philosophy of Religion* 45 (1999). p. 143-66.

SWINBURNE, Richard. *The Coherence of Theism*. Edição revisada. Oxford: Clarendon, 1993.

_____. *The Existence of God*. 2ª ed. Oxford: Clarendon, 2004.

_____. *A existência de Deus* (Brasília: Monergismo, 2019).

_____. "Natural Theology, Its 'Dwindling Probabilities' and 'Lack of Rapport'". *Faith and Philosophy* 21 (2004). p. 533-46.

_____. "Philosophical Theism". In *Philosophy of Religion in the 21st Century*, editado por D. Z. Phillips e Timothy Tessin, p. 3-20. Basingstoke: Palgrave, 2001.

_____. *Was Jesus God?* Oxford: Oxford University Press, 2014.

TALIAFERRO, Charles. "Burning Down the House? D. Z. Phillips on the Metaphysics of Theism". *Philosophia Christi* 9, no. 2 (2007). p. 261-69.

_____. *Cascade Companion to Evil*. Eugene, OR: Cascade Books, 2020.

_____. *Consciousness and the Mind of God*. Cambridge: Cambridge University Press, 1994.

_____. *Dialogues about God*. Washington, DC: Rowman & Littlefield, 2009.

_____. *The Golden Cord: A Short Book on the Sacred and the Secular*. Notre Dame, IN: University of Notre Dame Press, 2012.

_____. *Love, Love, Love, and Other Essays*. Cambridge: Cowley, 2006.

_____. "Personal". In *Philosophy of Religion: A Guide to the Subject*, editado por Brian Davies, p. 95-105. Londres: Cassell, 1998.

_____. "Philosophical Critiques of Natural Theology"" In *The Oxford Handbook of Natural Theology*, editado por Re Manning, Brooke, e Watts, p. 385-94. Oxford: Oxford University Press, 2013.

_____. "The Possibility of God: The Coherence of Theism". In *The Rationality of Theism*, editado por Paul Copan e Paul K. Moser, p. 239-58. Londres: Routledge, 2003.

_____. "The Project of Natural Theology". In *The Blackwell Companion to Natural Theology*, editado por William Lane Craig e J. P. Moreland, p. 1-23. Malden, MA: Wiley-Blackwell, 2009.

_____. "Sensibilia and Possibilia". *Philosophia Christi* 3, no. 2 (2001). p. 403–20.

_____. "Three Elements of Creation Care from an Anglican Perspective". *Toronto Journal of Theology* 382 (2022). p. 228-33.

_____ e EVANS, Jil. *The Image in Mind: Theism, Naturalism, and the Imagination*. Londres: Continuum, 2012.

_____ e _____. *Is God Invisible? An Essay on Aesthetics and Religion*. Cambridge: Cambridge University Press, 2021.

_____ e MEISTER, Chad. *Contemporary Philosophical Theology*. Londres: Routledge, 2016.

TALLIS, Raymond. *In Defence of Wonder and Other Philosophical Reflections*. Durham, Acumen, 2012.

TASTARD, Terry. *Nightingale's Nuns and the Crimean War*. Londres: Bloomsbury Academic, 2022.

TAYLOR, Charles. *Modern Social Imaginaries*. Durham, NC: Duke University Press, 2004.

TAYLOR, Richard. *Metaphysics*. Englewood Cliffs, NJ: Prentice-Hall, 1963.

TE VELDE, Rudi A. "Understanding the Scientia of Faith: Reason and Faith in Aquinas's Summa Theologiae". In *Contemplating Aquinas: On the Varieties of Interpretations*, editado por Fergus Kerr, p. 55-74. Londres: SCM, 2003.

THIELICKE, Helmut. "The Resurrection of Christ". In The Doctrine of God and of Christ, traduzido por Geoffrey W. Bromiley, p. 423-52. Vol. 2 do *The Evangelical Faith*. Grand Rapids: Eerdmans, 1977.

_____. "Rose Again from the Dead". In *I Believe*, traduzido por J. W. Doberstein e H. G. Anderson, p. 148-87. Philadelphia: Fortress, 1968.

THIEMANN, Ronald F. *Constructing a Public Theology: The Church in a Pluralistic Culture*. Louisville: Westminster John Knox, 1991.

TOPHAM, Jonathan R. "Biology in the Service of Natural Theology: Darwin, Paley, and the Bridgewater Treatises". In *Biology and Ideology: From Descartes to Dawkins*, editado por Denis R. Alexander e Ronald Numbers, p. 88-113. Chicago: University of Chicago Press, 2010.

TORRANCE, Thomas F. *The Ground and Grammar of Theology: Consonance between Theology and Science*. Edimburgo: T&T Clark, 1980.

_____. "Introduction". In *The Incarnation: Ecumenical Studies in the Nicene- Constantinopolitan Creed*, editado por Thomas F. Torrance, p. xi-xxii. Edimburgo: Handsel, 1981.

_____. *Space, Time and Incarnation*. Londres: Oxford University Press, 1969.

TURNER, Denys. *Faith, Reason and the Existence of God*. Cambridge: Cambridge University Press, 2004.

_____. *Thomas Aquinas: A Portrait*. New Haven: Yale University Press, 2013.

VAN NUFFELEN, Peter. "Varro's Divine Antiquities: Roman Religion as an Image of Truth". *Classical Philology* 105, no. 2 (2010). p. 162-88.

VELECKY, Lubor. *Aquinas's Five Arguments in the Summa Theologiae 1 a 2, 3*. Kampen: Kok Pharos, 1994.

VIDAL, Fernando. "Extraordinary Bodies and the Physicotheological Imagination". In *The Faces of Nature in Enlightenment Europe*, editado por Lorraine Daston aend Gianna Pomata, p. 61-96. Berlin: Berliner Wissenschafts-Verlag, 2003.

_____ e KLEEBERG, Bernard. "Knowledge, Belief, and the Impulse to Natural Theology". *Science in Context* 20 (2007). p. 381-400.

VILADESAU, Richard. "Natural Theology and Aesthetics: An Approach to the Existence of God from the Beautiful?" *Philosophy & Theology* 3 (1988). p. 145-60.

VON BALTHASAR, Hans Urs. *The Theology of Karl Barth: Exposition and Interpretation*. San Francisco: Ignatius, 1992.

Vos, Arvin. *Aquinas, Calvin, and Contemporary Protestant Thought: A Critique of Protestant Views on the Thought of Thomas Aquinas*. Washington, DC: Christian University Press, 1985.

Wallace, Dewey D. *Shapers of English Calvinism, 1660–1714: Variety, Persistence, and Transformation*. Oxford: Oxford University Press, 2011.

Watson, Francis B. "The Bible". In *The Cambridge Companion to Karl Barth*, Editado por John Webster, 57–71. Cambridge: Cambridge University Press, 2000.

_____. *Text and Truth: Redefining Biblical Theology*. Edimburg: T&T Clark, 1997.

Webb, C. C. J. *Studies in the History of Natural Theology*. Oxford: Clarendon, 1915.

Webster, John. *Holy Scripture: A Dogmatic Sketch*. Cambridge: Cambridge University Press, 2003.

Welker, Michael. *Creation and Reality*. Traduzido por John F. Hoffmeyer. Minneapolis: Fortress, 1999.

Westfall, Richard S. "The Scientific Revolution of the Seventeenth Century: A New World View". In *The Concept of Nature*, editado por John Torrance, p. 63-93. Oxford: Oxford University Press, 1992.

Whitehead, Alfred North, e Russell, Bertrand. *Principia Mathematica*. 2ª ed., 3 vols. Cambridge: Cambridge University Press, 1925–27.

Wiebe, Phillip. *God and Other Spirits*. Nova York: Oxford University Press, 2004.

Wildman, Wesley J. "Comparative Natural Theology". *American Journal of Theology and Philosophy* 27, nos. 2–3 (2006). p. 173-90.

Williams, Rowan. *Christ: The Heart of Creation*. Nova York: Bloomsbury, 2018.

_____. *The Edge of Words: God and the Habits of Language*. Nova York: Bloomsbury, 2014.

_____. *On Christian Theology*. Oxford: Blackwell, 2000.

_____. "Teaching the Truth". In *Living Tradition: Affirming Catholicism in the Anglican Church*, editado por Jeffrey John, p. 29-43. Londres:, Darton, Longman & Todd, 1992.

Willis-Watkins, David, e Welker, Michael, eds. *Toward the Future of Reformed Theology: Tasks, Topics, Traditions*. Grand Rapids: Eerdmans, 1999.

Wilson, Edward O. *Consilience: The Unity of Knowledge*. Nova York: Alfred Knopf, 1998.

Wirzba, Norman. "Christian Theoria Physike: On Learning to See Creation". *Modern Theology* 32, no. 2 (2016). p. 211-30.

Wittgenstein, Ludwig. *Culture and Value*. Editado por G. H. von Wright. Chicago: University of Chicago Press, 1984.

_____. *On Certainty*. Oxford: Blackwell, 1974.

_____. *Sobre a certeza* (São Paulo: Fósforo, 2023).

_____. *Philosophical Investigations*. 4ª ed. Oxford: Wiley-Blackwell, 2009.

_____. *Investigações filosóficas* (São Paulo: Vozes, 2014).

Wright, N. T. *History and Eschatology*. Waco: Baylor University Press, 2019.

_____. *História e escatologia: Jesus e a promessa da teologia natural* (Rio de Janeiro: Thomas Nelson Brasil, 2021).

_____. *The Resurrection of the Son of God*. Minneapolis: Fortress, 2003.

_____. *A ressurreição do Filho de Deus* (São Paulo: Paulus, 2020).

ZAHL, Simeon. "On the Affective Salience of Doctrines". *Modern Theology* 31, no. 3 (2015). p. 428-44.

ZEITZ, Lisa M. "Natural Theology, Rhetoric, and Revolution: John Ray's Wisdom of God, 1691–1704". *Eighteenth Century Life 18* (1994). p. 120-33.

ÍNDICE

abdução 45, 49-50, 54, 65, 182, 212-213
abordagens católicas, 92-93
Adams, Marilyn, 40, 41n35, 47
adorar, 197, 240
Adorno, Theodor, 55, 258, 261
Agamben, Giorgio, 151-152
agência
  divina, 150, 151, 174
  humana, 168, 173, 176
agente, 38, 100, 150, 163, 166-168, 170, 173, 178-179, 180-181
agente intencional, 100, 168, 170-171, 176, 180, 181
agente pessoal, 166-168, 172
Agostinho, 16-18, 23, 83, 97, 111, 112, 116, 118, 119, 135, 136
Alston, William, 23, 200-201, 204
amor, autossacrifício, 188, 212
analogia, 20, 40, 89, 102, 124, 228, 231, 234, 237, 240
analogia de ser, 103, 234
analogia entis, 10-3, 106, 218, 234, 235, 259-260
analogia fidei, 231
Anselmo de Cantuária, 17-18, 23, 29-30, 61, 121, 163-164, 195, 204, 239-240, 259-260
antropologia (teológica), 116, 133
apelo à experiência religiosa, 40-41, 47, 257
apologética, 16, 23, 58, 66, 88, 125-128
Aquino, Tomás de, 17-18, 59, 72-81, 83, 92, 95-96, 109n1, 110, 118, 166-168, 193, 209
argumento cosmológico, 15, 30, 34-38, 40, 50-51, 54, 64, 66, 134, 168
argumento do design, 21, 98, 153
argumentos *a posteriori*, 71, 166
argumentos cosmológicos e teleológicos, 36, 240
argumentos da causa primeira, 167-168
argumentos da teologia natural, 34, 39, 54, 163-164, 168-171, 174-175, 183, 191, 197, 210, 212

argumentos do ajuste fino, 166-167
argumentos do design e do ajuste fino, 166-167
argumentos eu-tu, 172, 176-183, 187-188, 197-198, 211
argumentos históricos, 168-170
argumentos morais, 15-16, 63, 133, 180, 270, 272
argumentos ontológicos, 15, 17, 19, 30, 53-54, 121, 163-166, 185-188, 195, 211-212, 239-240
argumentos teístas, 30, 55-57, 66, 133, 153, 185, 187, 203, 240
argumentos teleológicos, 15, 20, 24, 30, 36-38, 50-54, 66, 133, 167, 240
Aristóteles, 16, 45, 70, 78, 82, 97, 100, 103-104, 111, 112, 192
Atanásio, 116
ateísmo, 41, 60, 66-67, 127, 206, 211, 253
ateologia natural, 131n80
atos corporais, 89, 187
autocomunicação, 221, 231, 254
automanifestação, 54, 169, 175
autoridade, 28, 49, 85, 91, 98, 179, 199, 256, 261
autorrevelação, 22, 166, 168, 171, 224-225

Barth, Karl, 21-22, 25
  McDowell sobre, 57-62, 103, 217-218, 259-263
  McGrath sobre, 126, 246-249
  Moser sobre, 142-144, 250-257
  Pinsent sobre, 242-244
  Taliaferro sobre, 239-241
Bauerschmidt, Frederick C., 104-105
beleza, 93, 115, 121, 123, 125, 248
Bíblia, 23, 28, 49, 112n8, 123, 136, 144, 159, 187, 269-270
biologia, 22-23, 33, 57
Boaventura, 81, 105, 126
bondade moral, 50, 52, 180-181, 185, 210

Boyd, Craig A., 268
Brooke, John Hedley, 159
Brunner, Emil, 115, 126, 144-45, 218, 247, 248
Buckley, Michael, 60, 102-103, 149
burguês, 152-154, 205, 213
Burrell, David, 59, 233-234

Calvino, João, 93, 116, 148, 227, 230, 263
cânon das Escrituras, 73
capacidade
 de raciocinar, 268
 reveladoras, 129
categorias
 conceituais, 129, 150
 contrastantes, 104
causa, 15, 18, 31, 35, 43-44, 50-51, 104, 163, 167, 190, 210, 269, 272
causação, 18, 31, 44, 162
 causa primeira, 16n1, 44, 98, 167-168, 190, 209-210
 de bondade, 190, 209
 de bondade e de ser, 190, 209
 do ser, 190, 209
 eficiente, 167-168, 178
céticos, 38, 56-57, 90, 168
ciência e religião, 25, 128, 127-128, 133, 136
Ciências Naturais, 32, 46, 129-132, 142, 144, 196, 232, 246
cientificismo, 33, 48, 56
Clemente de Roma (papa), 85, 98
coerência, 55, 127, 185-186, 259
coerência do teísmo, 55, 62
complexidade, 15, 114-115, 123-124, 174, 205, 261
conhecimento *ad hoc*, 194
conhecimento natural, 988, 231
conhecimento natural de Deus, 98, 100, 248
consciência, 24, 30-31, 33, 39, 52n1, 56, 66, 150, 153, 170
cosmo, 29-31, 33-38, 46-47, 49-52, 64, 85, 89, 98
cosmologia, 22, 85, 190
cosmovisões, 24, 29, 42, 50

crença,
 religiosa, 23, 55, 71, 132, 197-198
 teológica, 18, 132, 144, 251, 255
criação, 16, 23-24, 63, 66, 114, 137-138, 227-231, 237-238, 259, 262-263
 creatio ex nihilo, 16, 190
 ordens naturais da, 262
Criador, 16, 18, 51-52, 89, 91, 123, 126-127, 174-175, 190, 197, 251, 269
criaturidade, 148, 263
cristianismo, 16-18, 25, 47, 63, 67, 71, 85, 88, 98, 126-127, 269-271
cristologia, 223, 230

Darwin, Charles, 21
Descartes, René, 19
descobertas cosmológicas, 15
design, 19-20, 21, 98, 124, 153, 156, 162, 166
Deus
 ação divina, 76, 78, 96, 150
 agência divina, 150
 amor de, 53, 87
 atributos de, 30, 34, 185, 200
 automanifestação, 169, 171, 174, 177-178, 204
 autoridade de, 98, 184, 256
 autorrevelação, 166, 167, 175, 211, 214, 239, 267
 bondade de, 54, 101
 criatividade de, 224
 e criatura, 59, 107, 120, 229, 233, 236, 259
 e natureza, 15, 78, 147, 244, 267
 graça de, 83, 91, 93, 97
 iluminação de, 91
 mente de, 39, 52n1
 ocultação de, 179, 211
 orientação de, 179, 211
 providência de, 127
 racionalidade de, 17
 revelação de, 29, 72-74, 77, 121-122, 149, 210
doutrina da criação, 233, 238
Dumsday, Travis, 271

Eagleton, Terry, 152-153, 206
efeitos do pecado, 268

ÍNDICE

empreendimento da teologia natural, 126, 132, 144, 148, 159, 162, 195
entropia, 174
Escritura, 221-222, 226, 235
Espírito Santo, 70, 78-79, 83, 95-96, 145, 150, 169, 225
estado natural, 109-112
estética, 152-153
ética da virtude, 78
evidência experiencial, 101, 173-174, 179, 182, 204, 257
evidência natural, 49, 174
existência necessária, 30, 124, 185
experiência humana, 47, 54, 124, 145, 169, 175, 177, 179, 214
experiência moral, 54, 100-101, 163, 180, 182
experiência religiosa, 39, 40-41, 53-54, 104, 133-134, 144-145, 199-201, 206, 211, 253, 255-257
  humana, 101
  importante, 54
  orientadora, 176
experiência religiosa analógica, 204
experiência religiosa de Deus, 97
experiência religiosa em resposta, 257
experiência religiosa em resposta a Friedrich Schleiermacher, 257

fatos morais objetivos, 180
fé e razão, 91-93, 264, 267-268
felicidade, 76-77, 189, 190
fenômenos, 153, 219, 232, 237, 271
Feuerbach, Ludwig, 61, 233
fideísmo, 220, 243, 268
filosofia da religião, 58-59, 61, 129, 132, 241
filosofia estoica, 235
filosofia moderna, 59, 153
filosofia natural, 85, 128-129, 157, 159, 196, 208
físico-teologia, 121, 127, 129, 196
Funkenstein, Amos, 59-60

graça, 81-83, 86-87, 93, 109-112, 140, 228, 231n47, 243

hipótese da infinidade de universos, 38
humanidade, 22, 25, 92, 114-117, 122, 127, 137, 140, 225-226
Hume, David, 21, 153-154, 203

imaginação, 125, 126, 132, 135, 140-141, 151, 154, 156
  intelectual, 264
  piedosa, 62, 205
inferno, 75, 84, 90, 110-111
infinidade de universos, 38
interesse renovado e desenvolvimento na teologia natural, 20
intuição, 114
investigação religiosa, 145

James, William, 162, 195, 197, 208
Jantzen, Grace, 153, 200, 201
Jesus Cristo, 25, 80, 84, 87, 222, 223-226, 230-231, 236-238, 244-245, 251
jogo de linguagem, 219
julgamento, 73, 79, 95, 152, 159, 186, 195, 206, 217, 236

Kant, Immanuel, 107, 162, 220n14, 232n52
Kerr, Fergus, 103, 105
Kretzmann, Norman, 118
Kwan, Kai-Man, 104, 133, 199-200

Lash, Nicholas, 58, 60, 62, 154, 200-207, 217n3, 260n9, 262
lei natural, 36, 260-261
Lewis, C. S., 47, 63, 65, 80, 192
linguagem,
  antropomórfica, 62
  discursiva, 218
  escrita, 71
  religiosa, 66
  social, 152
Livro da Natureza, 123
Lossky, Vladimir, 61, 150
Lubac, Henri de, 259, 264

MacIntyre, Alasdair, 106, 117, 230, 259
mal, 37, 39, 46-47, 72, 110, 190-191, 214, 252

McCabe, Herbert, 102, 264
metafísica, 15, 61, 70, 111, 218-219, 260
metáforas de luz e iluminação, 80
metaquestões, 46, 130, 142
monoteísmo, 72
moralidade
  objetiva, 39
  tradicional, 102
mundo, sensorial, 168
mundo quântico, 43, 46, 130, 142

Nagel, Thomas, 57n9
naturalismo, 29, 33-34, 36-38, 41, 42, 47, 50-51, 56, 66, 76, 240
naturalismo estrito, 34, 56
naturalismo liberal, 34
natureza humana, 47, 76-77, 93, 110, 116, 244
Newman, John Henry, 87, 99-100, 136, 156-157, 197
Novo Testamento, 16, 85, 115, 139, 169, 183, 243

objeto do conhecimento, 81
onisciência, 30, 50, 180n20, 185
ordem, 17, 233, 254
ordem natural, 16, 19, 26, 45, 85, 122, 129, 131, 139, 143
origens, 15, 17, 21, 28, 49-50, 56, 189

Paley, William, 19-20, 21, 47, 106, 124, 141, 156, 197
pecado e graça, 110
Peirce, Charles S., 45
perspectiva de segunda pessoa, 78, 112, 137
pessoa de fé, 240
Phillips, D. Z., 58, 60, 67, 235
Placher, William, 60, 61, 228, 236
Platão, 16-17, 29, 71, 100, 111
Polkinghorne, John, 46, 130-131, 142
pressupostos, 61-62, 93, 128, 195, 261

primeira causa, 15, 16, 44, 50-51, 98, 162, 167, 173, 190, 210, 259
provas de Deus, 194

questões naturais, 25, 82, 85-86, 96

racionalidade, 117, 120, 130, 143-144, 158, 196, 198, 203, 234, 238
  autônoma, 234, 254
  intrínseca, 119, 121
  mediada pela tradição, 117
  universal, 238
racionalidade da crença, 120
racionalidade da crença religiosa, 198
racionalidade da fé, 92, 124, 126, 141
racionalidade e ordem, 16-17
razão, 20, 24-25, 29-40, 42-43, 49-53, 62-64, 66-67, 73-74, 84, 92-93, 102, 106-108, 127-129, 132-134, 264, 267-268
razão humana, 70, 72, 74, 92, 117, 158, 242, 248
razão natural, 19, 72-73, 82, 86, 91, 95-98
razão pura, 152, 220
realismo, 66, 261
redenção, 41, 114, 127, 145, 168, 214
Reforma, 109, 244-245
religião, 25, 59, 65-67, 89-90, 118, 120, 128-129, 131-134, 136, 153-154, 195-196, 199-200, 205-206, 209, 234-235, 264
religião e ciência, 63, 65
religião natural, 21, 129
ressurreição, 75, 134, 162, 169, 238-239, 241, 269-270
revelação, 22, 40-41, 42, 48, 49, 72-75, 82-87, 92, 105, 112, 115-117, 121, 131-132, 135-136, 193-194, 220-222, 224-227, 231-235, 242-248
  especial, 19, 23, 25, 71-72, 227
Ricoeur, Paul, 264
Rosenberg, Alex, 32, 33n31, 56

Este livro foi impresso pela Braspor, em 2025, para a
Thomas Nelson Brasil. A fonte do miolo é Minion Pro.
O papel do miolo é pólen natural 80g/m²,
e o da capa é cartão 250g/m².